全国高职高专家具设计与制造专业“十三五” 规划教材

Fusion 360 软件家具设计技术与应用

王荣发　主编
王荣发　干珑　周雄　王苓　编

中国轻工业出版社

图书在版编目（CIP）数据

Fusion 360 软件家具设计技术与应用/王荣发主编；王荣发等编. —北京：中国轻工业出版社，2018.9
全国高职高专家具设计与制造专业“十三五”规划教材
ISBN 978-7-5184-2041-4

Ⅰ.①F… Ⅱ.①王… Ⅲ.①家具-计算机辅助设计-应用软件-高等职业教育-教材 Ⅳ.①TS664.01-39

中国版本图书馆 CIP 数据核字（2018）第 165151 号

内容简介

《Fusion 360 软件家具设计技术与应用》一书结合了家具制造行业需求和 Fusion 360 软件在家具行业的使用技巧，以软件 CAD 功能为核心，着重介绍了如何通过 Fusion 360 软件实现板式家具及实木家具的数字化建模，并与 AutoCAD 以及 3DMAX 等家具企业常用软件联合使用，实现工程图导出以及场景渲染功能，从而提高家具企业设计效率。

责任编辑：林　媛
策划编辑：林　媛　　责任终审：劳国强　　封面设计：锋尚设计
版式设计：砚祥志远　　责任校对：吴大鹏　　责任监印：张　可

出版发行：中国轻工业出版社（北京东长安街 6 号，邮编：100740）
印　　刷：河北鑫兆源印刷有限公司
经　　销：各地新华书店
版　　次：2018 年 9 月第 1 版第 1 次印刷
开　　本：787×1092　1/16　印张：12
字　　数：285 千字
书　　号：ISBN 978-7-5184-2041-4　　定价：36.00 元
邮购电话：010-65241695
发行电话：010-85119835　传真：85113293
网　　址：http：//www.chlip.com.cn
Email：club@chlip.com.cn
如发现图书残缺请与我社邮购联系调换
171414J2X101ZBW

前　言

当今家具市场迎来了大规模定制化及个性化需求，家具企业急需通过数字化手段提升差异化设计，进而实现设计流程自动化以及柔性生产能力。然而遗憾的是，当前中国大多数家具制造企业的设计流程还存在半自动化甚至是手工设计方式，设计低效率而且花大量的时间去修正错误。比如：大多数的家具企业在赢得客户订单时采用渲染软件先进行渲染，然后用 AutoCAD 对渲染的模型重新结构画图，再靠人工生成物料清单。当设计发生变更时，繁琐重复之前的流程，这样的设计效率无法满足当前家具行业全屋定制以及大规模定制化的需求。而 Fusion 360 恰好能帮助用户解决家具企业面临的趋势、痛点和挑战。

Fusion 360 是 Autodesk 公司推出的全球首个新一代的 CAD/CAE/CAM，可实现基于互联网络的智能数字化建模、数字化分析仿真和制造，并作为连接设计师、工程师和技师的协同平台。《Fusion 360 软件家具设计技术与应用》一书是关于 Fusion 360 软件在家具设计领域中应用的书籍，本书结合了家具制造行业需求和 Fusion 360 软件在家具行业的使用技巧，以软件 CAD 功能为核心，着重介绍了如何通过 Fusion 360 软件实现板式家具及实木家具的数字化建模，并与 AutoCAD 以及 3DMAX 等家具企业常用软件联合使用，实现工程图导出以及场景渲染一站式功能，快速提高家具企业设计效率，从而满足当前家具企业全屋定制以及大规模定制化的需求。

设计自动化的趋势势不可当，这对我们的新一代设计师也是新机遇。笔者相信：通过学习和掌握 Fusion 360 先进生产工具，可以打开一扇通往智能制造全球协作的窗口，并能解决家具企业创新力不足、成本压力、人才匮乏以及管理不规范等问题。家具企业引进掌握智能制造技能的人才并带来先进的生产工具，将会助力我国家具制造业实现中国创造的强国之梦，进而提升我国家具设计行业在国际上的竞争能力。

本书的出版得到了很多人的大力支持和帮助。首先感谢上海及瑞工业设计公司咨询总裁，原 Autodesk 公司中国制造业战略市场拓展经理，Autodesk 公司 Fusion 360 中国市场推广第一人王苓女士对本书的出版提供了大量的一手资料和技术支持，同时也感谢顺德家具研发院常务副院长周雄先生以及我的学生钟灵珊在本书稿完成过程中所付出的努力和辛勤工作。另外，特别感谢中国轻工业出版社林媛女士对本书出版给予的支持和帮助。

由于编者水平有限，本书内容仅限于 Fusion 360 软件在家具行业中的 CAD 功能介绍，对 CAE/CAM 功能未做介绍，同时书中难免有错误和不足之处，敬请广大读者批评指正。

王荣发
2018 年 7 月 5 日

目　录

1 Fusion 360 基础

1.1 Fusion 360 的软件介绍

Fusion 360 是美国 Autodesk 公司推出的一款三维可视化建模软件。它可以用于结合工业及机械设计与协作，是一款基于云的 CAD/CAE/CAM 工具，可支持协作式产品开发。Fusion 360 可以使用渲染和图形来传达用户的设计，然后利用它的 CAM 功能为 CNC 机床快速生成刀具轨迹，或者将用户的设计发送到三维打印机以快速创建原型，让用户的设计成为可制造的设计。同时用户的数据将安全地保留在云中，存储和访问都不受限制。Fusion 360 与 Mac 和 PC 兼容，安装数量不受限制，并且邀请参与用户的 Fusion 360 项目的团队成员不受限制。

Fusion 360 可实现跨越时空和地域，作为连接设计师、工程师和技师的协同平台。Fusion 含义是融合、混搭，它是一款造机器人的智能软件机器人，含有人工智能（机器深度学习）技术，部署在云端服务器上。它有几个商业价值：

- 提高设计效率：Fusion 360 是一款智能工具，让人更加关注在创新创意的本身上，而不是单纯的重复画图和建模。同时兼备设计协同，数据分享，项目进度追踪。
- 数据无缝传递，提高设计准确率减少无效返工：做前期的概念设计，精确的结构设计，仿真、二维出图、渲染、动画、到后期的三维打印和数控加工；
- 使用成本极大降低：基于时间付费互联网共享模式（按需付费），让高端产品价格走下神坛。因此，当学生毕业走向工作岗位，在企业也能负担得起，而且对创业公司、学生教师、创客、个人爱好者免费。
- 新生代设计师的福音，极大地解放了劳动生产力：过去，大家在一个屋子里一起设计，相对封闭状态。现在，可在线或者离线设计，无关何时何地，也无关任何 PC、移动终端灵活办公。
- 满足设计为制造：它含有工业造型设计与结构设计、渲染动画、分析仿真到 CAM 加工和 3D 打印的无缝结合。极大地解决了设计出产品而造不出产品的问题。
- 易学易用，大大降低学习的成本和时间：Fusion 360 比以往的设计工具更加智能化傻瓜化！通过简单的培训，学生和设计师就可以自学，大大降低企业的培训成本。

Fusion 360 作为智能制造最基础的工具，实现了基于互联网络的智能的数字化建模、数字化分析仿真和制造。该软件中比较流行的技术包括直接建模技术，T 样条建模技术，基于数据关联的装配技术，自顶向下的参数化建模技术，云端数据管理等。利用 Fusion 360 中的工具，可通过集成的概念到生产工具集快速轻松地探索设计创意。

拥有丰富的建模造型技术，包括自由形状建模、实体建模、参数化建模、网格建模。装配运动分析和拆装动画很容易地将现有零件进行组装，并展示彼此间的相互关系。易学易用的限元分析工具，业界权威的 Nastran 解算器，具有多种分析类型，包括线性和非线性应力、动力以及热传递分析。Fusion 360 提供一系列灯光、材质、贴图、场景等渲染工具，并可借助云计算的强大力量可视化产品模型。加工制造方面，专业的 2D/3D 以及多轴铣削加工，加工模拟仿真，丰富的后置处理文件，将设计的模型直接进行加工制造，还能生成与 3D 模型关联的 2D 图纸，在 Fusion 360 中配置 3D 打印策略，并直接连接 3D 打印机输出模型可以进行打印。能够输入输出任何您需要的 CAD 数据格式，Fusion 360 目前支持超过 50 种的文件类型。

在同一个位置上存储和管理所有的设计数据，自动保存或手动地进行版本管理。依据项目进程追踪和批注设计，基于社区方式进行设计讨论和评审，并与其他团队成员在 web 上共享数据。通过移动互联，移动设备基于应用 APP 或 WEB 浏览器便可轻松地访问数据。在更大的范围对外分享您的设计，或者安全地分享链接。

1.2 Fusion 360 的用户界面

1.2.1 用户界面概述

Fusion 360 的用户界面如图 1-1 所示，主页面分为 8 个区域：

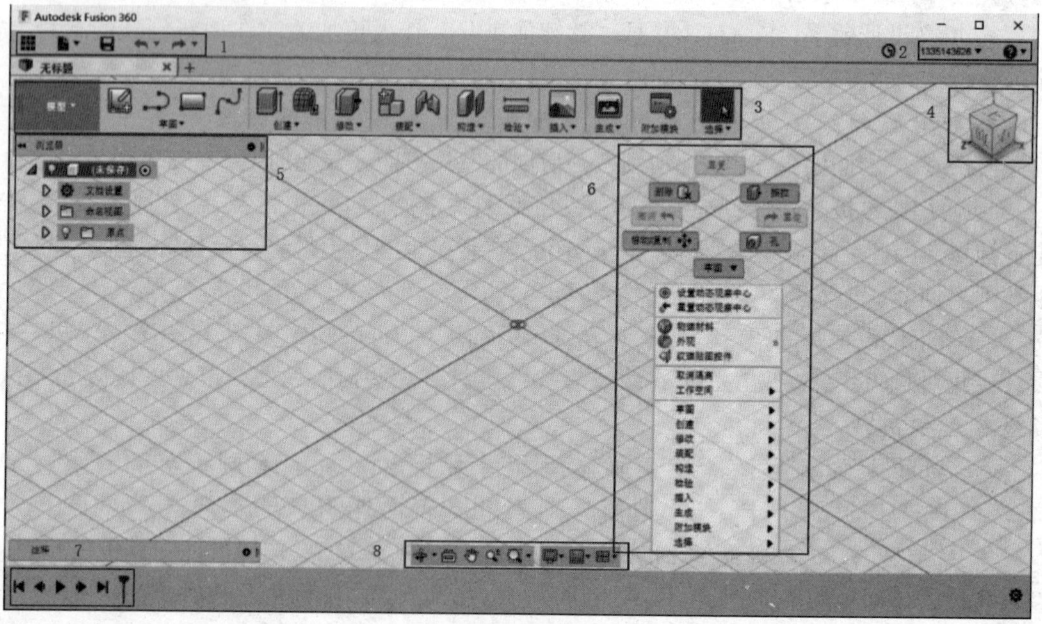

图 1-1 用户界面

①应用程序栏：访问数据面板、文件操作、保存、撤销和重做功能。

②配置文件和帮助：在配置文件中，您可以控制配置文件和账户设置，或者使用“帮助”菜单来继续学习或获取帮助解决问题。

③工具栏：使用工具栏可选择要在其中工作的工作空间，以及要在所选工作空间中使

用的工具。

④ViewCube：使用 ViewCube 可动态观察您的设计或从标准视图位置查看设计。

⑤浏览器：浏览器会列出您的设计中的对象。使用浏览器可更改对象和控制对象的可见性。

⑥画布和标记菜单：在画布中单击鼠标左键可选择对象。单击鼠标右键可访问标记菜单。标记菜单包含控制盘中的常用命令以及溢出菜单中的所有命令。

⑦时间轴：时间轴会列出对您的设计执行的操作。在时间轴中的操作上单击鼠标右键可进行更改。拖动操作可更改操作的计算顺序。

⑧导航栏和显示设置：导航栏包含用于缩放、平移和动态观察设计的命令。显示设置可控制界面的外观以及设计在画布中的显示方式。

1.2.2 了解工作空间

Fusion 360 有 8 个不同的工作空间，它们被统一到了一个设计软件包中，如图 1-2 中下拉菜单所示。在处理设计时，切换工作空间将会更新工具栏以显示与该工作空间有关的工具，但会保留模型在设计环境中的显示状态。

图 1-2 不同的工作空间

下面为各空间的工具面板：

①模型——创建和编辑实体几何图元。

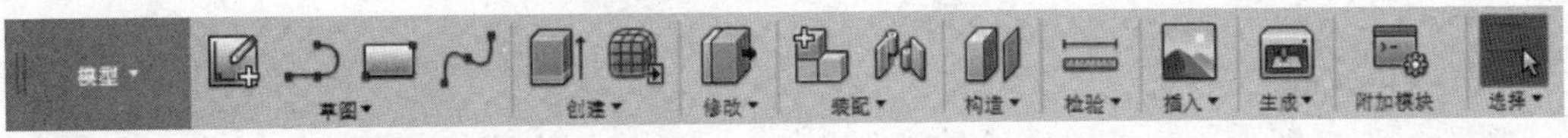

②面片——创建和编辑曲面几何图元。

③钣金——设置规则。创建钣金实体，并生成制造数据。

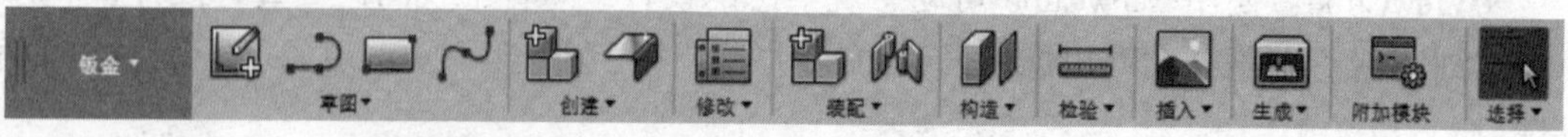

④渲染——生成设计的真实感渲染。

⑤动画——创建展示设计应如何工作的动画。

⑥仿真——执行仿真以确定载荷如何导致变形和失效，以便了解零件是否以及如何失效。

⑦CAM——为要投入制造的设计生成刀具路径加工策略。

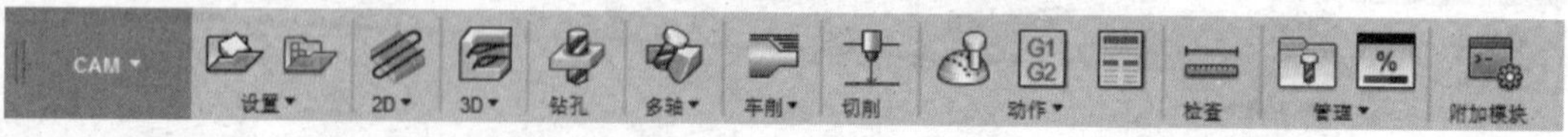

⑧工程图——生成与3D模型关联的2D图纸，当3D模型有任何更新时，2D工程图纸将自动更新。

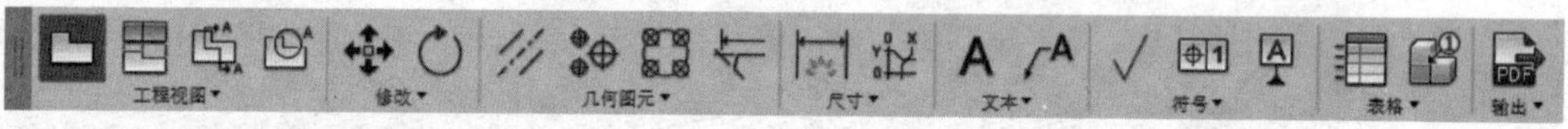

⑨工作空间中的子环境。此外，“模型”和“面片”工作空间中还提供了2个子环境——“造型”和“草图”。

a. 造型——创建有机几何图元。当您进入“造型”环境时，程序会显示一条消息，提醒您即将进入“造型”环境，并且您需要单击“完成造型”才能退出该环境。

b. 草图——创建草图几何图元，例如直线、圆弧和样条曲线。

与“造型”环境类似，您必须单击“终止草图”才能退出“草图”环境。

1.2.3 导航工具

(1) ViewCube

ViewCube（图1-3）是一种屏幕上的设备，与“常用视图”类似。

在R2009及更高版本中，ViewCube替代了“常用视图”。

与“常用视图”类似，单击立方体的角可以将模型捕捉到等轴测视图，而单击面则可以将模型捕捉到平行视图。ViewCube具有以下附加特征：

始终位于屏幕上的图形窗口的一角（您可以指定位于哪个角上）。

可以拖动它来动态观察模型。

提供了一些有标记的面，可以指示当前相对于模型世界的观察角度。

提供了可单击的边（还有可单击的角和面）。

提供了“主视图”按钮，以返回至用户定义的基础视图。

能够将“前视图”和“俯视图”设定为用户定义的视图，从而也可以重定义其他平行视图以及等轴测视图。重新定义的视图可以被其他环境或应用程序识别。

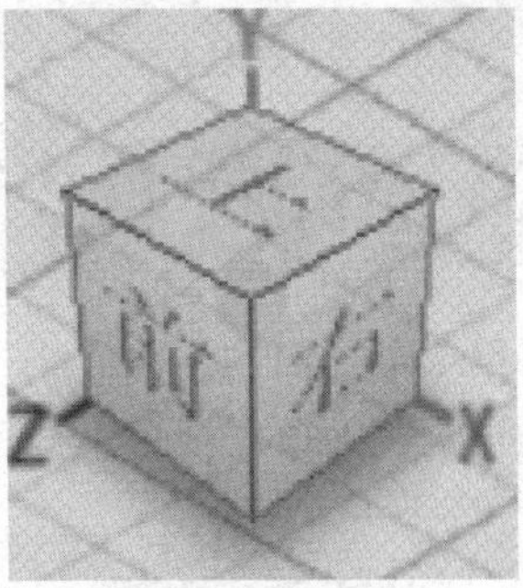

图 1-3　ViewCube

在平行视图中，提供了旋转箭头，使您能够以 90°为增量、垂直于屏幕旋转照相机。

提供了使您能够根据自己的配置调整立方体特征的选项。

（2）导航栏

导航栏放置在当前模型窗口的底部。它用于访问导航命令。右端的菜单可控制“显示设置”和“布局栅格”选项。

若要启动导航命令，请单击导航栏上的图标。

导航命令

- 动态观察：用于旋转当前视图的命令集。
- 观察方向：从选定平面查看模型的面。
- 平移：平行于屏幕移动视图。
- 缩放：增加或减小当前视图的比例。
- 布满：将整个模型放置在屏幕上。

（3）显示设置

一个命令集，例如使您可以指定所需视觉样式、对象可见性或相机设置。

（4）栅格和捕捉

使您可以指定增量、栅格设置或根本不显示布局栅格的命令。

（5）视口

可以在图形区域中显示 4 个视口。通过显示多个视口，您可以在一个视图中工作，而从其他相机位置查看更改。

启用多个视口以查看其他相机位置处的更改。

可以在图形区域中显示 4 个视口。通过显示多个视口，您可以在一个视图中工作，而从其他相机位置查看更改。

启用多个视口的步骤

在导航栏中单击视口下拉菜单，然后选择“多个视图”。

启用单个视口的步骤

在导航栏中单击视口下拉菜单，然后选择“单个视口”。

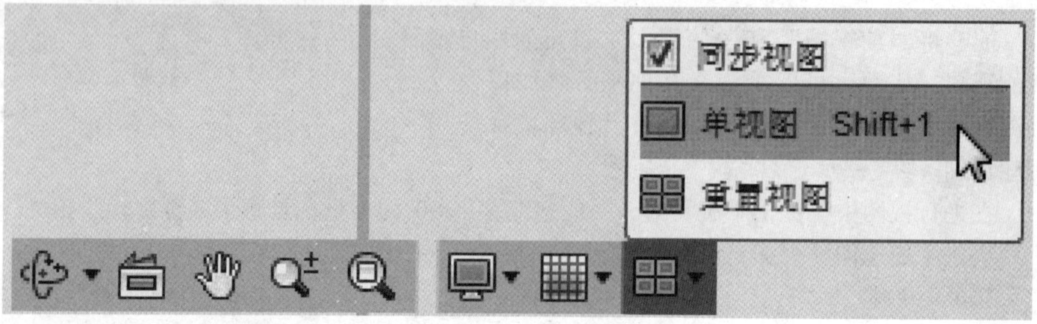

调整视口大小的步骤

可以调整视口的大小。

单击并拖动视口之间的边框可调整两个视口的大小。

单击并拖动所有 4 个边框的交点可调整所有 4 个视口的大小。

更改视口显示样式的步骤

在视图中单击以将其激活，然后单击样式下拉菜单。

1.2.4 设计历史

模型操作将记录在设计历史中，如图 1-4 所示。您可以在时间轴中编辑、重排序和查看操作。设计历史可保留模型操作之间的关系，以防止对某个操作进行的更改会影响后续的操作。

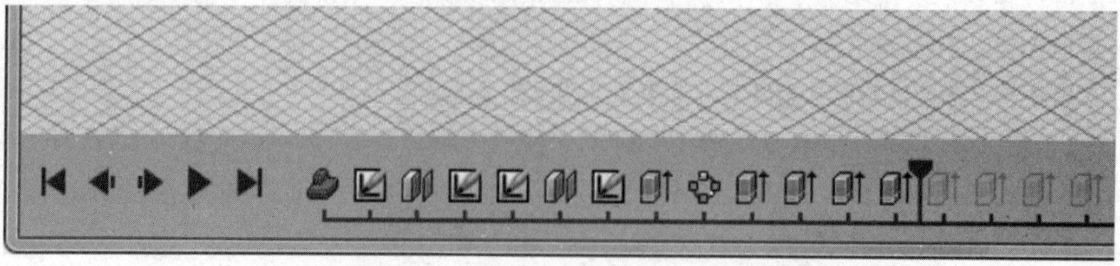

图 1-4 时间轴

单击时间轴中的齿轮图标可停止捕获设计历史。所有操作将从历史中删除，并且不会记录将来的操作，如图 1-5 所示。

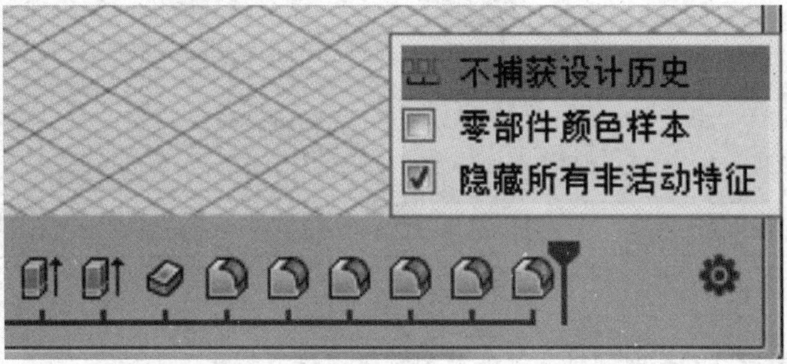

图 1-5 齿轮图标

在浏览器中的顶部节点上单击鼠标右键，以启动或停止捕获设计历史。

在首选项中有一个选项可用于创建具有或不具有设计历史的新设计，如图 1-6 和图 1-7。

图 1-6 首选项

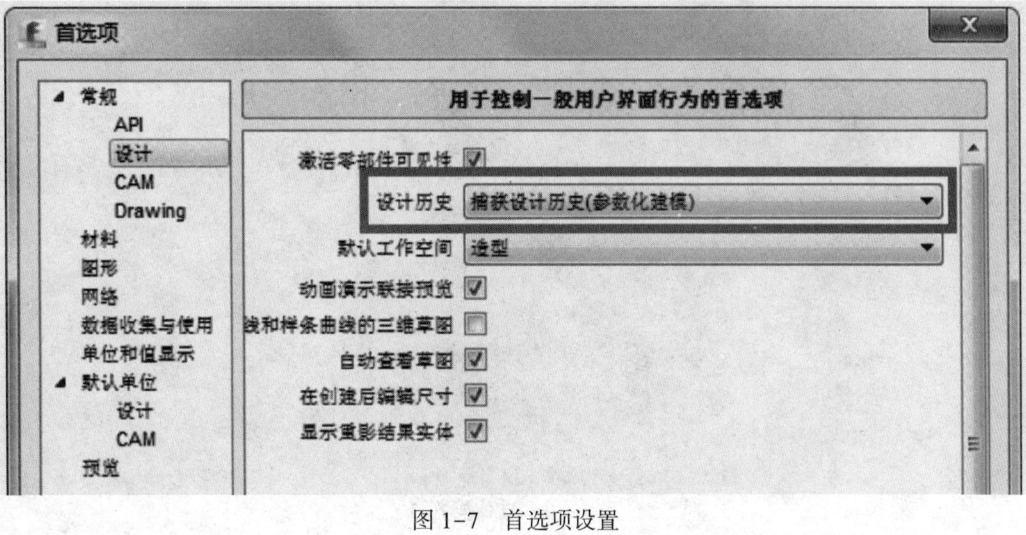

图 1-7 首选项设置

接下来将介绍设计历史以及如何向时间轴中添加操作。

在一个设计当中，如图 1-8 所示，若要对时间轴停留位置之后的操作进行删除，并对轴前的造型设计进行修改，具体操作如下：

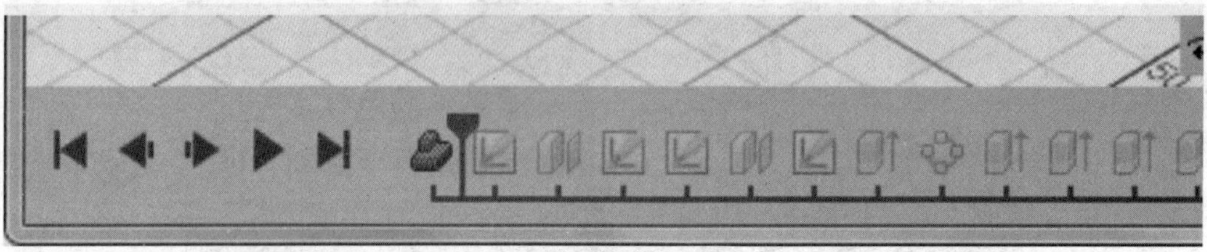

图 1-8　具体操作 1

首先，将鼠标移动至时间轴右侧的草图操作记录上，并单击鼠标右键，弹出如图 1-9 所示菜单栏，并选择“删除历史标记后的所有特征”，删除后的模型则会停留在造型设计完成时的状态，如图 1-10 所示。

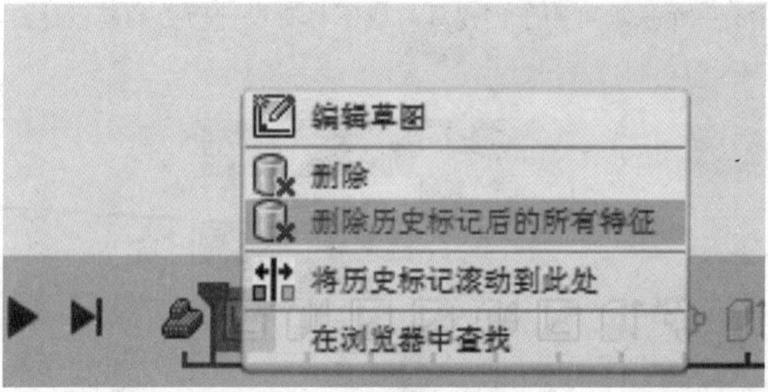

图 1-9　具体操作 2

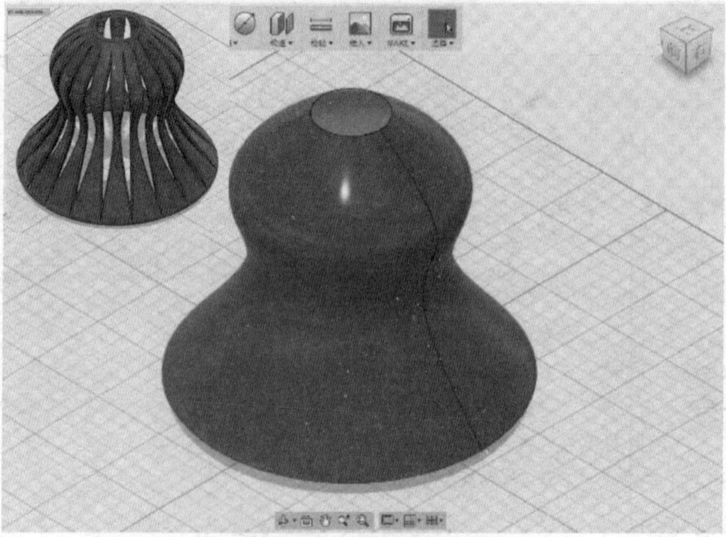

图 1-10　具体操作 3

此时，时间轴上只剩下造型设计的特征，如图 1-11 所示。

图 1-11　造型设计特征

1.3　Autodesk Fusion 360 的功能介绍和基本操作

1.3.1　Autodesk Fusion 360 的安装

（1）系统要求

基本系统要求：Apple Mac OS X Mavericks（10.9.5）、OS X Yosemite（10.10.5）、OS X EI Capital（10.11）；Microsoft Windows 7 SPI 、Windows 8.1、Windows10。

处理器（CPU）：64 位处理器（不支持 32 位）。

内存（Memory）：3GB 内存（建议 4GB 或更大）。

网络：ADSL 或更快的网络连接。

磁盘空间（Disk space）：大约 2.5GB。

显卡（Graphics Card）：512MB GDDR RAM 或更大，Intel GMA X3100 除外。

指针设备（Pointing device）：Microsoft-compliant Mouse，Apple Mouse，Magic Mouse，MacBook Pro Trackpad

（2）安装方法

Autodesk Fusion 360 下载地址：http：//Fusion 360. autodesk. com/pricing。

第一步：输入网址，进入 Autodesk Fusion 360 的官方页面，如图 1-12 所示。

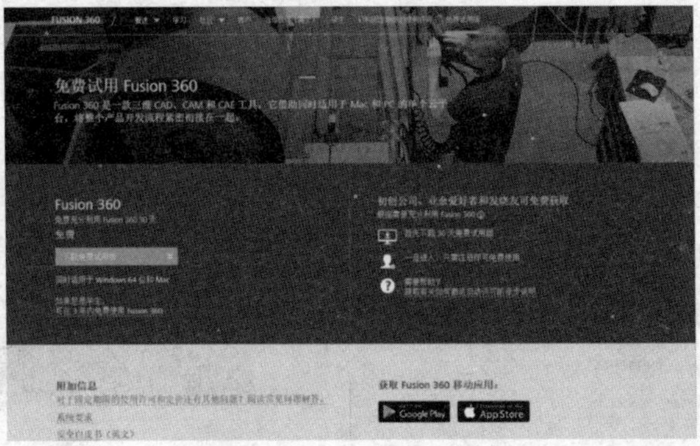

图 1-12　安装步骤 1

第二步：输入 E-mail 地址，单击“下载免费试用版”按钮，如图 1-13 所示。

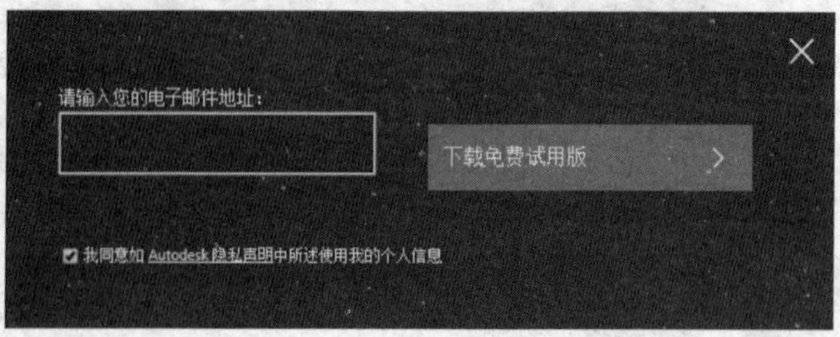

图 1-13　安装步骤 2

第三步：进入 Autodesk Fusion 360 下载页面，单击“单击此处重试”按钮，如图 1-14 所示。

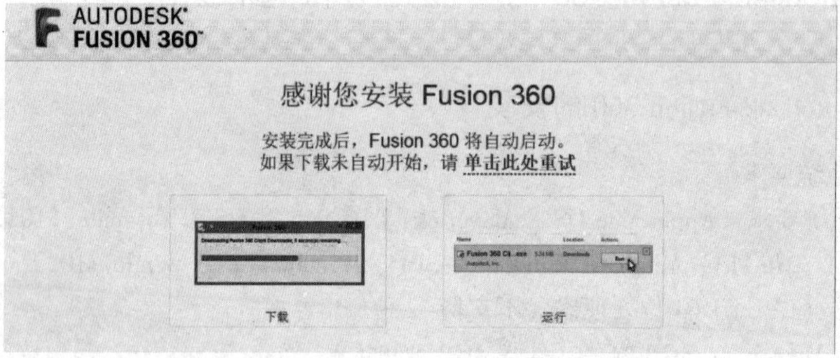

图 1-14　安装步骤 3

第四步：下载并安装 Autodesk Fusion 360 软件。

第五步：启动 Autodesk Fusion 360，输入账号和密码，如果没有账号，可单击注册按钮，输入注册信息，如图 1-15 所示。

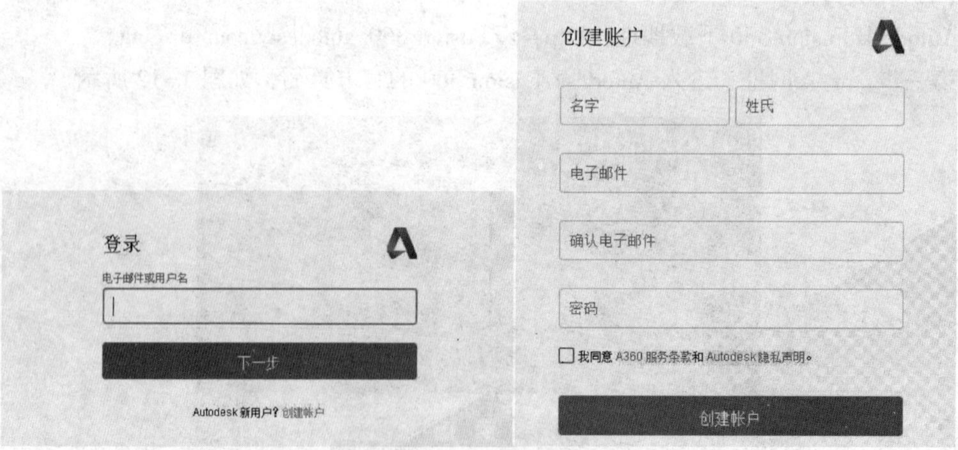

图 1-15　安装步骤 4

1.3.2 草图基础

草图中的功能大致可以分为几类，一是画基本形状，二是确定大小和位置关系，三是编辑和修改，还有一类是基于已有对象生成新的草图对象。

- 创建草图：在选定的平面或平整面上创建草图。
- 直线：创建直线和圆弧，选择起点和终点以定义一条直线，单击并拖动线段的端点以定义圆弧（图 1-16）。

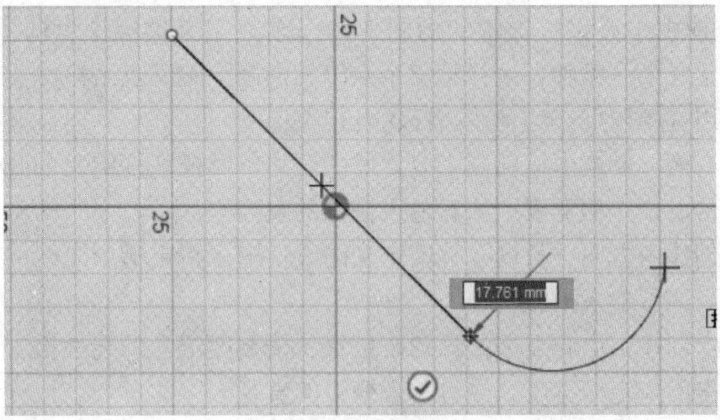

图 1-16 草图创建

- 矩形：包括两点矩形、三点矩形和中心矩形。

—两点矩形：使用对角线的两个点创建矩形。选择第一个点作为矩形的起点。然后，选择第二个点，或者指定宽度和高度值。

—三点矩形：使用三个点创建矩形以定义宽度、方向和高度。选择第一点作为矩形的起点，选择第二个点，或者指定距离值并拾取一个点。选择第三个点指定距离值。

—中心矩形：使用两个点定义中心和一个拐角以创建矩形，选择第一个点作为矩形的中心。选择拐角或者指定宽度和高度值。

- 圆：包括中心直径圆、两点圆、三点圆、两切线圆和三切线圆。

—中心直线圆：使用圆心和直径创建一个圆。选择已定义圆心，然后指定直径。

—两点圆：创建由两个点定义的圆。在圆的直径上指定两个点。

—三点圆：通过三个点创建圆。在圆的圆周上指定三个点。这些点用于定义圆的大小和位置。

—两切线圆：创建与两条草图线相切的圆。选择两条直线，然后指定圆的半径。

—三切线圆：创建与三条草图线相切的圆。选择将与圆相切的三条直线。

- 圆弧：包括三点圆弧、圆心圆弧和相切圆弧。

—三点圆弧：使用三个点创建圆弧。选择起点、终点，然后在圆弧上选择一个点。

—圆心圆弧：使用三个点创建圆弧。选择起点、中心的，然后再选择终点或指定角度值。

—相切圆弧：创建相切的圆弧。选择两个点。

• 多边形：包括外切多边形、内接多边形和边多边形。

—外切多边形：使用中心点和一条边的中心点创建多边形。选择多边形的中心点，指定侧面的数值。选择一条边的中点，或者指定距离，然后选择点。

—内接多边形：使用中心点和顶点创建多边形。选择多边形的中心点，指定边数值。选择顶点，或者指定距离，然后选择点。

—边多边形：通过定义多边形的一条边和位置创建多边形。选择一条边的起点和终点，或者选择起点，然后指定距离和角度值。指定多边形的边数，选择定义多边形的方向。

• 椭圆：创建由中心点、长轴和椭圆上的一个点定义的椭圆。选择椭圆的中心点，选择第二个点以定义第一条轴，选择第三个点以在椭圆上定义点。

• 槽：包括中心到中心槽，整体槽和中心点槽。

—中心到中心槽：创建由槽弧圆心放置好的距离以及槽宽度定义的线性槽。指定两个槽弧的圆心。单击以指定槽宽度，或者输入槽弧的直径。

—整体槽：创建由方向、长度、宽度定义的线性槽。指定槽中心线的起点和终点。单击以指定槽宽度，或者输入槽弧直径。

—中心点槽：创建由中心点、槽弧圆心位置、槽宽度定义的线性槽。指定槽中心并放置槽弧圆心。单击以指定槽宽度，或者输入槽弧的直径。

• 样条曲线：创建穿过选定点的样条曲线。选择第一个点以开始创建样条曲线。选择其他点作为拟合点。

• 圆锥曲线：创建由端点和 Rho 值驱动的曲线。根据 Rho 值，该曲线可以是椭圆、抛物线或双曲线。选择起点、终点，然后选择顶点的顶部。使用引导线创建相切约束。指定 Rho 值以获得所需形状的圆锥曲线。

• 点：创建草图点。

• 文本：将文本插入到激活的草图中。使用文本作为轮廓创建三维几何图元。选择插入点并输入文本。在“文本”对话框中修改文本格式。

• 圆角：在两条直线或圆弧的交点处放置指定半径的圆弧。选择顶点或两条线或圆弧，指定圆弧半径。

• 修剪：将草图曲线修剪到最近的相交曲线或边界几何图元。将光标悬停在曲线上以预览要修剪的部分。选择要修剪的曲线。

• 延伸：将曲线延伸到最近的相交曲线或边界几何图元。将光标悬停在曲线上以预览要延伸的部分。选择曲线以进行延伸。

• 草图缩放：缩放草图几何图元。选择要缩放的草图几何图元，然后指定比例系数。

• 偏移：在距原始曲线的指定距离处复制选定的草图曲线。选择要偏移的曲线，然后指定偏移距离。

• 镜像：以选定的草图线为对称线，镜像选定的草图曲线。选择要镜像的曲线，然后选择镜像用的对称线。

• 阵列：将指定的草图曲线复制到圆弧或环形阵列中。选择要阵列化的曲线，要绕其旋转点以设置数量。

• 投影：将实体轮廓、边、工作几何图元和草图曲线投影到激活的草图平面上。使用选择过滤器投影特定类型的几何图元或实体轮廓。

• 草图尺寸：创建草图几何图元的草图尺寸。使用尺寸可控制草图对象的大小或位置。选择要标注尺寸的草图曲线，然后选择一个区域以放置尺寸。

1.3.3 建模基础

参数化建模的命令包括：创建、修改、装配、构造、检验、插入、生成等命令集。

（1）创建命令集

包括：拉伸、旋转、扫掠、放样、加强筋、网状加强筋、孔、螺纹、长方体、圆柱体、球体、圆环体、螺旋、管道、阵列、环形阵列、镜像、加厚、边界填充、创建造型、创建基础特征、创建网格。

①拉伸：为闭合的草图轮廓或平整面增加深度。选择轮廓或平整面，然后指定要拉伸的距离。

②旋转：绕选定轴旋转草图轮廓或者平整面。选择草图轮廓或平整面，然后选择要围绕其旋转的轴。

③扫掠：沿选定的路径扫掠草图轮廓或平整面。选择一系列草图轮廓或平整面以定义形状。选择轨道或中心线以引导形状。

④放样：在两个或更多草图轮廓或平整面之间创建过渡形状。选择一系列草图轮廓或平整面以定义形状。选择轨道或中心线以引导形状。

⑤加强筋：使用开放的草图曲线创建薄壁特征。将在平行于平面处创建加强筋。选择曲线，然后指定厚度。

⑥网状加强筋：使用开放的草图曲线创建薄壁特征。将在垂直于平面处创建网状加强筋。选择曲线，然后指定厚度。

⑦孔：根据用户指定的值选择创建孔。选择面以放置孔，然后选择边以便在面上定位孔，指定孔类型和尺寸值。

⑧螺纹：为圆柱几何图元添加内螺纹和外螺纹。螺纹在几何图元上可以起示意作用或者塑造在几何图元上。

⑨长方体：创建实心长方体。选择平面，绘制矩形，然后指定长方体的高度。

⑩圆柱体：创建实心圆柱体。选择平面，绘制圆，然后指定圆柱体的高度。

⑪球体：创建实心球体。选择平面，然后指定球体的中心点和直径。

⑫圆环体：创建实心圆环体，然后指定圆环体的轴的圆心和直径。

⑬螺旋：创建实心螺旋实体。然后选择平面，然后绘制圆以指定螺旋的大径，使用操纵器或对话框完成螺旋定义。

⑭管道：创建走向沿选定路径的实心管道。选择路径，然后指定截面和大小。

⑮阵列：包括矩形阵列、环形阵列和路径阵列。

⑯矩形阵列：创建重复的面、实体、特征和零部件，并按行和列排列它们。选择要阵列的对象，然后指定方向、数量和距离。

⑰环形阵列：创建重复的面、实体、特征和零部件，并按环形和圆弧阵列排列它们。

选择要阵列化的对象，指定要绕其旋转的轴以及数量。

⑱路径阵列：创建重复的面、实体、特征和零部件，并将它们沿路径阵列。选择要阵列化的对象以及阵列路径，并指定距离和数量。

⑲镜像：跨平面以相等的距离创建选定面、实体、特征和零部件的镜像副本。选择要镜像的对象，然后选择镜像用的对称平面。

⑳加厚：为曲面表面添加厚度以使其成为实体。选择要加厚的面，然后指定厚度值。

㉑边界填充：使用通过选择的刀具形成的包围体积创建、连接或移除体积。选择实体、曲面或工作平面作为刀具以形成体积（或单元）。这些单元可用于切割现有实体，合并到现有实体中，或者创建新实体。

㉒创建造型：将造型操作插入到时间轴并进入“造型”工作空间，当形状比精确更重要时，请使用“造型”命令。单击“完成造型”命令，返回到“模型”工作空间。

㉓创建基础特征：将基础特征操作插入到时间轴中。与基础特征操作同时执行的任何操作都不会被记录到时间轴中，单击“完成基础特征”命令，返回到“模型”工作空间。

㉔创建网格：将网格特征操作插入到时间轴中并进入“网格”工作空间，使用“网格”工作空间可修改和修复网格几何图元。单击“完成网格”命令返回到“模型”工作空间。

（2）修改命令集

包括：推拉、圆角、规则圆角、抽壳、倒角、拔模、缩放、合并、替换面、分割面、分割实体、轮廓分割、移动复制、对齐。还包括了一些外观命令：物理材料、外观、管理材料、删除、全部计算、更改参数。这里只介绍用于模型修改的命令。

①推拉：使用偏移、拉伸或圆角命令修改选定的几何图元。该操作取决于选定的几何图元。

②圆角：为一个或多个边添加圆角。选择目标边，然后指定半径值。

③规则圆角：基于指定的规则而不是基于指定的边来添加圆角或圆边。选择面或特征，然后指定半径。将对面或特征的所有边应用圆角。

④倒角：为一个或多个边添加倒角。选择目标边，然后指定距离。注意：这里的倒角倒的是切角。

⑤抽壳：从零件内部移除材料，从而创建一个具有指定厚度的空腔。选择面，然后指定厚度。选定的面将被删除，并且实体将变成空心。

⑥拔模：对指定的平面应用拔模角度。选择平面或平整面作为中性面，然后选择要拔模的面，指定面的拔模斜度。

⑦缩放：缩放草图、对象或零部件。选择要缩放的对象，然后指定比例系数。

⑧合并：在实体之间执行布尔运算。选择目标实体，然后选择一个或多个工具实体，以在目标上执行并集、差集和交集运算。

⑨替换面：使用其他面替换一个或多个零件面。新面必须与零件面相交。选择要移除的面，然后选择新面。

⑩分割面：使用选定的面、轮廓或平面作为切割工具来分割面。选择要修改的面，然后选择分割源面的轮廓、面或平面。

⑪分割实体：通过使用面、轮廓或平面分割选定的实体以创建新实体。选择要修改的实体，然后选择分割实体的轮廓、面或平面。

⑫轮廓分割：使用从实体的分模线生成的曲面来分割该实体。通过选择平面或轴设置视图方向，然后选择实体，再选择分割操作。

⑬移动复制：将选定的面、实体、草图或构造几何图元移动指定的距离或角度。选择要修改的对象，然后指定距离或角度。使用“设置轴心”以重新定位操作器。

⑭对齐：通过将从对象选择的几何图元与在任何其他位置选择的几何图元对齐来移动对象（零部件、草图、实体、工作几何图元）。几何图元可以是点、线、平面、圆或坐标系。捕捉将被视为用于全面定位和方向对齐的完整坐标系。

在要移动的对象上选择点，然后在要对齐的面上选择点，单击“反转”和“角度”命令以旋转对象。

（3）构造命令集

包括：偏移平面、夹角平面、相切平面、中间平面、通过两条边创建平面、通过三点创建平面、在曲面某点上创建相切平面、沿路径的平面、通过圆柱体/圆锥体/圆环体创建轴、在平面某点上创建垂直轴、通过两个平面创建轴、通过两点创建轴、通过边创建轴、在平面某点上创建面垂直轴、位于顶点处的点、通过两条边创建点、通过三个平面创建点、位于圆/球体/圆环体中心的点、边和平面上的点等命令。

①偏移平面：创建从选定面或平面偏移得到的构造平面。选择面、平面或草图轮廓，然后指定偏移距离。

②夹角平面：通过边、轴或线以指定角度创建构造平面。选择线性边、轴或草图以定位平面，然后指定选择角度。

③相切平面：创建与圆柱或圆锥面相切的构造平面。选择将与平面相切的圆柱体或圆锥体。通过输入角度或者先选择参考平面在再添加角度来指定位置。

④中间平面：在两个面或者工作平面的中点处创建构造平面。选择两个面或平面。

⑤通过两条边创建平面：创建穿过两条线性边或轴的构造平面。选择两条边或轴。边或轴必须共面。

⑥通过三点创建平面：通过三个选定的构造点、草图点或顶点创建构造平面。选择三个点。

⑦在曲面某点上创建相切平面：创建与面相切或点对齐的构造平面。选择面，然后选择点或顶点。

⑧沿路径的平面：创建与边或草图轮廓垂直的构造平面。选择路径，然后沿路径指定平面的位置。

⑨通过圆柱体/圆锥体/圆环体创建轴：创建与圆柱面或圆锥面的中心轴重合的构造轴。选择圆柱体或圆锥体。

⑩在平面某点上创建垂直轴：创建垂直于选定区域中选定面的构造线。在所需的区域处选择面。

⑪通过两个平面创建轴：创建与两个平面或平整面的相交线重合的构造线。选择两个平面或平整面。

⑫通过两点创建轴：创建穿过两个选定工作点、草图点或顶点的构造线。选择两个工作点、草图点或顶点。

⑬通过边创建轴：从选定的线性边或草图线创建构造线。选择边或草图曲线。

⑭在平面某点上创建面垂直轴：创建垂直于选定面并穿过选定点的构造线。选择面或草图轮廓，然后选择点。

⑮位于顶点处的点：在选定的点或顶点处创建构造点。选择点或顶点。

⑯通过两条边创建点：在两条线性边或草图线的交点处创建构造点。

⑰通过三个平面创建点：在三个平面或平整面的交点处创建构造点。选择三个平面或平整面。

⑱位于圆/球体/圆环体中心的点：在球体或环形边的中心上创建构造点。选择环形边或球面。

⑲边和平面上的点：在构造平面、平整面或草图轮廓和轴或草图线的交点处创建构造点。选择平面、平整面或草图轮廓和轴或草图线。

(4) 检验命令集

包括：测量、干涉、曲率梳分析、斑纹分析、拔模分析、曲率映射分析、截面分析、质心、零部件颜色循环切换等命令。

①测量：报告选定对象的距离、角度、面积或位置数据。选择顶点、边、面、实体或零部件。

②干涉：报告选定实体或零部件之间的干涉。选择零部件，然后单击“计算”命令。选择从干涉创建零部件。

③曲率梳分析：沿选定边显示样例点出的曲率值。选择要评估的边，然后设置疏密度和比例。

④斑纹分析：在选定的实体上显示条纹图案。使用“斑纹分析”来确定连续性。选择曲面，然后设置分析选项。

⑤拔模分析：在选定实体的面上显示颜色渐变，以帮助评估设计的可制造性。

⑥曲率映射分析：显示选定实体面上的颜色渐变，以帮助评估高曲面曲率和低曲面曲率的面积。选择要评估的实体。使用选项以优化颜色渐变显示。

⑦截面分析：在一个剖切平面上生成模型的剖面视图。选择要用作剖切平面的面或平面。指定偏移和角度值以定位剖切平面。

⑧质心：在选定对象的质心位置处显示图示符。用户可以测量从COM到设计中的其他对象之间的距离。选择要在质心计算中包含的零部件和实体。

⑨零部件颜色循环切换：对每个零部件应用不同的颜色以帮助区别零部件。单击改命令启用或禁用此设置。

(5) 插入命令集

包括：贴图、附着贴图、插入网格、插入SVG、插入DXF、插入McMaster零部件等命令。

①贴图：在选定面上放置图像。选择一个面，然后选择要导入的图像。

②附着贴图：在平整面或草图平面上放置图像。选择一个面，然后选择要导入的

图像。

③插入网格：将选定的 OBJ 或 STL 网格文件插入到活动设计中。选择要插入的 OBJ 或 STL 网格文件，然后使用选项和操纵器确定网格的方向和位置。

④插入 SVG：将 SVG 文件导入到激活草图。使用 SVG 文件可获得详细的草图。

⑤插入 DXF：将 DXF 文件导入到激活草图。选择面或平面，然后选择要插入的 DXF 文件。在选定的平面上设置几何图元的位置。

⑥插入 McMaster 零部件：将 McMaster 零部件插入到活动文档中。浏览所需的零部件，单击“产品详细信息”CAD 图标，选择文件类型，然后按“保存”按钮。

1.3.4 T样条建模

单击工具栏中的“创建造型”命令，进入“造型”工作空间。这就是“T样条建模（T-Splines modeling）技术”工作空间，如图 1-17 所示。

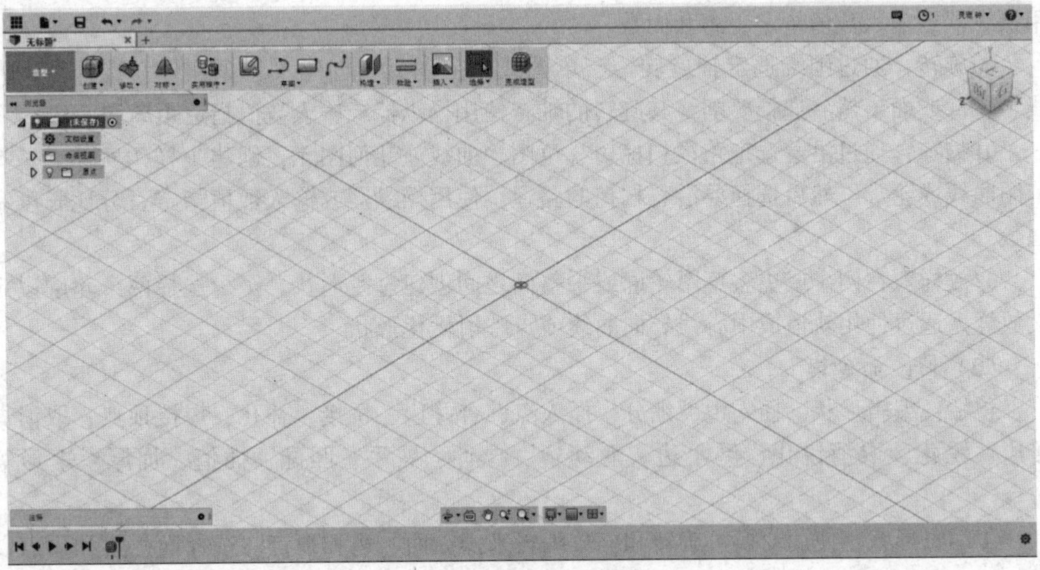

图 1-17 “造型”工作空间

“T样条建模”工具栏包括“创建命令集”“修改命令集”“对称命令集”“实用程序命令集”以及“草图工具命令集”等。由于“草图工具命令集”在前面已经介绍过，在这里就不重复讲解了。

(1) 创建命令集

包括：长方体、平面、圆柱体、球体、圆环体、四分球体、管道、面、拉伸、旋转、扫掠、放样等命令。

①长方体：创建T样条框。选择平面，然后绘制矩形，使用操纵器或输入数值指定高度和面数。

②平面：创建T样条平面。选择平面，然后绘制矩形，使用操纵器或输入数值指定高度和面数。

③圆柱体：创建T样条圆柱体。选择平面，然后绘制圆，使用操纵器或输入数值指定高度和面数。

④球体：创建T样条球体。选择平面，然后选择球体的中心点，使用操纵器或输入数值指定直径和面数。

⑤圆环体：创建T样条圆环体。选择平面，然后绘制圆。使用操纵器或输入数值指定大径、小径和面数。

⑥四分球体：创建T样条四分球体。选择平面，然后选择球体的中心点，使用操纵器或输入数值指定直径和面数。

⑦管道：基于选定曲线管理复杂拓扑的创建。路径可以是草图几何图元，也可以是实体的边。选择输入路径，然后指定全局直径，然后修改截面、路径和面数。

⑧面：创建单个T样条面。选择平面以开始定义顶点，或者从T样条实体中选择顶点。

⑨拉伸：通过沿矢量添加面，创建或修改T样条实体。选择草图曲线、轮廓或面，使用操纵器或输入数值指定距离和面数。

⑩旋转：通过围绕选定轴旋转边、草图或几何图元，创建T样条实体。选择草图曲线、轮廓或面，然后选择要围绕其旋转的轴，使用操纵器或输入数值指定距离和面数。

⑪扫掠：通过沿着选定路径扫掠边、草图、曲线或几何图元，创建T样条实体。选择草图曲线或轮廓，然后选择要沿着扫掠的路径，使用操纵器或输入数值指定百分比长度和面数。

⑫放样：在两个或更多草图轮廓或平整面之间创建过渡形状。至少选择两个轮廓以定义放样。通过使用轨道或中心线导向曲线或点映射优化形状。

（2）修改命令集

包括：编辑形状、插入边、细分、插入点、合并边、桥接、补孔、焊接顶点、取消焊接边、锐化、取消锐化、倒角边、滑动边、拉伸、展平、匹配、插值、加厚、矩形等命令。

①编辑形状：使用变换、旋转和缩放编辑来操纵面、边和顶点。选择面、边和顶点以启动操纵器，双击面或边选择回路。

②插入边：在原始边的指定位置处插入边。选择边或双击选择回路。

③细分：将一个或多个面划分为面的子集。选择要分割的面。按住Ctrl键（Windows）或Command键（Mac）以选择多个面。

④插入点：通过选择两个点来插入边。在边上选择一点开始，继续在边上选择点以分割多个面。

⑤合并边：将选定的第一组边与选定的另一组边对齐。选择第一组边，然后选择第二组边。

⑥桥接：创建过渡段以连接某个实体内或两个实体之间的两个相对面。选择第一组边，然后选择第二组边。

⑦补孔：填充T样条实体的内部孔，选择孔的边并设置填充的类型。

⑧焊接顶点：合并两个或更多的顶点，选择要合并的两个顶点。通过窗口选择方式，

在指定的公差内选择要焊接的顶点。

⑨取消焊接边：断开边或回路连接。选择边或双击选择回路。按住 Ctrl 键（Windows）或 Command 键（Mac）以选择多条边。

⑩锐化：在面与面之间创建一条锐边，选择要锐化的边。

⑪取消锐化：将之前锐化的边恢复到其原始状态。选择要锐化的边。

⑫倒角边：使用指定数量的相邻边替换一条边。选择边，然后指定倒角的位置。

⑬滑动边：沿控制多边形移动选定的边。选择边，然后指定新位置。

⑭拉伸：将选定的 T 样条顶点捕捉到面或曲面。顶点可以为控制面或曲面点。选择要移动的顶点，这些顶点将自动移动至最近的实体。

⑮展平：将顶点投影到最近拟合平面或用户定义的平面。选择要重新定位的顶点。

⑯匹配：将 T 样条实体的边与曲线或实体的边或者与草图曲线对齐。选择要修改的边，然后选择目标边或草图曲线。

⑰插值：切换曲面和控制点的位置以改进拟合。选择是将控制点移动到曲面，还是将曲面移动到控制点。选择实体，然后选择是要移动控制点还是移动曲面点。

⑱加厚：创建实体偏移。选择实体，然后设置厚度和末端处理方式。

⑲矩形：有冻结和解冻两个命令。冻结是指冻结模型上的面和边，以防止意外的修改。解冻时指先前冻结的面和边。

（3）对称命令集

包括：镜像—内部、环形—内部、镜像—复制、环形—复制、消除对称和隔离对称这 6 个命令。

①镜像—内部：使用 T 样条实体的元素创建镜像对称。在实体的每一侧选择一个面，如果需要在每侧上选择边，然后选择顶点。

②环形—内部：使用 T 样条实体的元素创建环形对称。在实体上选择一个面，然后选择对称线的数量。

③镜像—复制：创建跨指定平面镜像的副本实体。选择要复制的实体，然后选择镜像平面。

④环形—复制：围绕选定的轴创建指定数目的实体。选择要复制的实体，选择要围绕其旋转的轴。

⑤消除对称：从单个实体或一系列实体中移除对称约束。选择约束实体。

⑥隔离对称：防止对选定的顶点、边或面应用对称变换。选择要从其删除对称的面、边或顶点。

（4）实用程序命令集

包括：显示模式、修复实体、均匀分布、转换、启用性能优化 5 个命令。

①显示模式：将实体显示设定为平滑、方体或控制框。平滑用于显示实际模型，方体仅仅用于显示控制框架。控制框架用于显示控制和实际模型。选择所需的显示模式。如果有多个 T 样条实体，用户需要选择实体以便更改显示。

②修复实体：分析 T 样条实体，并显示有关网格的信息。更正错误 T 和错误星形条件，选择要分析的实体。

③均匀分布：删除星形点附近的收缩。将非均匀面更改为均匀面。选择要常规化的实体。

④转换：更改选定对象的实体类型。将 BRep（实体或曲面）面转换为 T 样条面。将 T 样条实体转换为 BRep 实体。将四边形网格转换为 T 样条实体。选择要转换的对象。

⑤启用性能优化：在“性能优化”或“显示优先”之间切换。“显示优先”以最高质量（星形点处应用 G1 连续条件）显示实体；“性能优化”通过在星形点处应用 G0 连续条件，来计算修改。

1.3.5 面片建模

面片建模工作环境中也有草图绘制集、创建命令集和修改命令集等，使用方法和前面的参数化建模、T 样条建模是一样的，这里就不再赘述了。

1.3.6 键盘快捷键

命令	组合键
拉伸	E
孔	H
偏移	Q
模型圆角	F
移动	M
切换可见性	V
切换零部件颜色循环	Shift + N
模型工具箱	S
外观	A
全部计算	Crtl + B（Windows）或 Command + B（Mac）
联接	J
快速联接	Shift + J
直线	L
两点矩形	R
中心直径圆	C
修剪	T
偏移	O
测量	I
项目	P
普通/构造	X
草图尺寸	D

续表

命令	组合键
脚本和附加模块	Shift + S
窗选	1
自由造型选择	2
着色选择	3
删除	Del

系统键盘快捷键	Windows 组合键	Mac 组合键
创建版本	Ctrl + S	Command+S
恢复保存	Ctrl+Shift+S	Command+Shift+S
用于切换工作空间的快捷键		
现在，使用 CTRL + 左方括号和 CTRL + 右方括号组合键可以切换工作空间。这将带您按照在工作空间切换器中所列的顺序浏览下一个和上一个工作空间。		
图形区域选择	**Windows 组合键**	**Mac 组合键**
平移	按住鼠标中键	按住鼠标中键
缩放	滚动鼠标中键	滚动鼠标中键
动态观察	按住 Shift 键并按住鼠标中键	按住 Shift 键并按住鼠标中键
绕点动态观察	按住 Shift 键并单击，然后按住鼠标中键	按住 Shift 键并单击，然后按住鼠标中键
撤销	Ctrl+Z	Command + Z
重做	Ctrl+Y	Command + Y
复制	Ctrl+C	Command + C
粘贴	Ctrl + V	Command + V
切割	Ctrl + X	Command + X
“造型”工作空间选择	**Windows 组合键**	**Mac 组合键**
扩大选择	Shift + 向上箭头	Shift + 向上箭头
收缩选择	Shift + 向下箭头	Shift + 向下箭头
链选择	Alt + P	Ctrl + P
链扩大选择	Alt + O	Control + O
环选择	Alt + L	Control + L
环扩大选择	Alt + K	Control + K
环收缩选择	Alt + J	Control + J
上一个 U	Alt + 向左箭头	Control + Command + 向左箭头
下一个 U	ALT + 向右箭头	Control + Command + 向右箭头

续表

“造型”工作空间选择	Windows 组合键	Mac 组合键
上一个 V	Alt + 向下箭头	Control + Command + 向下箭头
下一个 V	Alt + 向上箭头键	Control + Command + 向上箭头
范围选择	Alt + M	Command + M
反选	Alt + N	Command + N
切换“方体”模式	Alt + 1	Control + 1
切换控制框模式	Alt + 2	Control + 2
切换平滑模式	Alt + 3	Control + 3
选择环形边	双击边	双击边
选择环形面	选择两个面，然后双击第三个面	选择两个面，然后双击第三个面
“编辑形状”命令	Windows 组合键	Mac 组合键
添加几何图元	Alt + 拖动	Alt + 拖动
添加几何图元并保留锐化	Alt + Ctrl + 拖动	Alt + Command + 拖动
“渲染”工作空间命令	Windows 组合键	Mac 组合键
外观	A	A
“动画”工作空间命令	Windows 组合键	Mac 组合键
变换零部件	M	M
自动分解所有级别	U	U
手动分解	E	E
视图	U	U
发布视频	P	P
“仿真”工作空间命令	Windows 组合键	Mac 组合键
新建仿真分析	N	N
结构约束	C	C
结构载荷	L	L
力	F	F
模型视图	Ctrl + L	Command+L
自由度视图	Ctrl+D	Command+D
组视图	Ctrl+G	Command+G
结果视图	Ctrl+R	Command + R
设置	E	E

续表

“CAM”工作空间命令	Windows 组合键	Mac 组合键
生成刀具路径	Ctrl+G	Command+G
复制	Ctrl+D	Command+D
显示日志	Ctrl + L	Command+L
脚本和附加模块	Shift + S	Shift + S
工程图工作空间命令	Windows 组合键	Mac 组合键
投影视图	P	P
移动	M	M
删除	删除	删除
中心标记	C	C
标注	D	D
文本	T	T
引出序号	B	B

2　草图的绘制与编辑

创建或编辑草图：在选定的平面或面上创建草图。

草图模块存在于造型、模型、面片三个工作空间中，在三个工作空间中都可以进行草图的创建，具体操作如下：

①在“草图”下拉列表中，单击“创建草图”，如图 2-1 所示；

图 2-1　创建草图

②选择要在其上创建草图的平面或面，如图 2-2 所示。

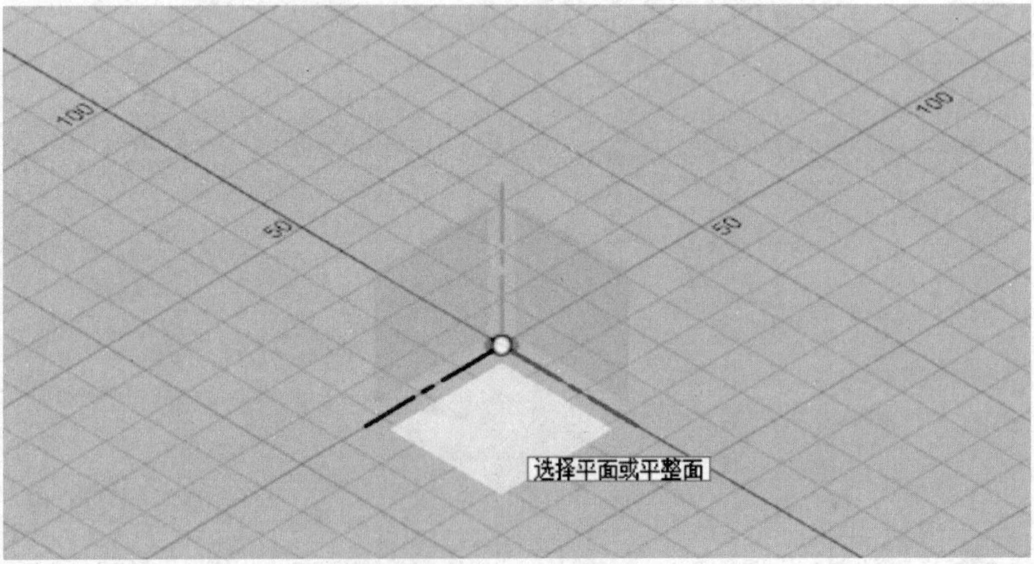

图 2-2　选择平面

可以选择：

- 基准平面
- 工作平面

- 几何图元上的平整面。

注：如果选择现有草图实体或浏览器中的草图节点，则会编辑相应草图而不会创建新草图。

若要编辑草图，请在浏览器或时间轴中的草图节点上单击鼠标右键，然后选择“编辑草图”。

2.1 草图的绘制

本实例绘制的是板式家具旁板的轮廓线，包括直线、草图尺寸、镜像等草图命令，如图 2-3 所示。

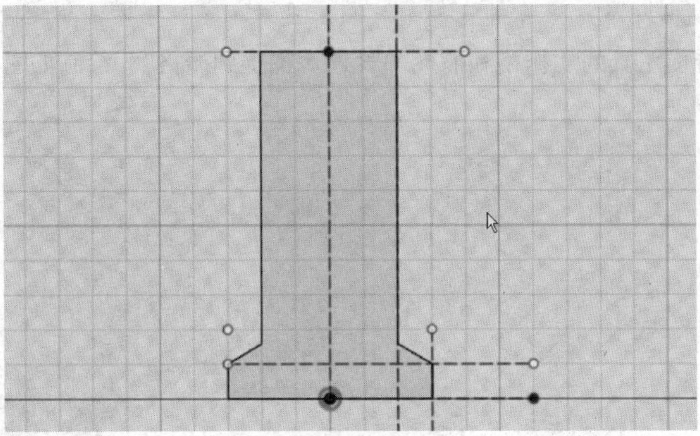

图 2-3 草图绘制

步骤 1：选择“草图—直线”以创建草图，如图 2-4 所示，选择 YZ 平面作为草图绘制的平面，如图 2-5 和图 2-6 所示。

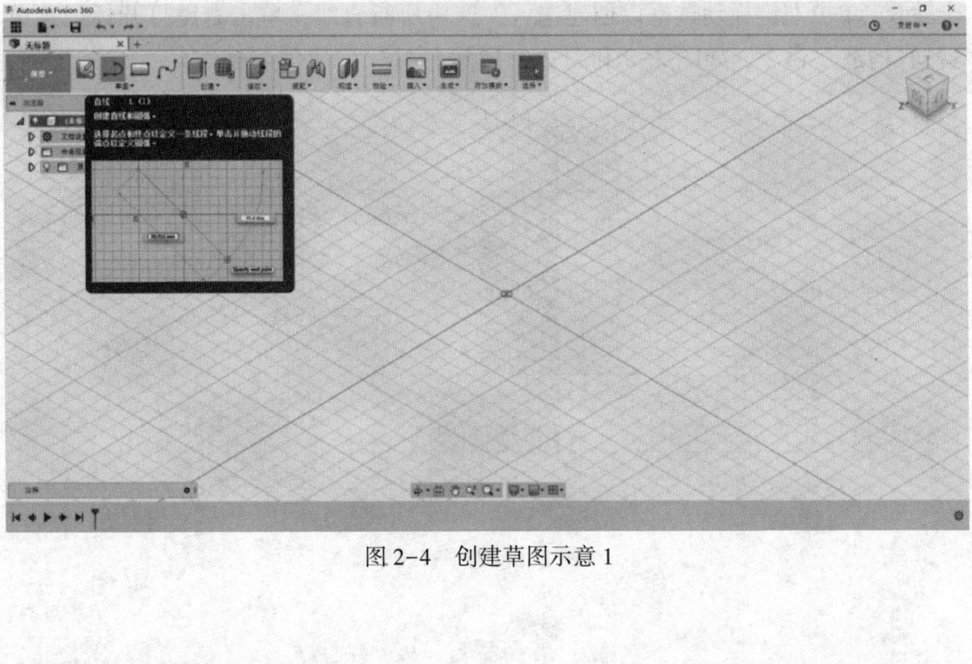

图 2-4 创建草图示意 1

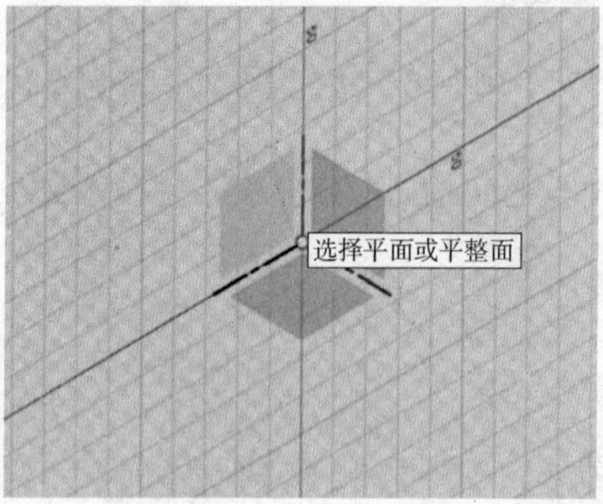

图 2-5　创建草图示意 2

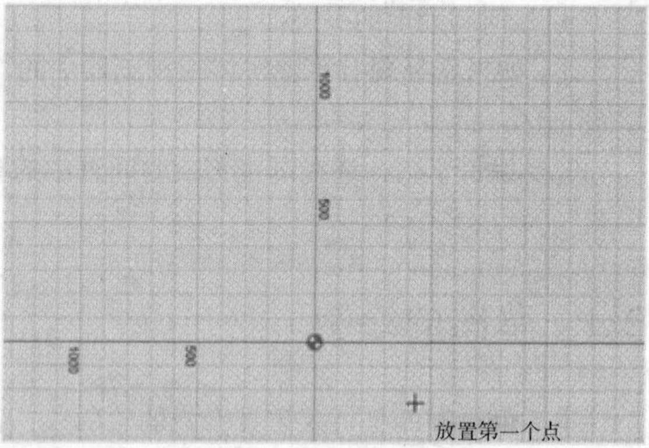

图 2-6　创建草图示意 3

步骤 2：在导航工具的“栅格和捕捉”设置“捕捉到栅格”，绘制如图 2-7 所示的直线。

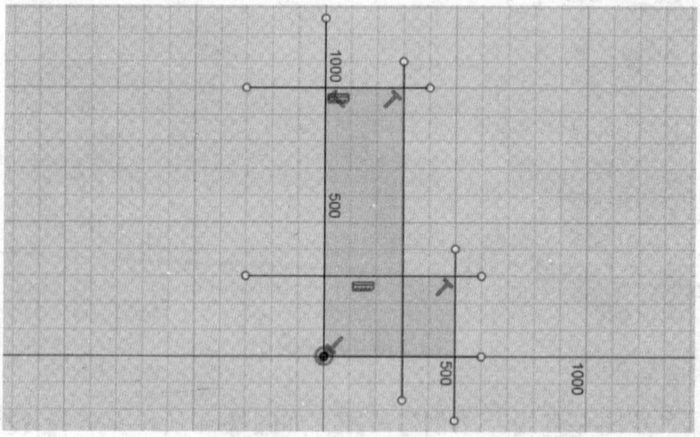

图 2-7　直线草图

步骤 3：单击左键拖动选框以创建选区，选中所有直线，单击右键打开标记菜单，执行“普通/构造”命令，如图 2-8 和图 2-9 所示。

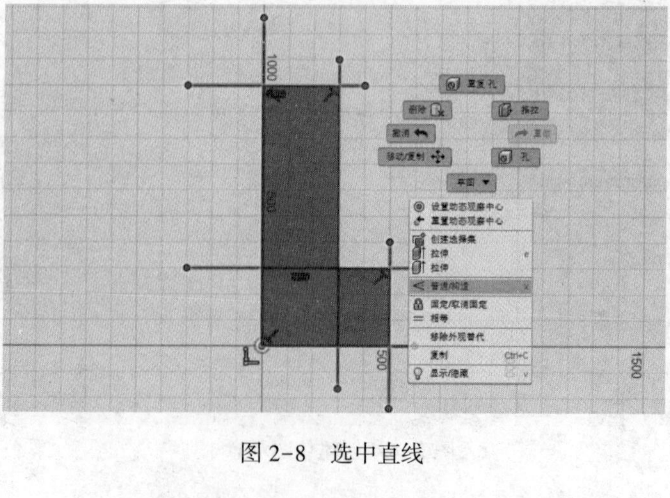

图 2-8　选中直线

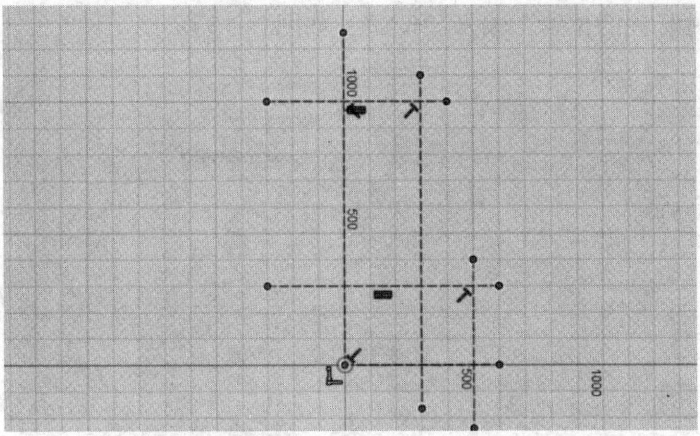

图 2-9 执行构造线

步骤 4：执行“修改—更改参数”命令，打开“更改参数”对话框，左键单击用户参数右边的“+”，名称输入“a”，表达式输入 1200，如图 2-10 所示，重复上述操作，创建新的用户参数“b”，如图 2-11 所示。

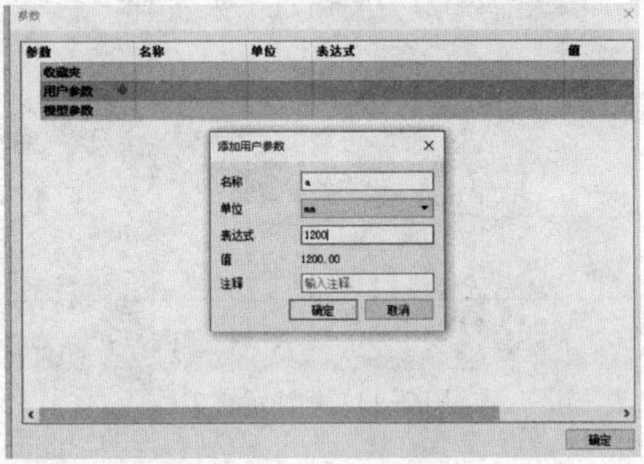

图 2-10 创建参数示意 1

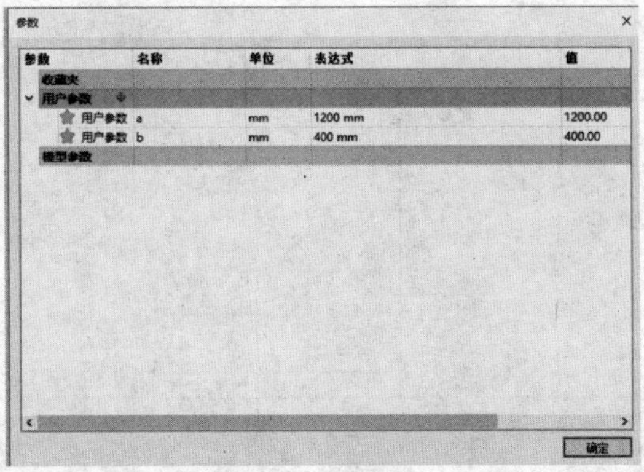

图 2-11 创建参数示意 2

步骤5：执行“草图—草图尺寸”命令，分别选中图2-12所标注的两条直线，单击鼠标左键确定尺寸标注的位置，输入“b/2”，如图2-13所示。

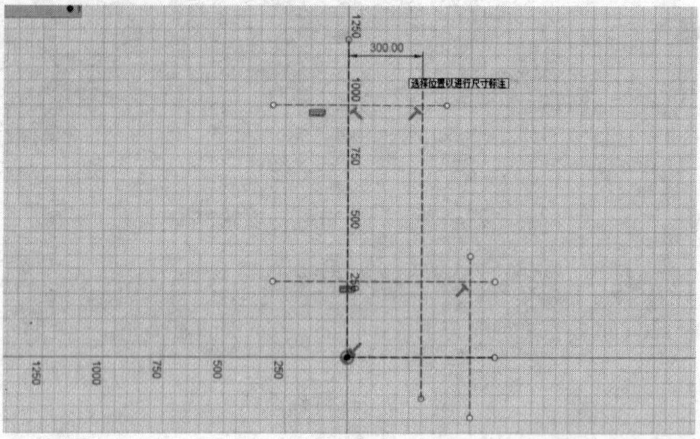

图2-12　标注示意1

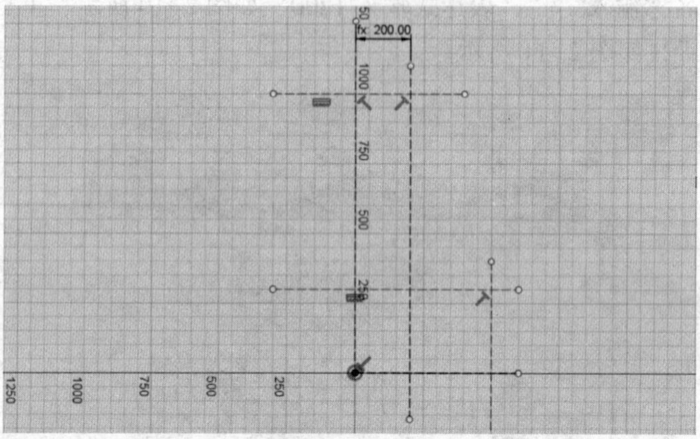

图2-13　标注示意2

步骤6：重复步骤5，完成图2-14所示的尺寸标注。

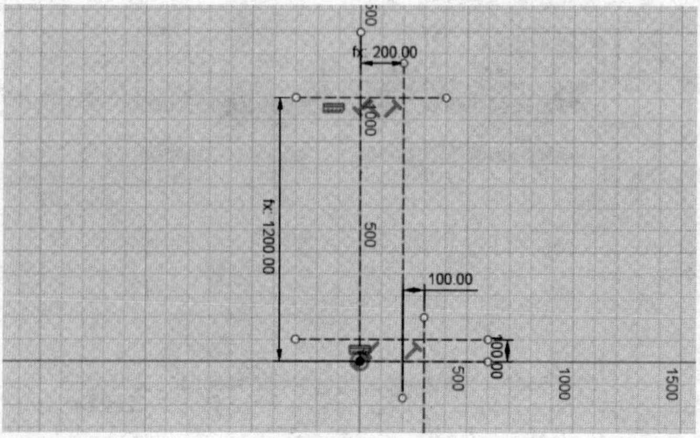

图2-14　标注示意3

步骤 7：打开“更改参数”对话框，更改参数“a”的表达式为 1000，如图 2-15 和图 2-16 所示。

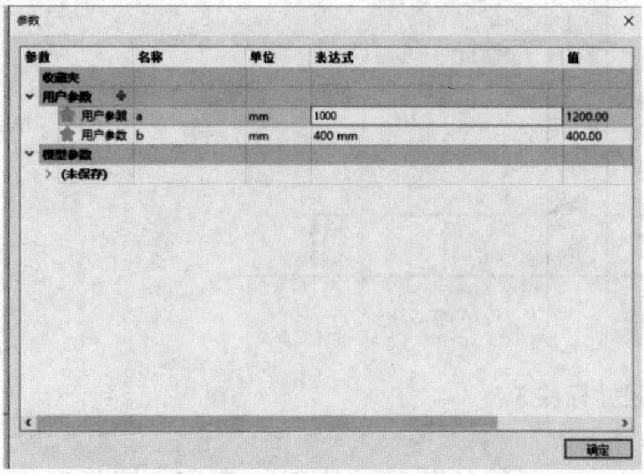

图 2-15　更改参数示意 1

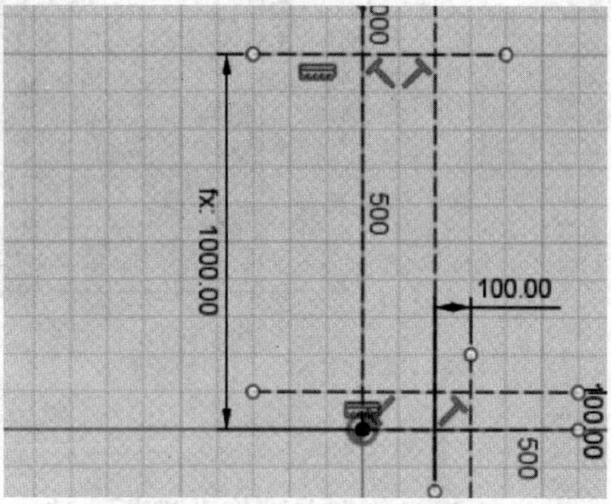

图 2-16　更改参数示意 2

步骤 8：执行“草图—直线”命令，根据构造线，完成图 2-17 所示轮廓线的绘制。

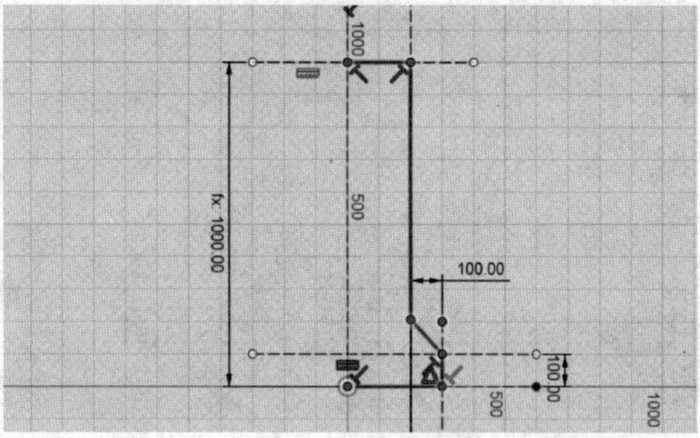

图 2-17　绘制轮廓线

步骤 9：执行“草图—草图尺寸”命令，分别选中图 2-18 和图 2-19 的直线，输入 120，如图 2-20 所示。

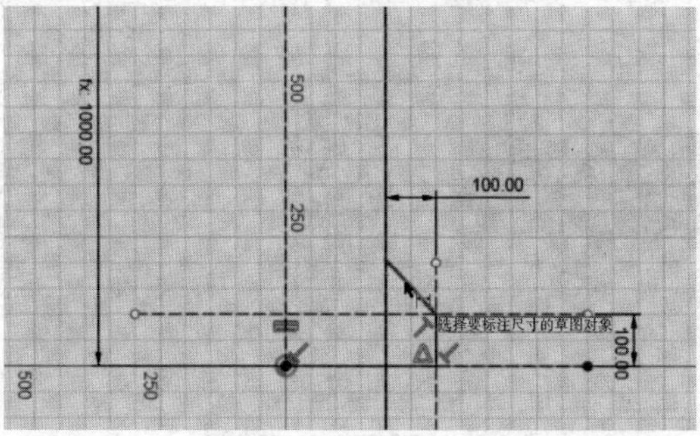

图 2-18　尺寸标注 1

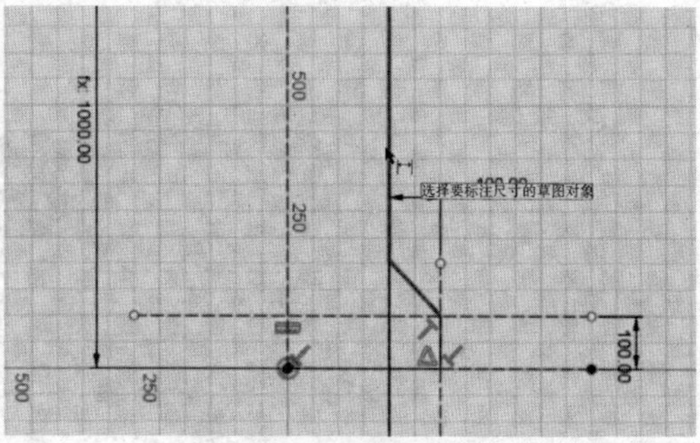

图 2-19　尺寸标注 2

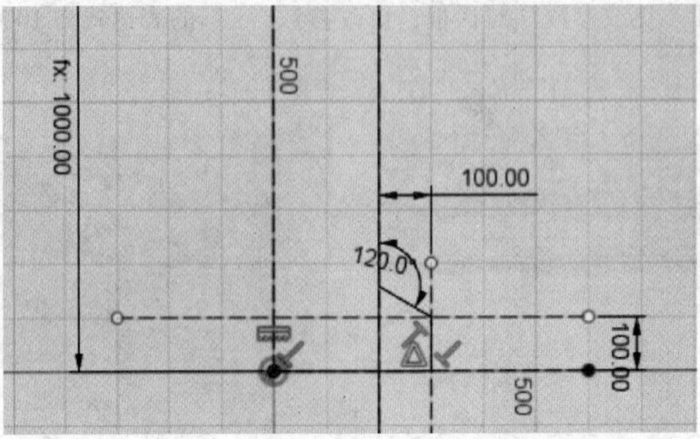

图 2-20 尺寸标注 3

步骤 10：单击左键拖动选框，选中如图 2-21 所示的范围，执行“草图—镜像”命令，如图 2-22 所示。

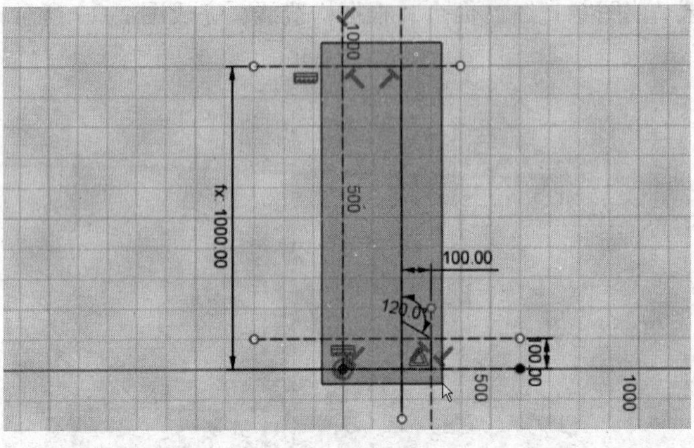

图 2-21 镜像示意

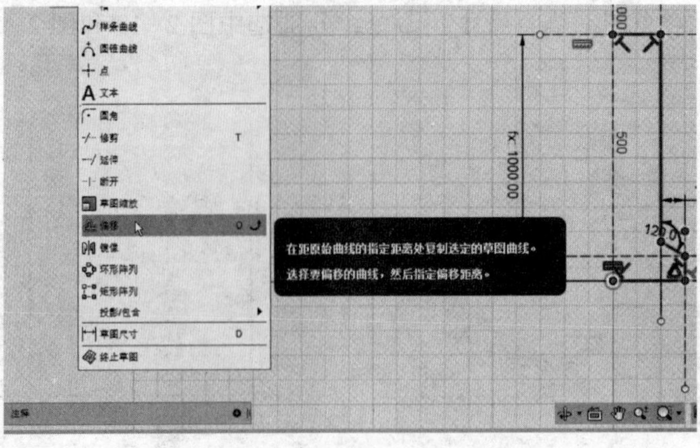

图 2-22 镜像示意 2

步骤 11：在“镜像”对话框，点击“镜像线”右边的“选择”，如图 2-23 所示，选中图 2-24 中的直线作为镜像线，点击确定或者按“Enter”键，得到如图 2-25 所示的轮廓线。

图 2-23 镜像示意 3

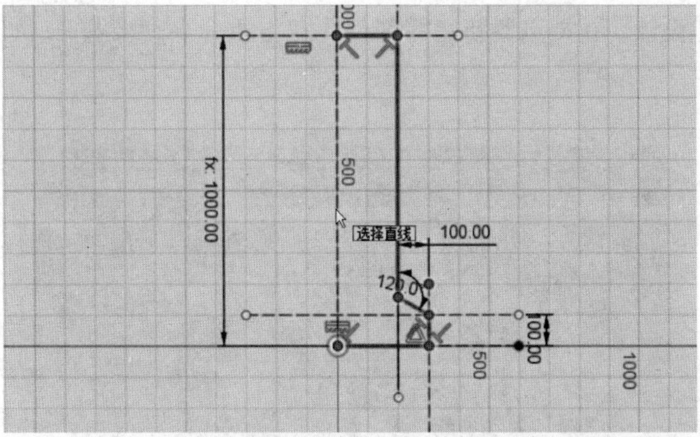

图 2-24 镜像示意 4

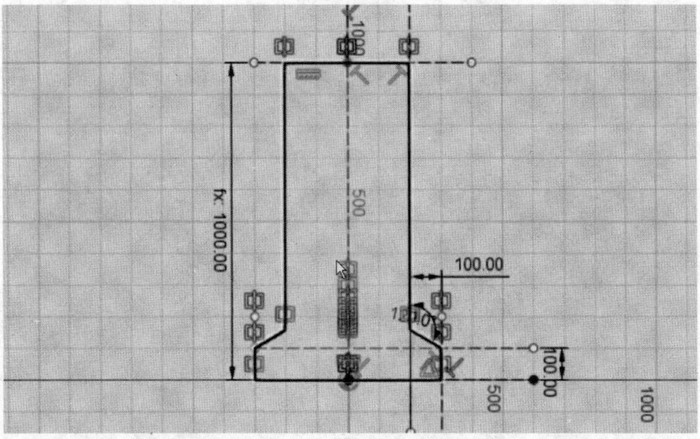

图 2-25 镜像示意 5

2.2 草图的编辑

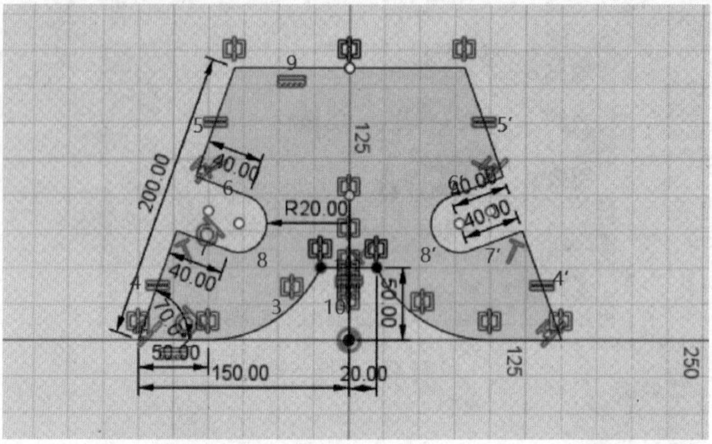

步骤1：新建设计，在浏览器新建零部件，双击重命名“支撑”，如图2-26和图2-27所示。

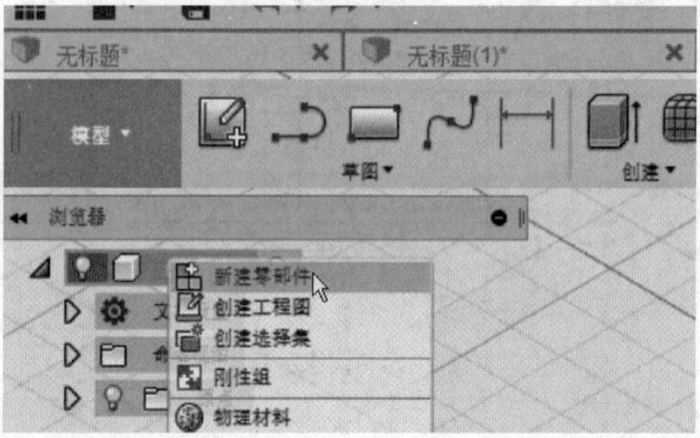

图2-26 新建零部件示意1

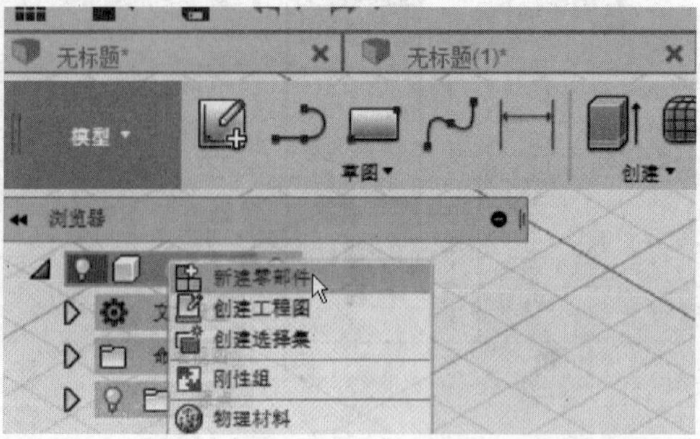

图2-27 新建零部件示意2

步骤2：执行“草图—直线”命令以创建草图，选择YZ平面作为草图绘制的平面，如图2-28所示。

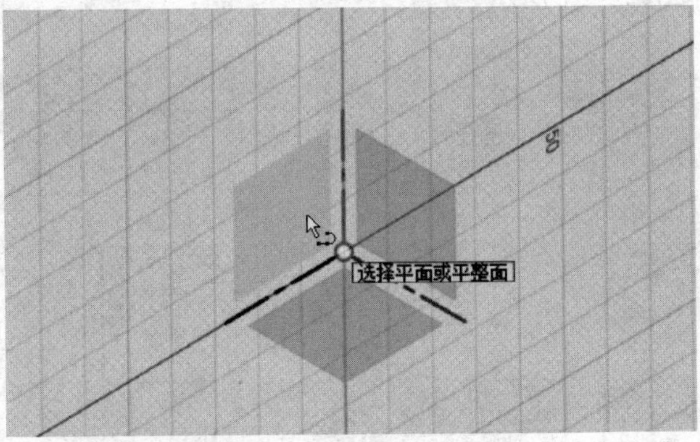

图2-28 创建草图

步骤3：绘制和标注线1和2，约束线1和2沿水平方向，执行“草图—草图尺寸”限定线1和2的位置，执行“草图—圆弧—相切圆弧”，先单击线2右边的点，再单击线1左边的点，绘制与线2相切的圆弧，如图2-29和图2-30所示。

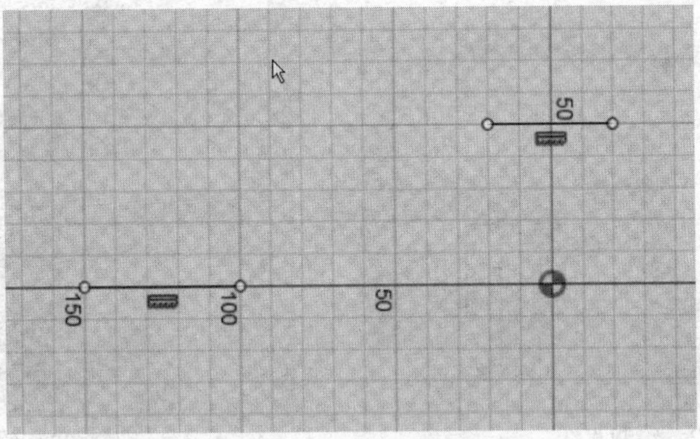

图2-29 绘制直线

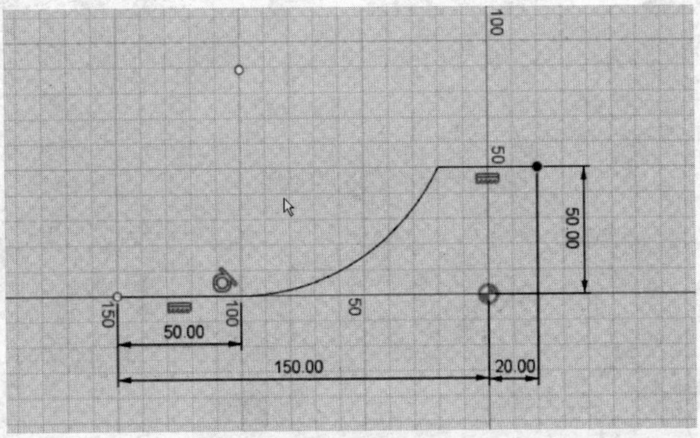

图2-30 绘制圆弧

绘制相切圆弧时若先选中线 2 的端点，则与线 2 相切。

步骤 4：执行“草图—直线”命令，绘制线 4，执行“草图—草图尺寸”约束线 4 和线 2 的夹角为 70°，如图 2-31 所示。

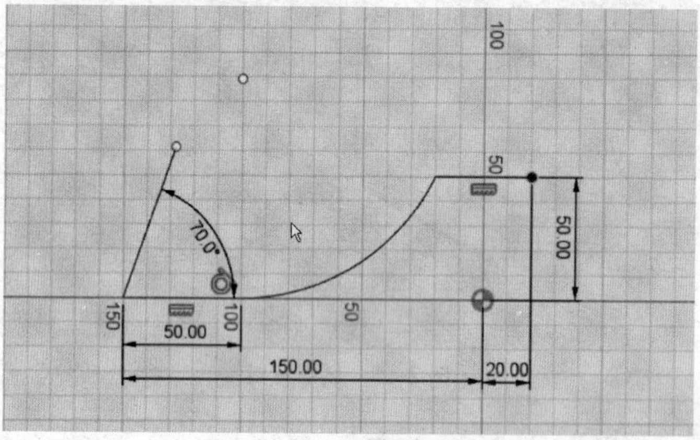

图 2-31　绘制直线

步骤 5：绘制线 5，如图 2-32 所示，打开界面右侧隐藏的草图选项板，选择“共线”约束，选中线 4 和线 5，如图 2-33 和图 2-34 所示。

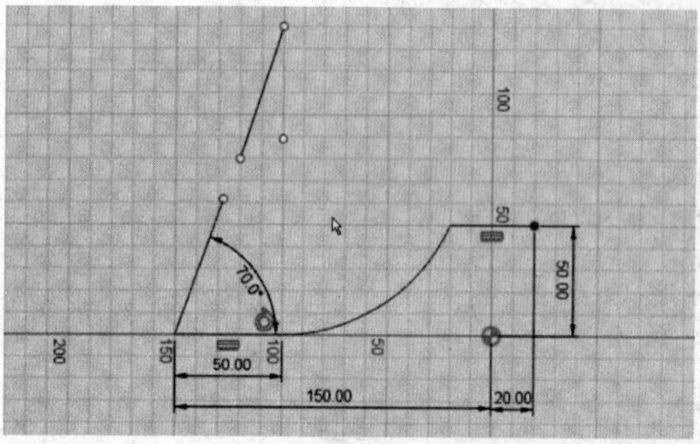

图 2-32　绘制直线

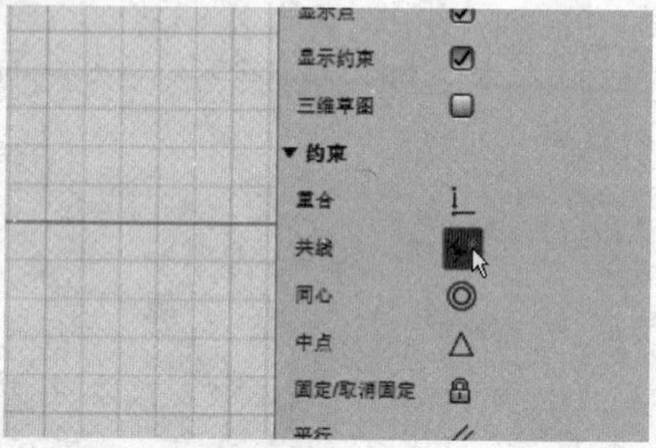

图 2-33　约束示意 1

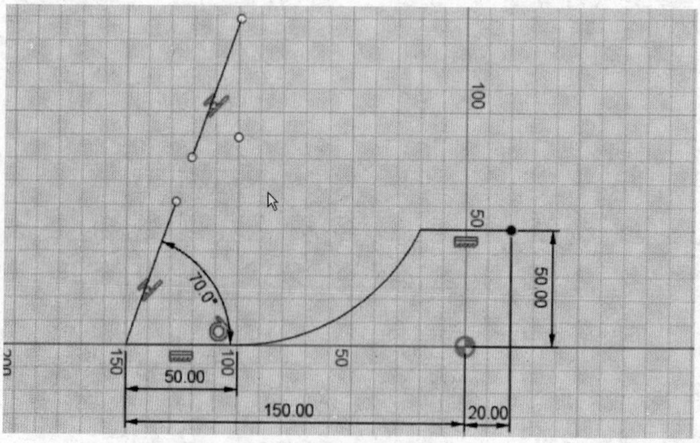

图 2-34　约束示意 2

执行草图约束时，如“共线”约束，两直线中有一条线被约束过，则对齐约束过的直线；都没有被约束过的情况下，对齐先选中的线。

步骤6：执行“草图—草图尺寸”命令，标注线4左边端点到线5右边端点的距离，输入200，执行“草图选项板—约束—相等”命令，使线4和线5相等，如图2-35所示。

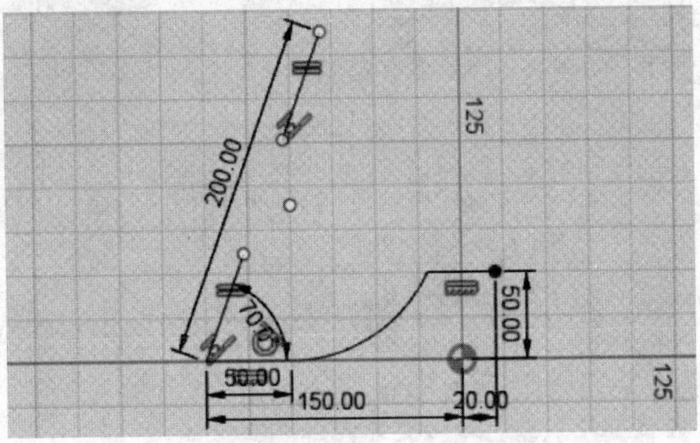

图2-35 标注与约束

步骤7：执行“草图—直线”命令，绘制线6和线7，注意分别和线5和线4垂直，执行“草图—草图尺寸”命令，标注线6和线7，输入“40”，如图2-36和图2-37所示。

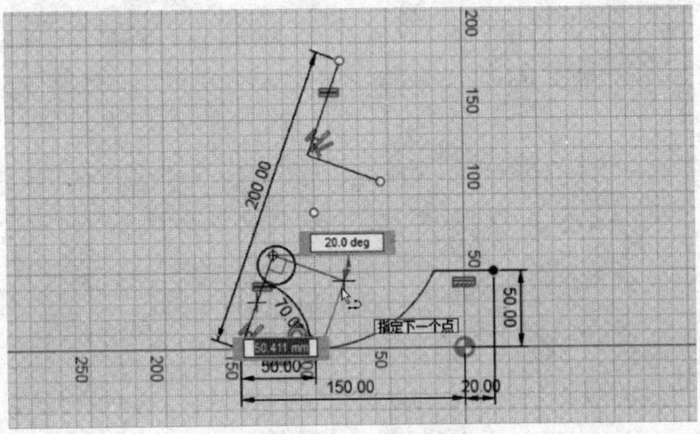

图2-36 尺寸标注1

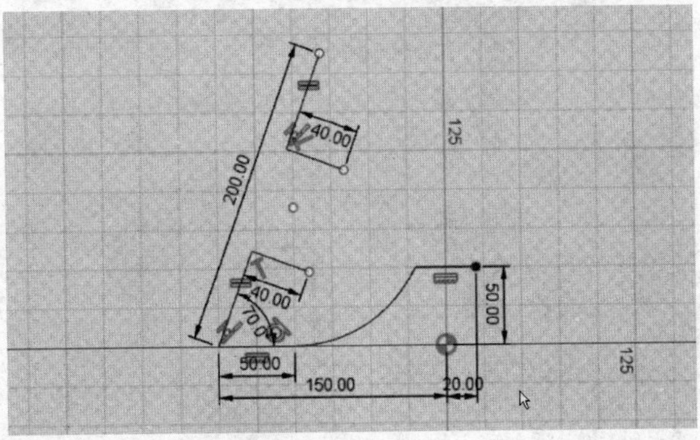

图2-37 尺寸标注2

步骤 8：执行“草图—圆弧—相切圆弧”命令，在线 6 和线 7 之间绘制圆弧，标注圆弧半径为 20mm，如图 2-38 所示。

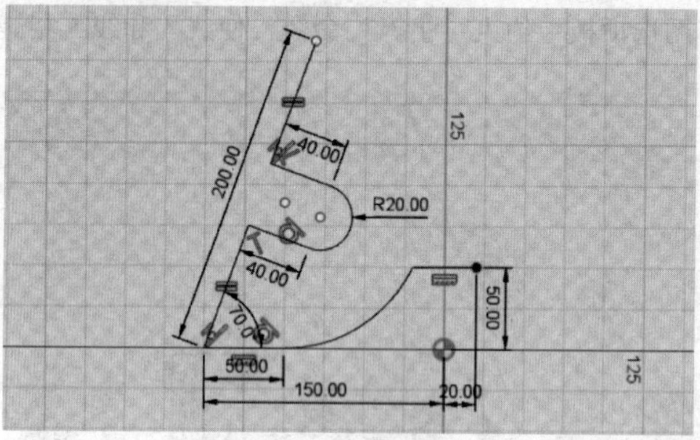

图 2-38　绘制圆弧

步骤 9：绘制顶部直线 9，这条直线与 x 轴平行，右边端点与 y 轴对准。直线旁有表示水平约束的图示符，如图 2-39 所示。绘制直线 10，与 x 轴垂直，下方端点在原点处，如图 2-40 所示。

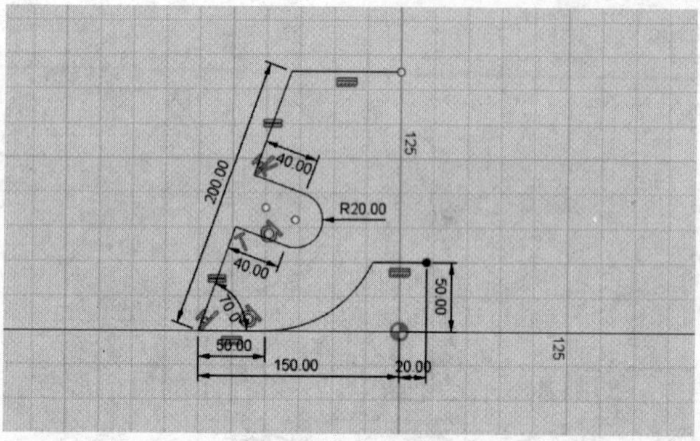

图 2-39　绘制直线

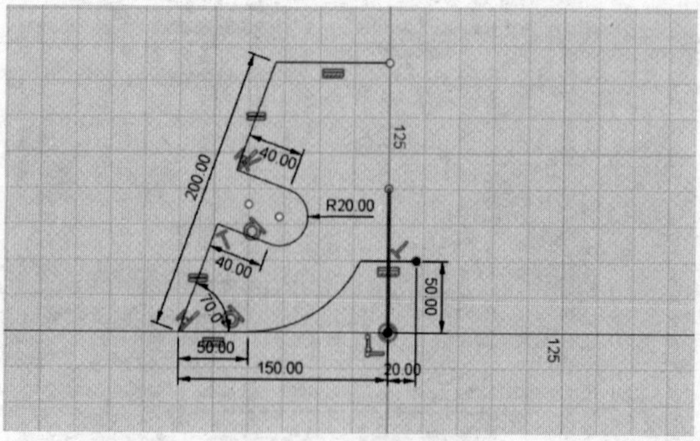

图 2-40　绘制直线

步骤 10：执行“草图—镜像”命令，在“对象”中，选中如图 2-41 所示的直线，“镜像线”选中线 10，点击确定，生成如图 2-42 的轮廓线。

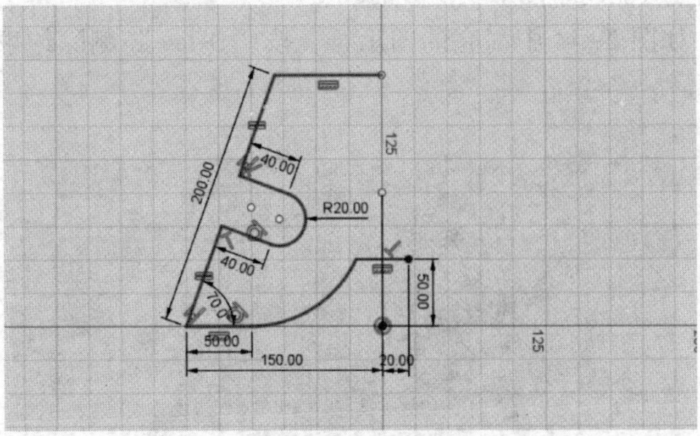

图 2-41 镜像示意 1

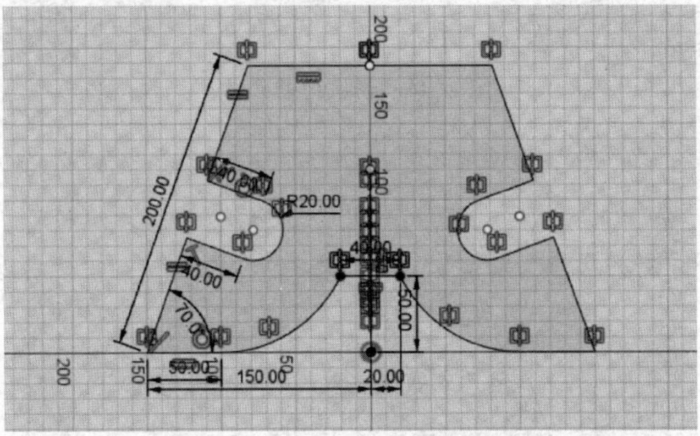

图 2-42 镜像示意 2

步骤 11：标注镜像后的圆弧 8′，会弹出图 2-43 所示的对话框，提示“添加该尺寸将会过约束草图”。

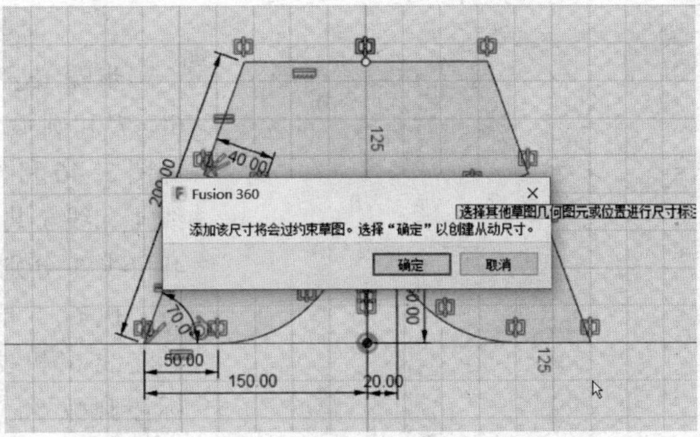

图 2-43 过约束草图示意

草图标注是尺寸驱动的，也就是说，改变尺寸值可以改变草图的形状位置；当草图的自由度为0时，草图就被完全约束了。这时再添加尺寸或几何约束的话草图就过约束了，新添加的尺寸无法不会驱动草图形状位置的改变。

步骤12：选中如图2-44中高亮的图示符，按“Delete”删除约束命令，如图2-45所示。

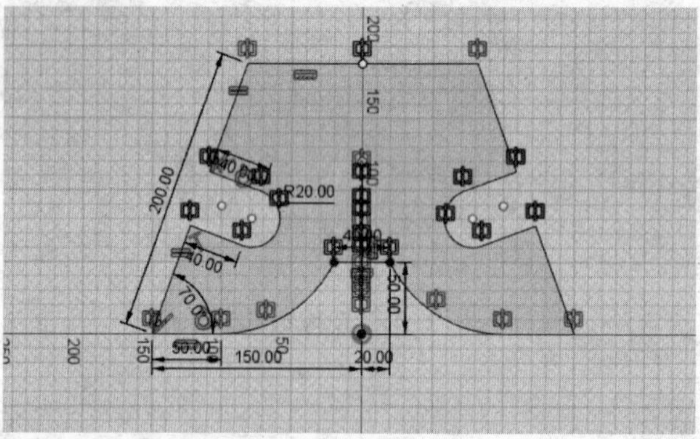

图2-44　删除约束示意1

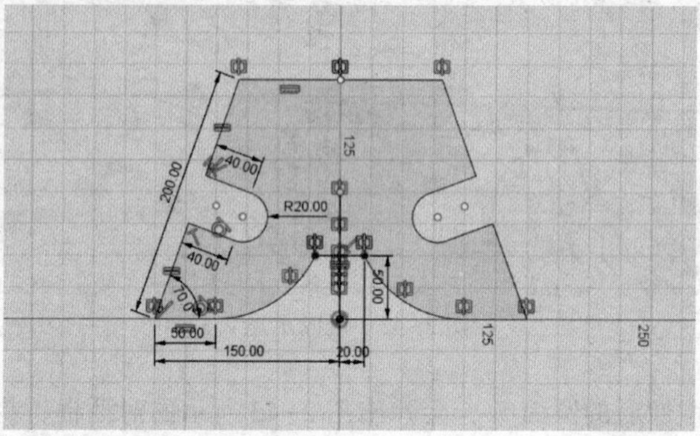

图2-45　删除约束示意2

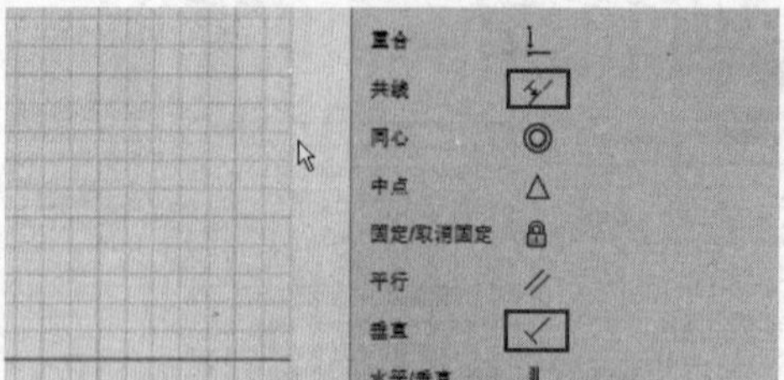

图2-46　添加约束示意1

步骤13：重新为线4′、5′、6′、7′和圆弧8′添加约束命令。如图2-46和图2-47，首先约束线4′和线5′共线且相等，再使线4′和线5′分别与线6′和线7′垂直，执行“草图—草图尺寸”标注线6′和线7′，输入“40”，标注圆弧8′，输入半径40mm，如图2-48所示。

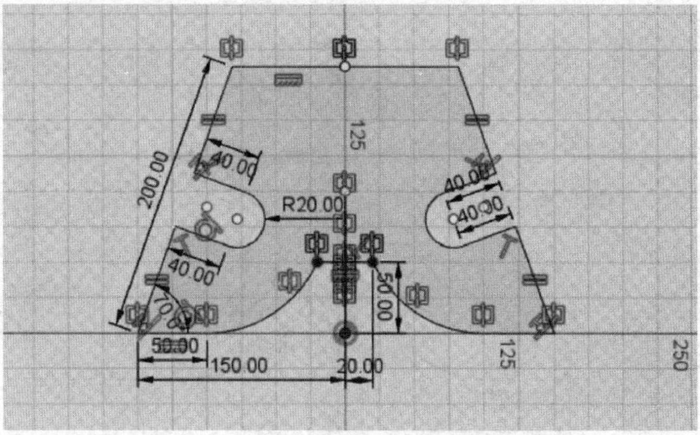

图 2-47 添加约束示意 2

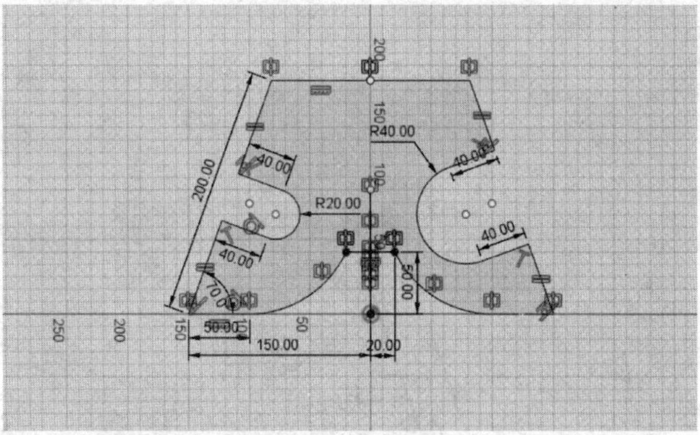

图 2-48 标注尺寸

步骤 14：删除线 4 和线 5、线 4′和线 5′的“相等”约束的图示符，防止在执行“圆角”命令时，剪切受到影响。如图 2-49，执行“草图—圆角”命令，分别选中线 5 和线 9，输入“10”，如图 2-50 和图 2-51 所示。重复此操作，生成如图 2-52 所示的轮廓线。

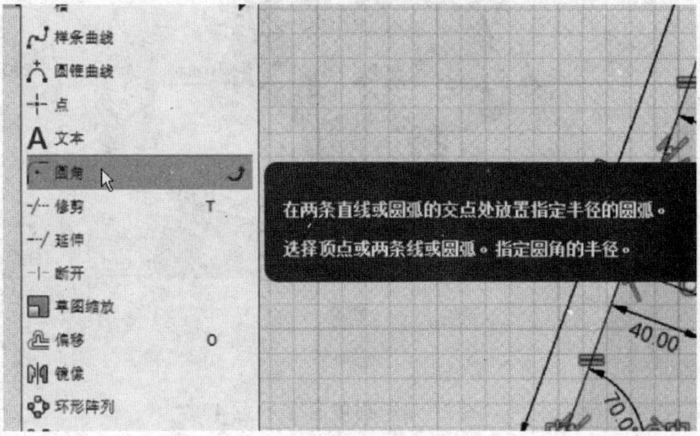

图 2-49 圆角命令示意 1

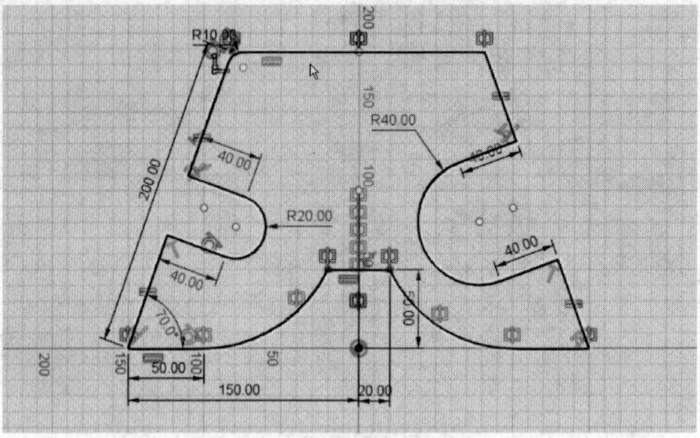

图 2-50　圆角命令示意 2

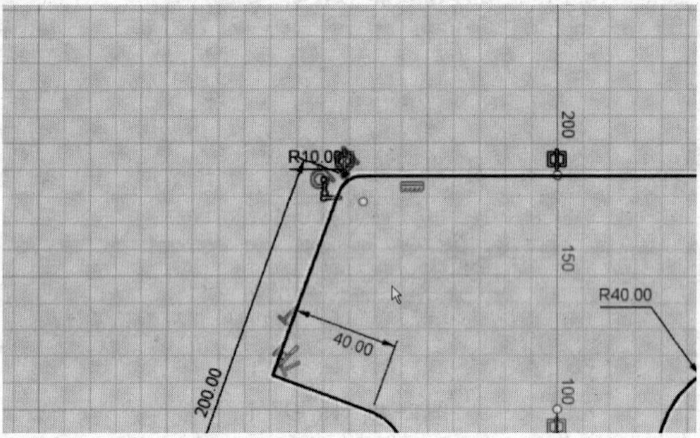

图 2-51　圆角命令示意 3

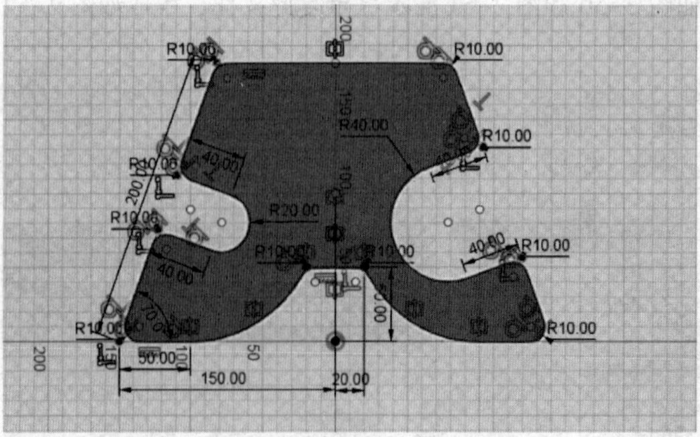

图 2-52　圆角命令示意 4

步骤 15：终止草图，执行“创建—拉伸”命令，“轮廓”选中刚刚创建的草图，“开始”是“轮廓平面”，“方向”为“一侧”，“距离”输入“10”，“范围”为“距离”，“扫掠斜角”输入“0”，“操作”选择“新建实体”，如图 2-53 所示。点击确定，得到如图 2-54 所示的实体。

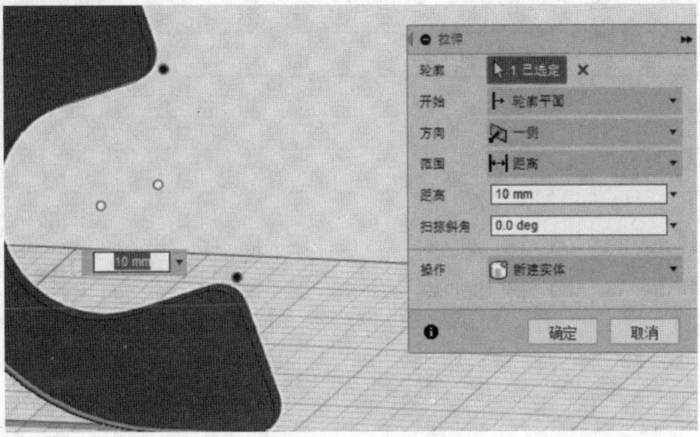

图 2-53 拉伸 1

图 2-54 拉伸 2

步骤 16：执行保存，如图 2-55 所示，在“名称”输入“酒瓶架”，保存，如图 2-56 所示。

图 2-55 保存 1

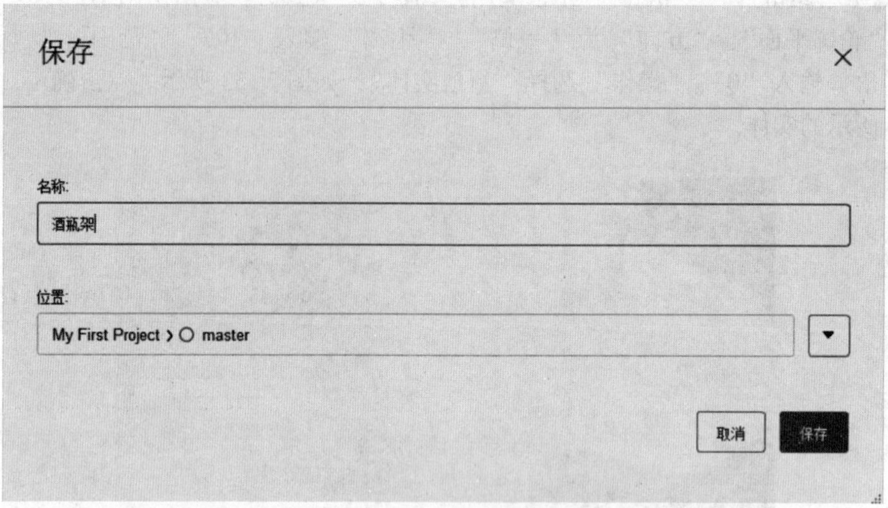

图 2-56　保存 2

2.3　与 AutoCAD 的联合使用

步骤 1：执行“插入—插入 DXF”命令，如图 2-57 所示，在弹出的选项板中，“平面/草图”选择 XZ 平面，单击“选择 DXF 文件”，如图 2-58 所示，打开文件夹，选择图 2-59 中的文件。

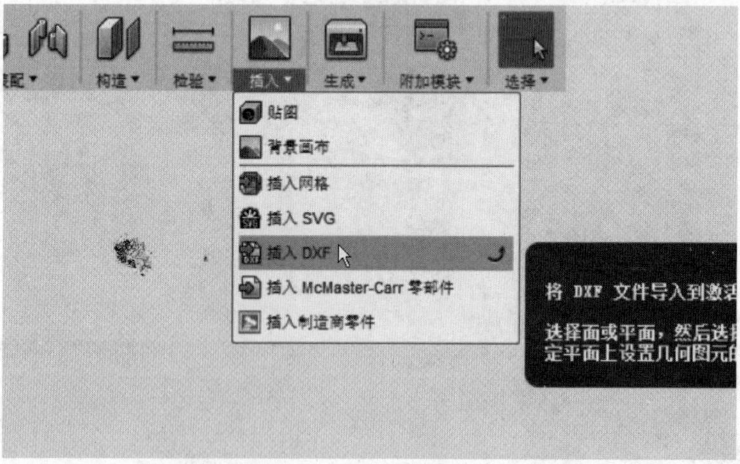

图 2-57　插入 dxf 示意 1

步骤 2：可以看到选项板多出几个选项，如图 2-60 所示，“单位”选择“毫米”，“插入模式”选择“单个草图”。

步骤 3：选中图 2-61 中的平面，执行“创建—拉伸”命令，“开始”更改为“偏移平面”，“偏移”输入 67mm，“距离”为 4mm。单击“确定”，如图 2-62 所示。

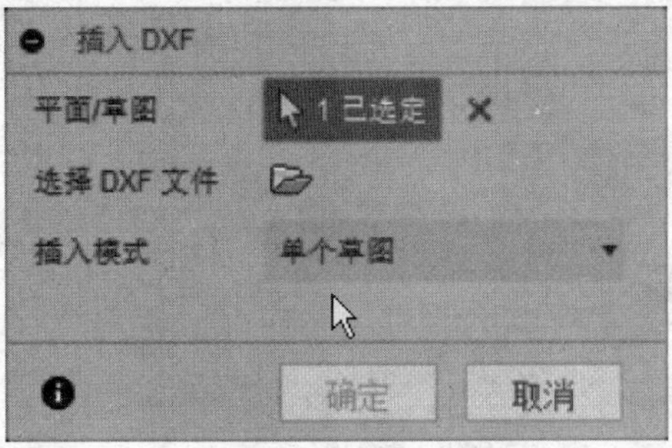

图 2-58 插入 dxf 示意 2

图 2-59 插入 dxf 示意 3

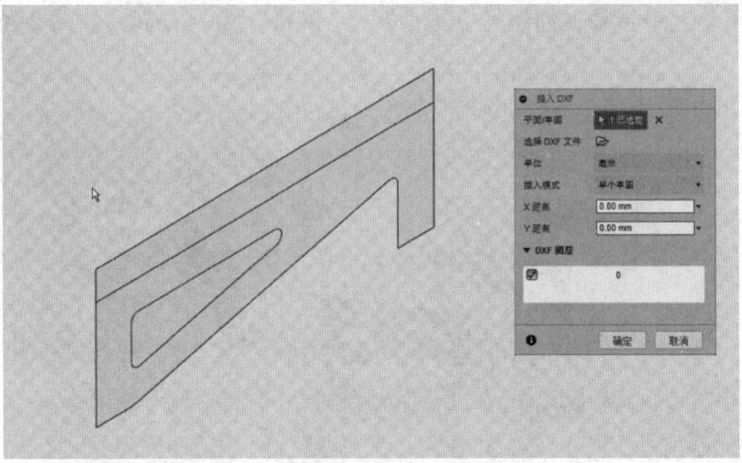

图 2-60 插入 dxf 示意 4

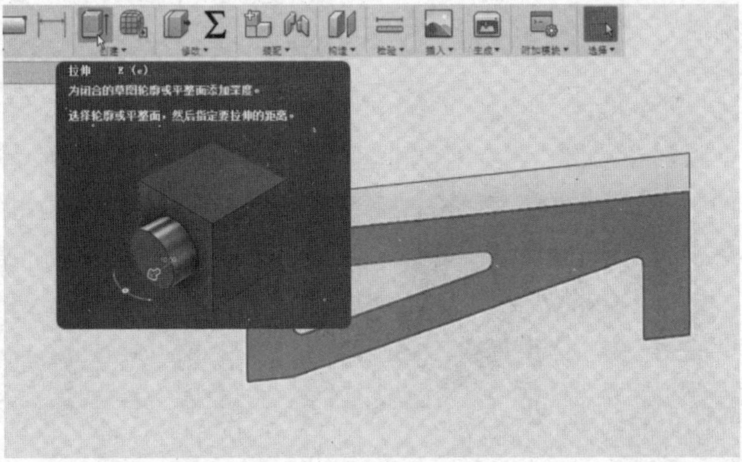

图 2-61 拉伸 1

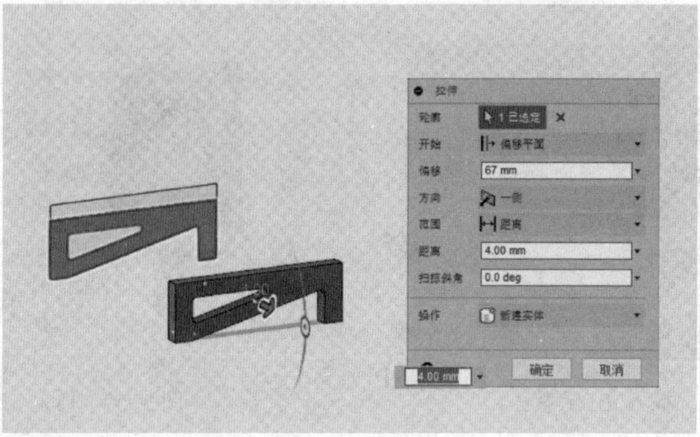

图 2-62　拉伸 2

步骤 4：重复上一步骤，创建另一边桌腿，“偏移”为-67mm，如图 2-63 所示。

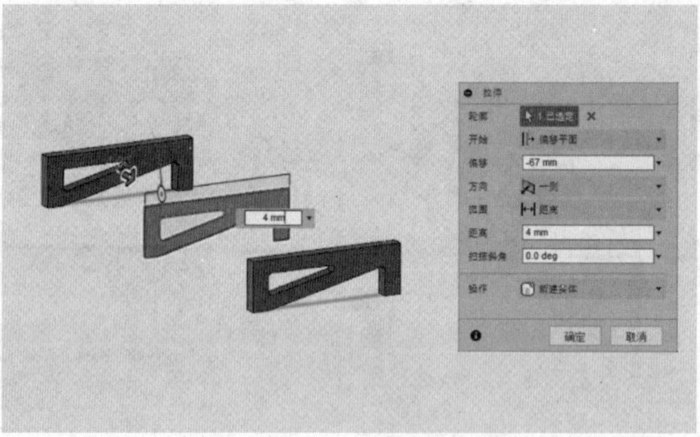

图 2-63　偏移 1

步骤 5：选中如图 2-64 的平面，“方向”更改为对称，“距离”为 75mm，如图 2-64 所示，单击“确定”。

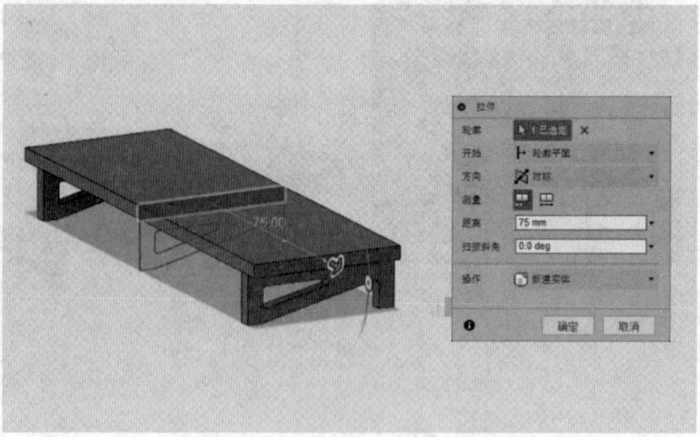

图 2-64　偏移 2

步骤 6：选中图 2-65 中的 8 条边，执行“修改—圆角”命令，半径为 1，如图 2-66 所示。完成图见图 2-67。

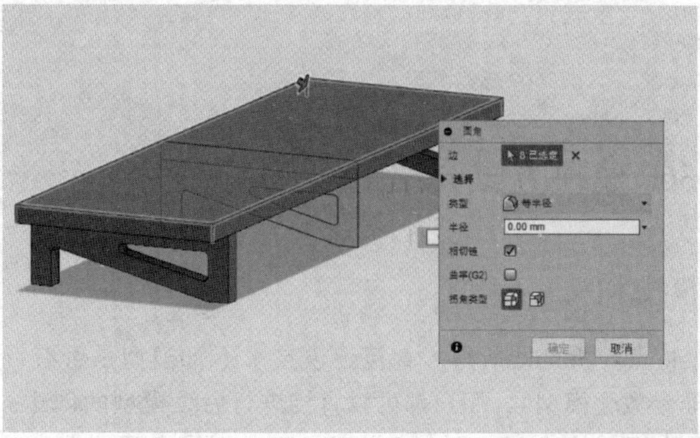

图 2-65　圆角 1

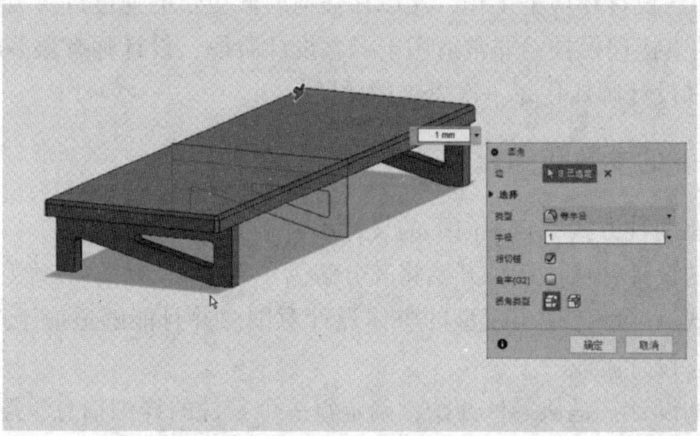

图 2-66　圆角 2

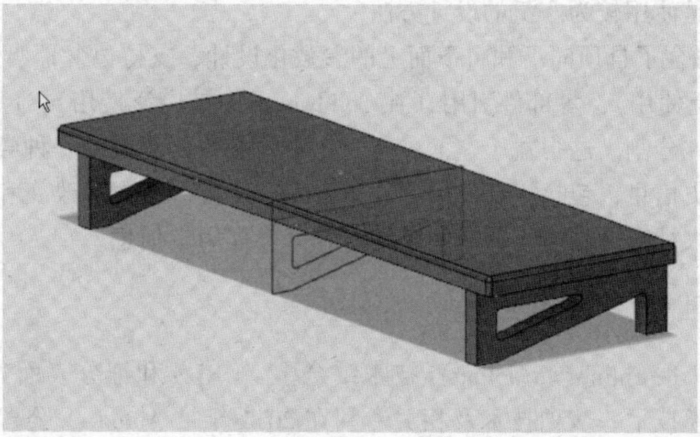

图 2-67　完成图

3　建模

3.1　Fusion 360 建模方式介绍

3.1.1　直接建模技术

直接建模有个特点：所见即所得。直接建模技术不管模型是否有特征（比如从其他 CAD 系统读入的非参数化模型），用户都可以直接进行后续模型的创建，不管是修改还是增加几何都无须关注模型的建立过程。这样用户可以用最直观的方式对模型直接进行编辑，自然流畅地进行随心所欲的模型操作，无须关注模型的创建过程。这样就使得用户可以在一个自由的 3D 设计环境下工作，比以往任何时候更快的速度进行模型的创建和编辑。

Fusion 360 的直接建模技术非常适用于概念设计阶段，设计师有很多思维碰撞的火花，直接建模能够帮助设计师抓住每一次思维的跳跃。

3.1.2　自顶向下的参数化建模

参数化建模有两种方式，自顶向下的设计和自下而上的设计。

①自顶向下的设计：从主部件开始将其分解为子部件和零件，并确定各个子部件之间的关系和装配方式，能够体现出模型的整体设计意图。并且能够适应于产品的频繁修改，适用于产品的概念设计阶段。

②自下而上的设计：是从零件开始，确定每一个零件的详细信息，逐步完成子部件→主部件，并最终完成整个产品的设计。自下而上的设计不能完全体现设计的意图，加大了设计冲突和错误的风险，因此不够灵活。适用于不需要频繁修改的产品设计，比如说产品设计的中后期。是使用较为广泛的设计方法。

Fusion 360 融合了自顶向下和自下而上的参数化设计，支持包含骨架模型（在 Inventor 和 Pro/e 中被广泛使用），零部件引用（在 Solidworks 中被广泛使用），以及一种与众不同的建模方式零部件分割。这得益于在 Fusion 360 中的参数化建模的一种尝试：零部件的生命周期也有了历史信息，包括零部件的创建、删除、拷贝、层次的改变和位置的改变。同时该软件使用各大社交网站流行的时间轴的方式来管理历史信息。

3.1.3　T 样条建模

T 样条建模（T-Splines modeling）技术结合了 NURBS 和细分表面建模技术的特点，是一项全新的建模技术。该项技术及相关专利在 2011 年被 Autodesk 公司收购后，就被运用在了 Fusion 360 中实践。在 Fusion 360 中，T-Splines 技术已经和实体建模技术融合，T 样条的曲面可以转换成 B-Rep 的曲面；同样 B-Rep 的曲面也可以转换成 T 样条的曲面。

Fusion 360 的内核是 ACIS，不过 Autodesk 在此内核中融入了 T-Splines 内核。如果说有一种比 NURBS 建模还好的曲面建模技术，那就是 T-Splines。T-Splines 跟 NURBS 相比，极大地减少了模型表面控制 点的数目，可以很方便地进行局部细分，提高了建模操作速度，是真正意义上可以替代 NURBS 建模的技术。因此对于爱好学习新技术的用户，可以直接用 Fusion 360，因为它从内核就直接集成了 T-Splines 插件。

3.1.4 面片建模

面片建模一直是 Autodesk 用户津津乐道的建模技术之一，在 3ds Max 中常运用面片建模，使用面片可以直接创建复杂的角色模型，但是这种方法受到的限制较多，制作过程也较为复杂，对于面片不太了解的用户很难使用该方法创建不规则的模型。相对于面片直接建模，使用“曲面”修改器基于样条线网格的轮廓生成面片曲面，会在三面体或四面体的交织样条线分段的任何地方创建面片。这样，我们只需创建出对象的拓扑线就可以生成面片，使模型的创建更简单、高效。

3.2 板式家具部件的创建

3.2.1 床边板的创建

在这个部分，我们绘制图 3-1 所示这块床边板，主要由直线和圆弧线构成，通过草图尺寸和约束定义草图实体。然后再使用草图创建三维特征，将这些轮廓沿直线或曲线路径向外拉伸，这将会基于草图创建唯一的实体几何图元。

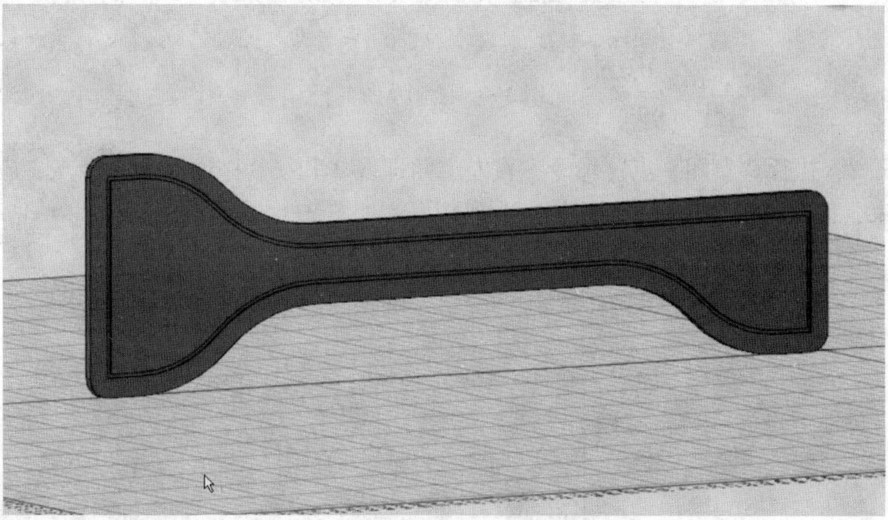

图 3-1 床边板

步骤 1：执行“草图—直线”命令，选择 *YZ* 平面作为草图绘制的平面，如图 3-2 所示。

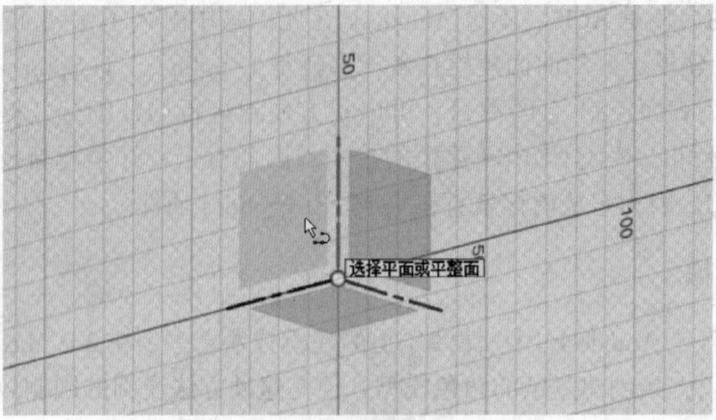

图 3-2　创建草图

步骤 2：按照图 3-3 所示画 7 条线，所有直线都与 x 轴或 y 轴平行，线 1 和线 7 都从绝对坐标系开始，直线 5 沿绝对坐标系的 x 轴对齐，执行“草图—草图尺寸”命令，添加尺寸约束。

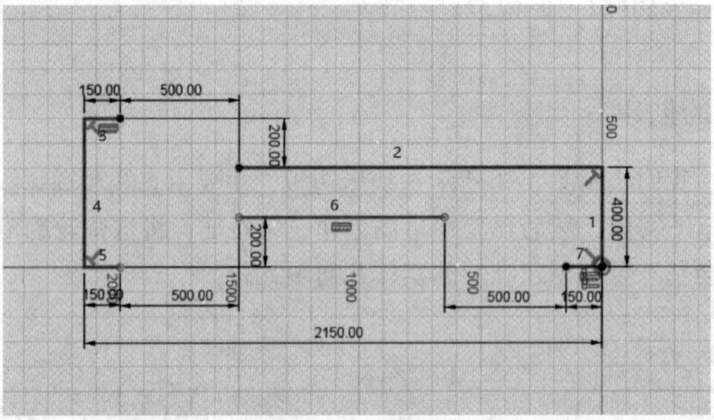

图 3-3　绘制草图 1

步骤 3：执行“草图—点”命令，在左上角即线 2 和线 3 中间添加一个点，应用草图尺寸约束，使其与线 2 和线 3 两线端点距离相等，如图 3-4 所示。

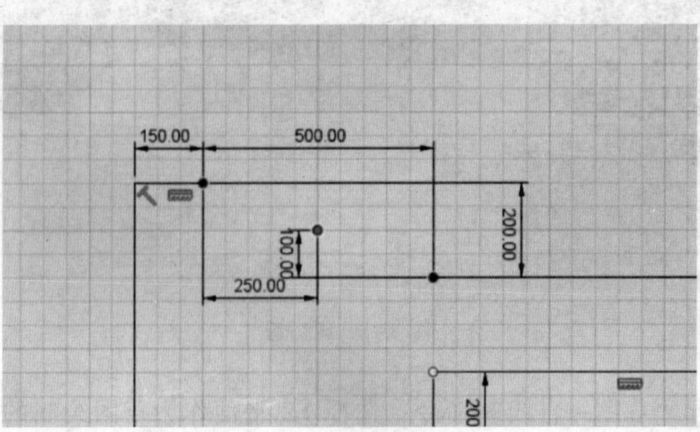

图 3-4　绘制草图 2

步骤4：执行“草图—圆弧—相切圆弧”命令，先选中线3右边端点再选中中间点，使圆弧相切线3，重复这个步骤为线2创建通过中间点的相切圆弧，如图3-5所示。

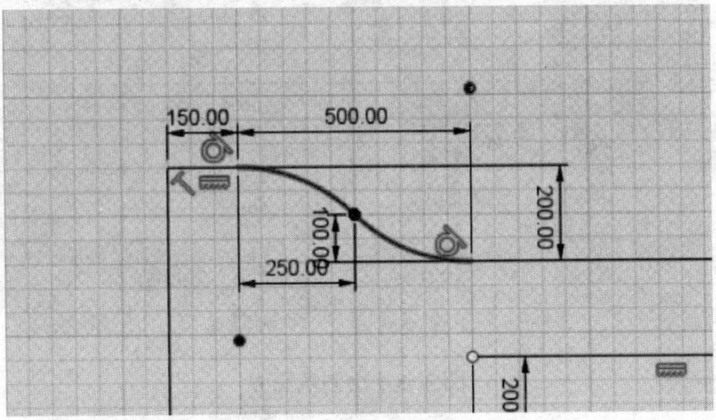

图3-5　绘制草图3

步骤5：重复步骤4，为线5和线6、线6和线7创建圆弧，如图3-6所示。

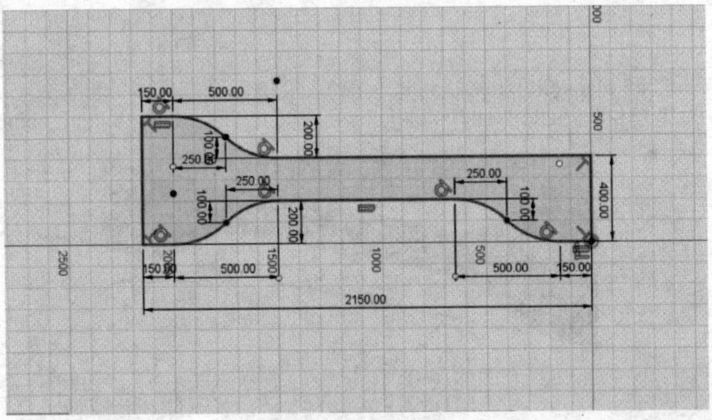

图3-6　绘制草图4

步骤6：执行“草图—圆角”命令，分别选中线3和线4，输入“50”，创建一个尺寸为50mm的圆角。如图3-7所示。重复上述操作，为线4和线5、线1和线2、线1和线7之间创建50mm的圆角，如图3-8所示。

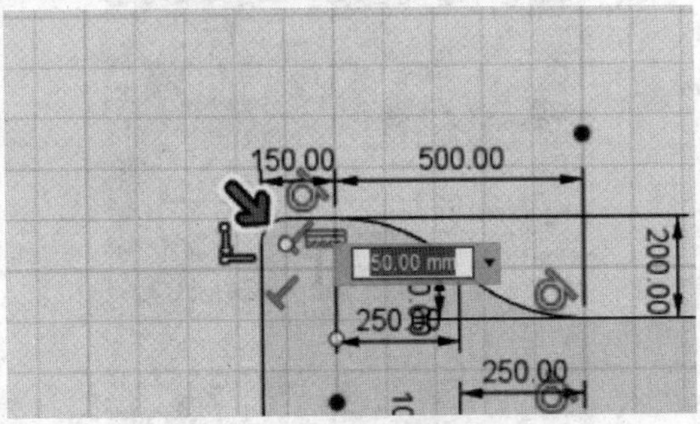

图3-7　绘制草图5

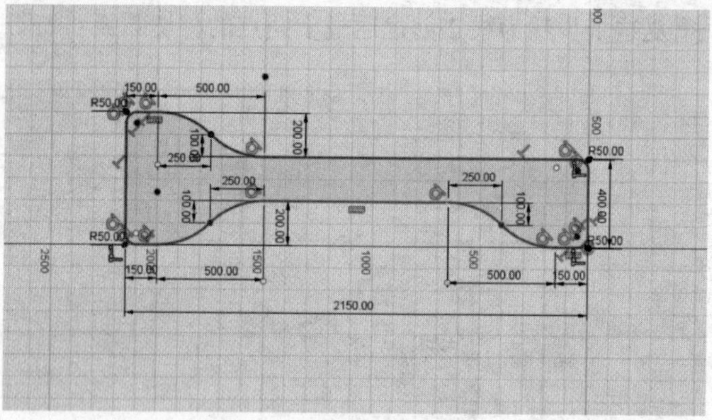

图 3-8　绘制草图 6

步骤 7：终止草图，执行“创建—拉伸”命令，轮廓拾取绘制的草图，在“编辑特征对话框”中，“方向”选择一侧，“范围”选择“距离”，“距离”输入“22mm”，斜角为“0”，如图 3-9 和图 3-10 所示。

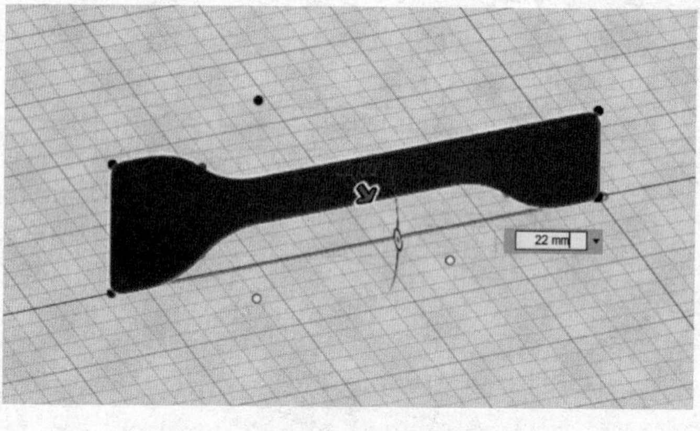

图 3-9　拉伸 1

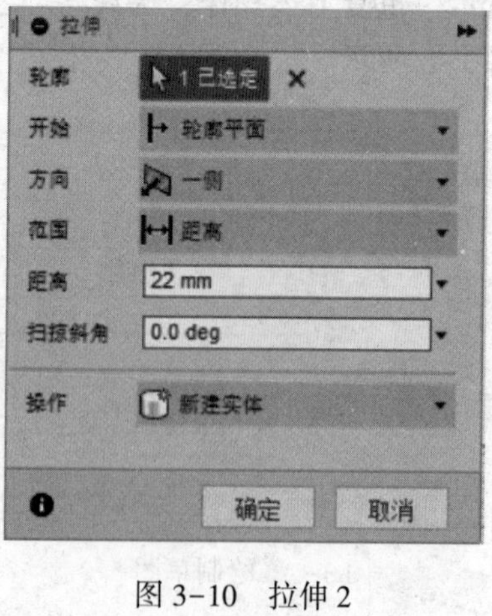

图 3-10　拉伸 2

步骤 8：执行“草图—直线”命令，选中如图 3-11 所示的床边板面，进入草图编辑。

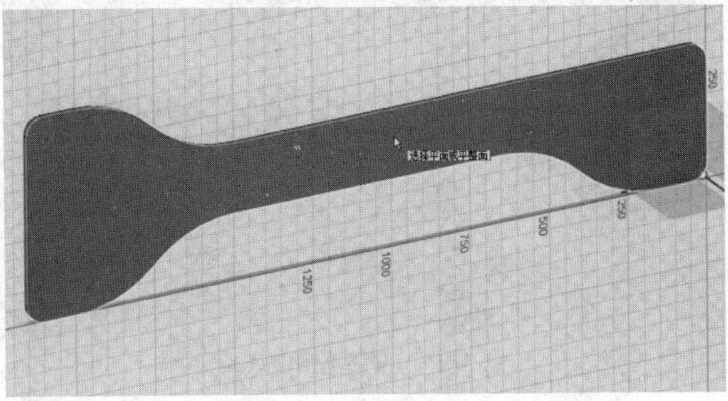

图 3-11　草图编辑

步骤 9：执行“草图—偏移”命令，勾选“链选”选项，草图曲线选中实体边缘，如图 3-12 所示。“偏移位置”输入“-50mm”，如图 3-13 和图 3-14 所示，点击“确定”，重复此步骤，“偏移位置”输入“-60mm”，如图 3-15 所示。

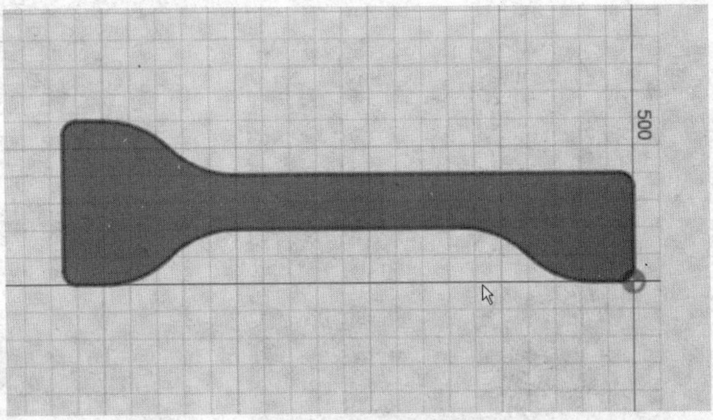

图 3-12　偏移草图曲线 1

图 3-13　偏移草图曲线 2

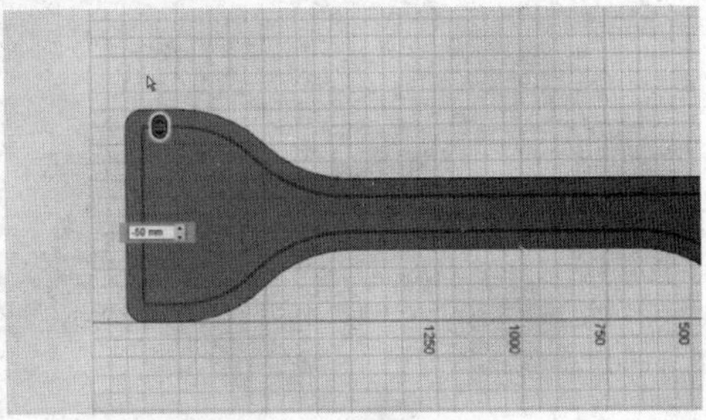

图 3-14　偏移草图曲线 3

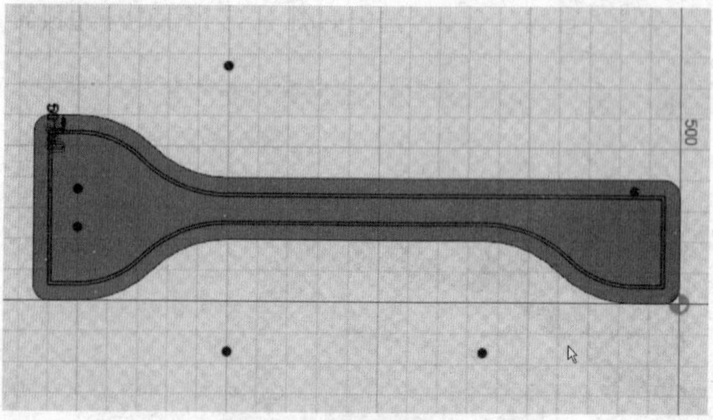

图 3-15 偏移草图曲线 4

步骤 10：执行“创建—拉伸”命令，“轮廓”选中如图 3-16 所示的两条偏移轮廓中间的部分，“距离”输入“-5mm”，“操作”设置为“剪切”，其余不变。如图 3-17 所示。点击确定，得到如图 3-18 和图 3-19 所示的床边板。

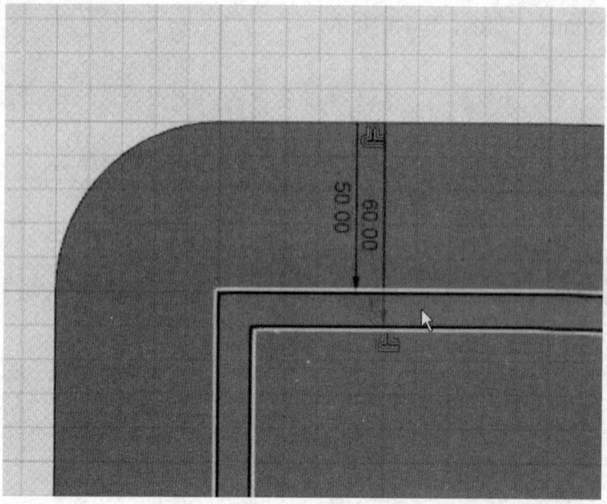

图 3-16 拉伸 1

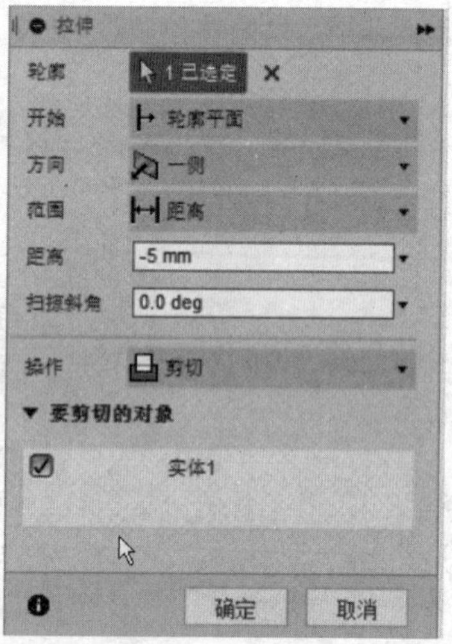

图 3-17 拉伸 2

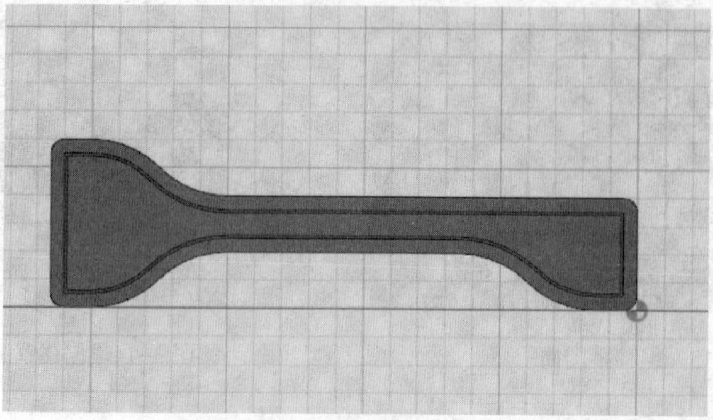

图 3-18 拉伸 3

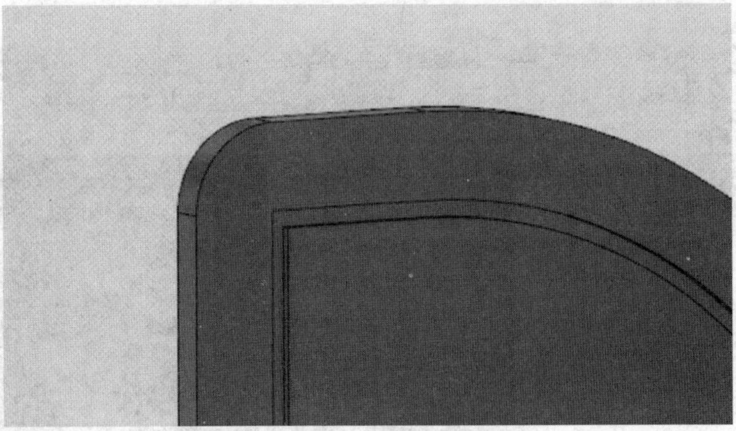

图 3-19 拉伸 4

3.3 实木家具部件的创建

在这个部分，将会用“造型”工作空间，完成图 3-20 中牛角椅椅背的创建。

图 3-20 牛角椅

步骤 1：进入“造型”工作空间，弹出的对话框中选择“确定”，如图 3-21 和图 3-22 所示。

步骤 2：执行“创建—长方体”命令，选择 *XY* 平面，如图 3-23 和图 3-24 所示。如图 3-25 所示，先绘制一个长为 500mm、宽为 50mm、高为 30mm 的矩形，如图 3-25 和图 3-26 所示。

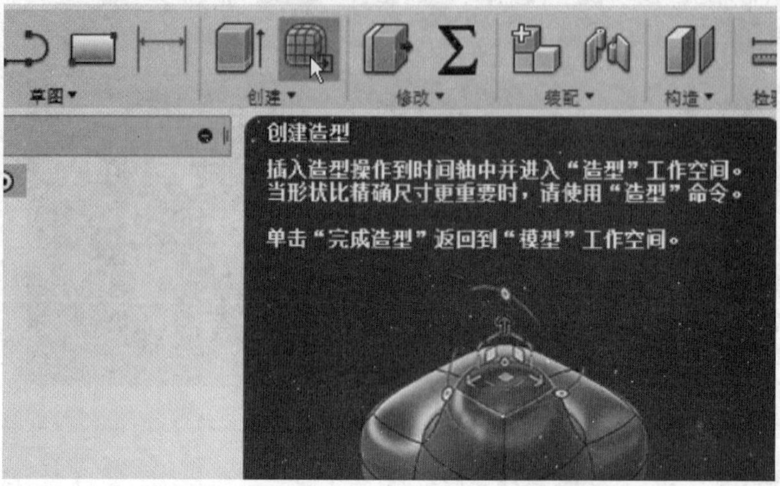

图 3-21 "造型"工作空间 1

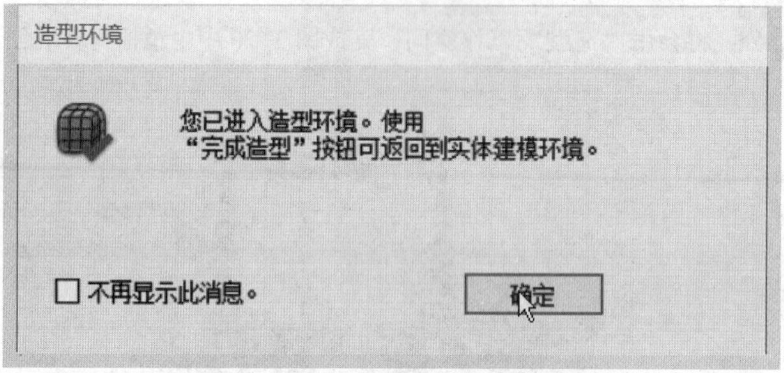

图 3-22 "造型"工作空间 2

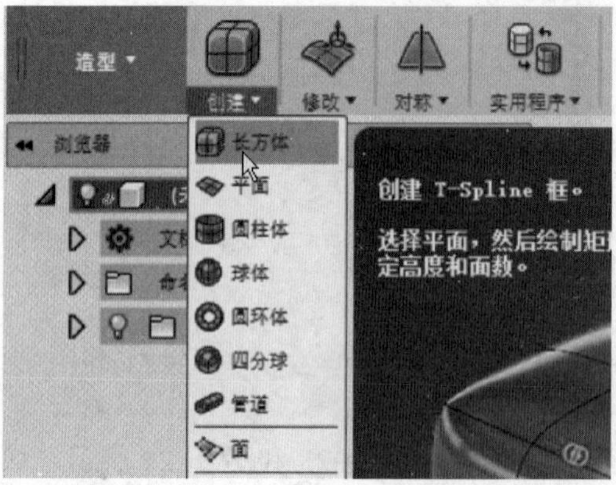

图 3-23 创建长方体 1

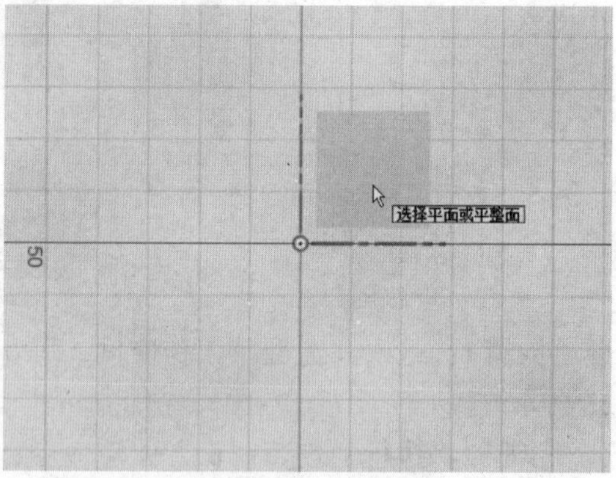

图 3-24 创建长方体 2

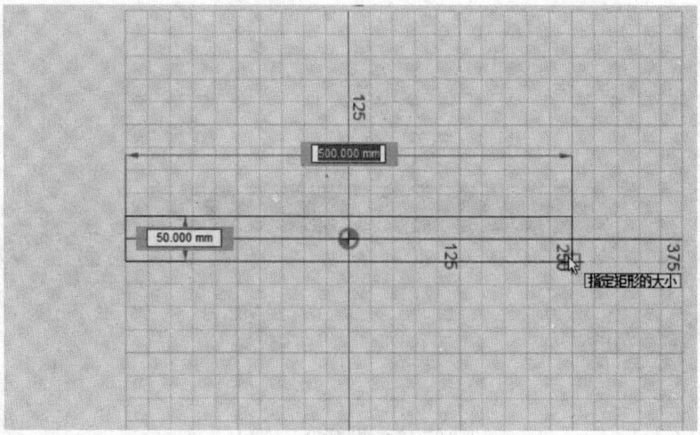

图 3-25 创建长方体 3

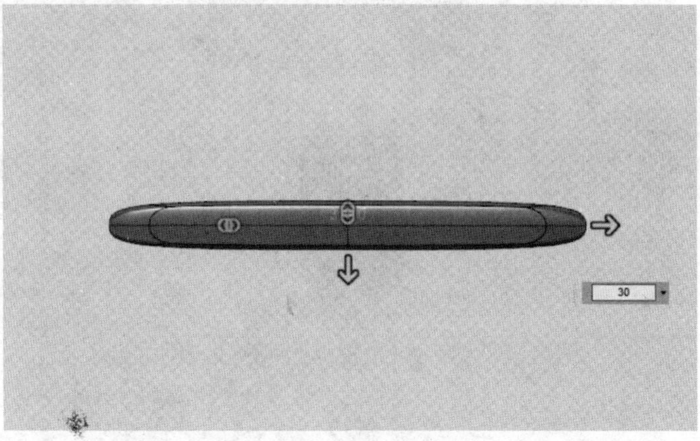

图 3-26 创建长方体 4

步骤 3：拖拽按钮调整面数，观察椅背的形状，将“长度方向上的面数”增加到 6，“宽度方向上的面数”增加到 3，“高度方向上的面数”增加到 3，在右边的面板中设置对称—镜像，选择长度对称，如图 3-27 到图 3-29 所示。在右边的面板中设置对称—镜像，选择长度对称，如图 3-30 和图 3-31 所示。

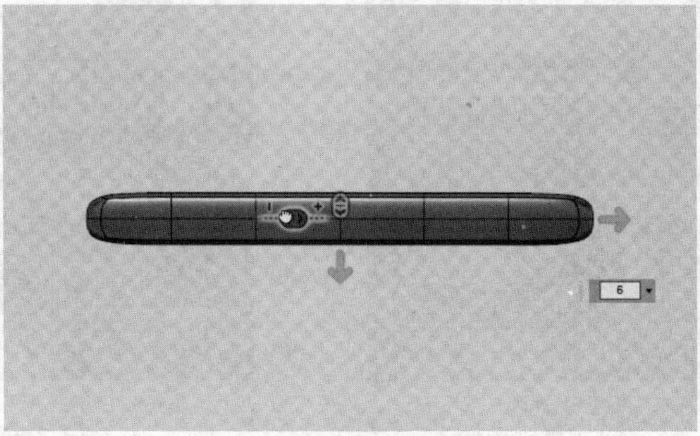

图 3-27 创建长方体 5

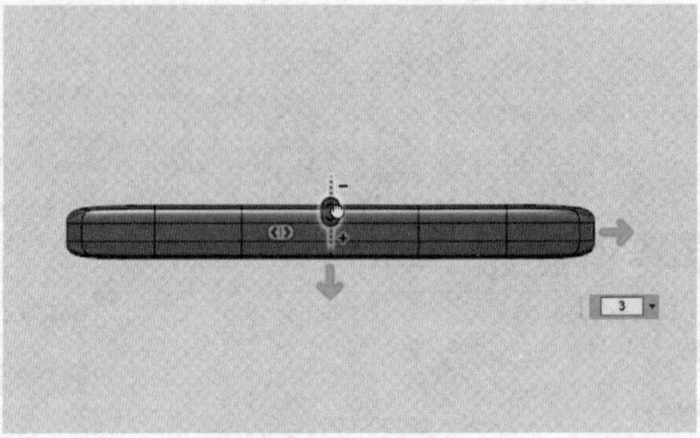

图 3-28 创建长方体 6

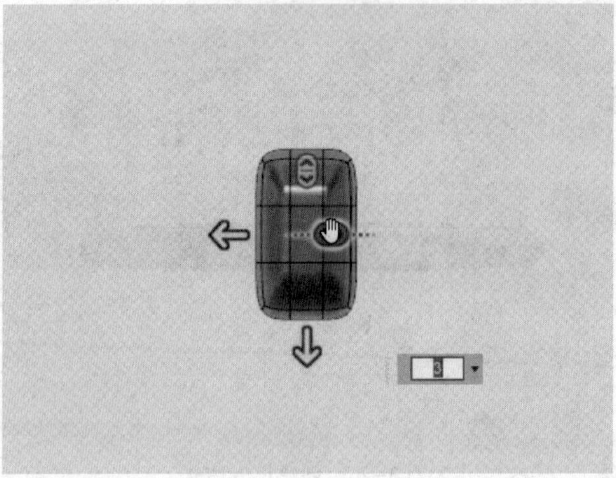

图 3-29 创建长方体 7

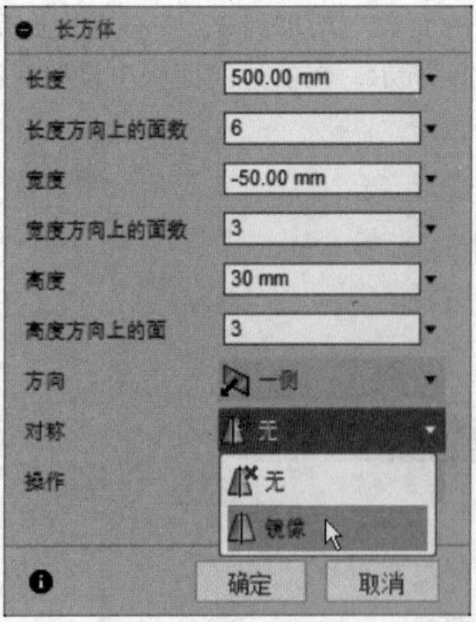

图 3-30 创建长方体 8

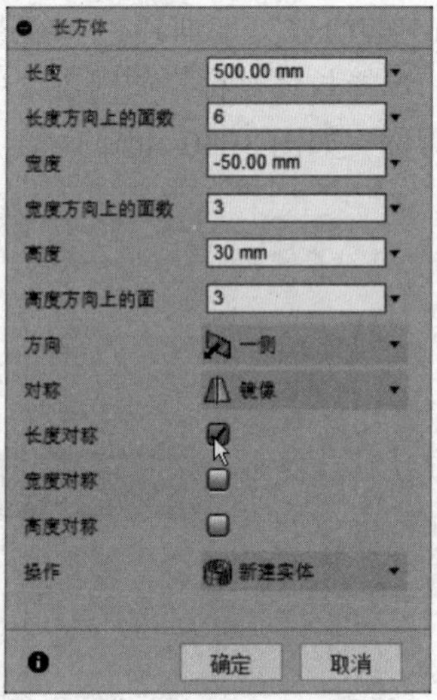

图 3-31 创建长方体 9

步骤4：执行“修改—编辑形状”命令，“编辑形状”选项板中可设置T-Spline实体、变换模式、坐标空间、选择过滤器，如图3-32所示。

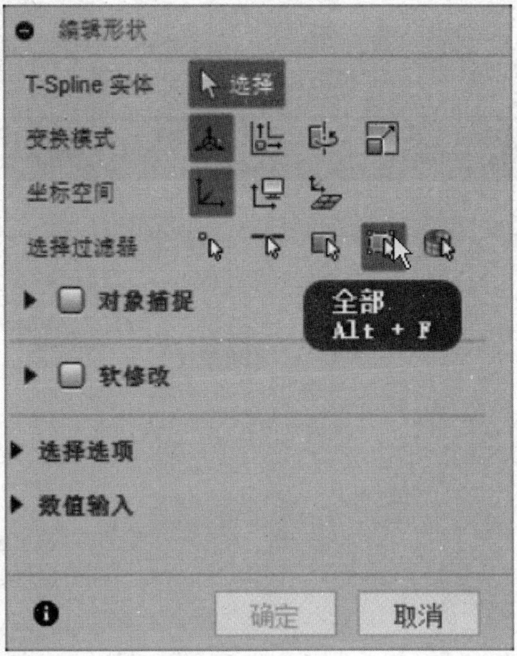

图3-32 编辑形状

在编辑模式时有三种模式可供选择，按Alt+1、2、3可切换成图3-33、图3-34、图3-35的模式。

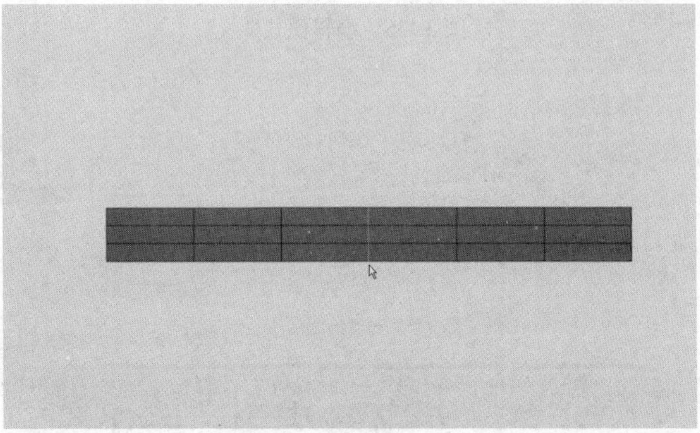

图3-33 编辑模式1

步骤5：如图3-35所示，长方体中间的绿线表示长度对称，当对其中一边进行编辑，另一边也会随着做对称改变。自左向右拖动选框，选中椅背底部的边，向下移动，如图3-36和图3-37所示。

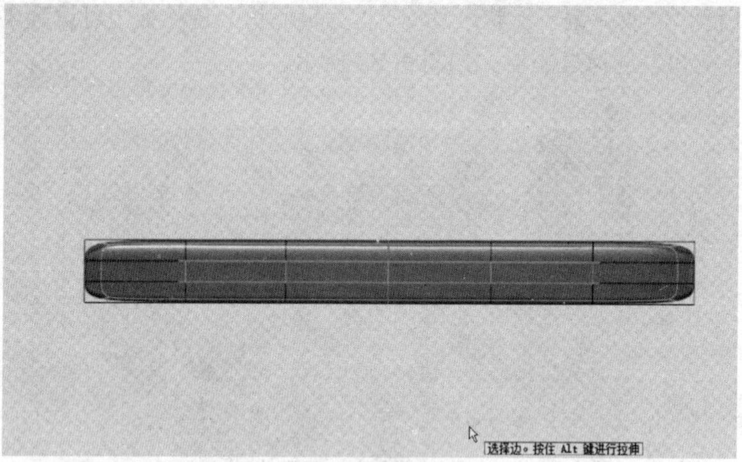

图 3-34　编辑模式 2

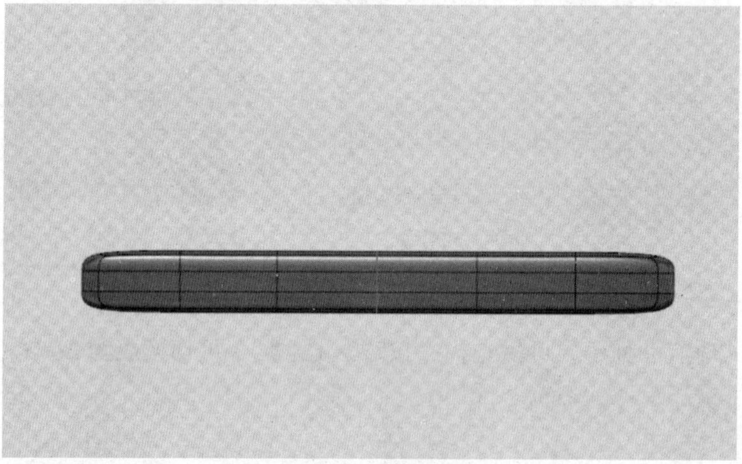

图 3-35　编辑模式 3

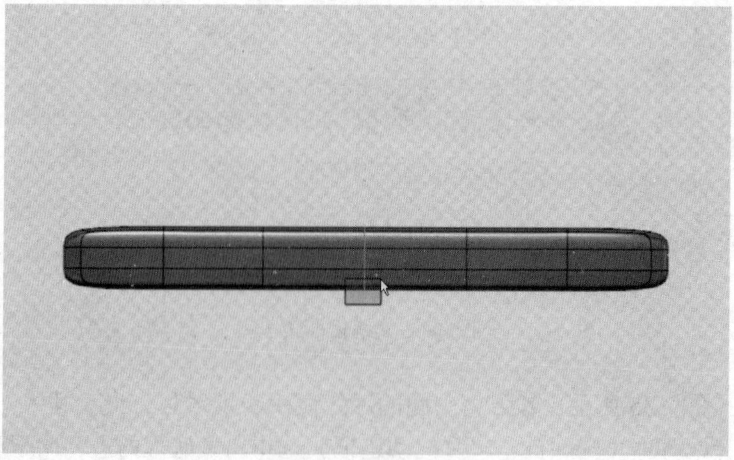

图 3-36　编辑形状 1

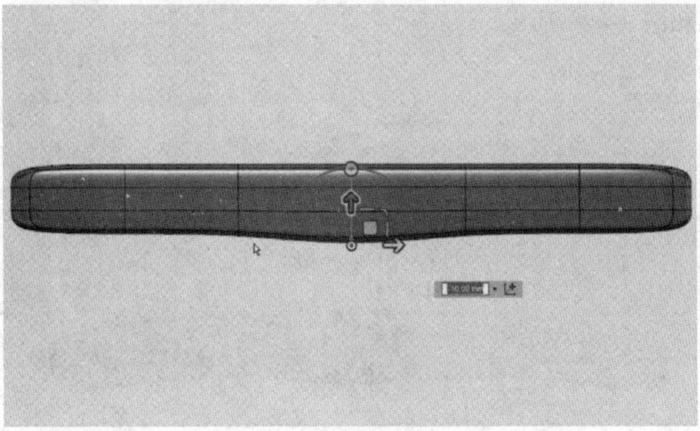

图 3-37 编辑形状 2

步骤 6：选中图 3-38 所示的椅背左端，旋转一定角度，如图 3-39 所示。

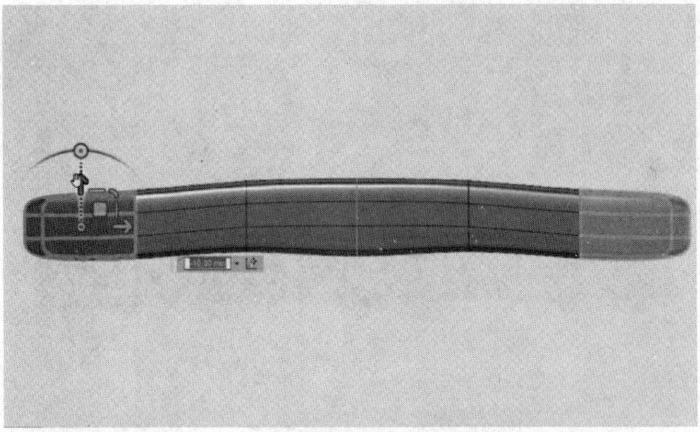

图 3-38 编辑形状 3

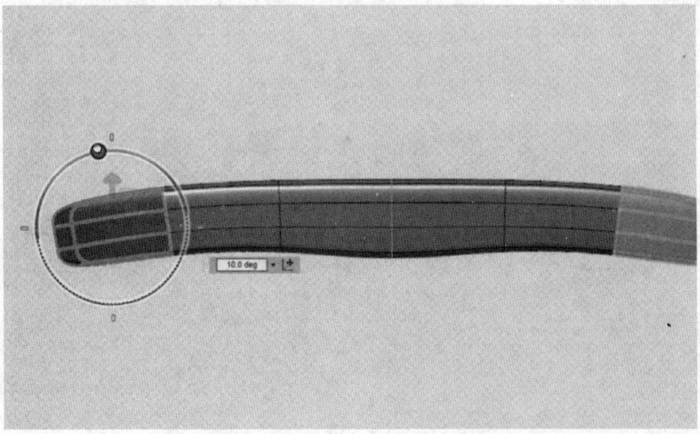

图 3-39 编辑形状 4

步骤7：选中顶面中间的线，向上移动，如图3-40所示。拖动选框，选中椅背顶的6个面，如图3-41和图3-42所示。

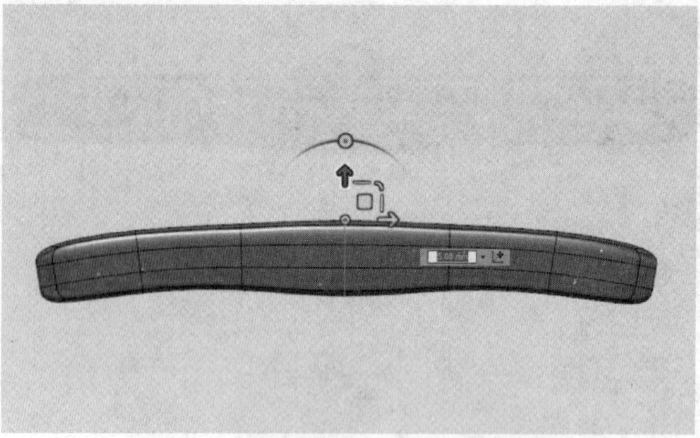

图3-40　编辑形状5

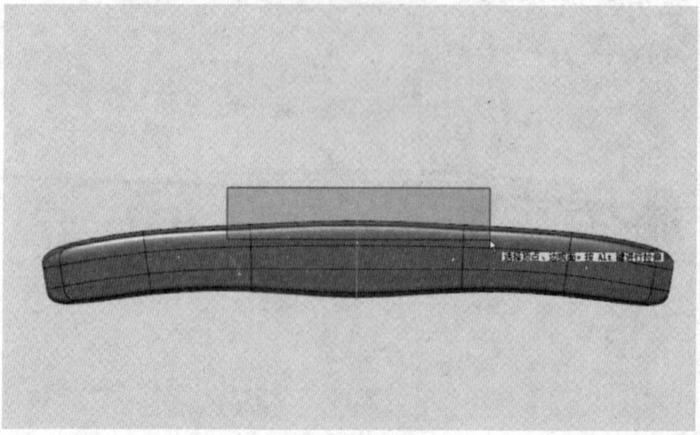

图3-41　编辑形状6

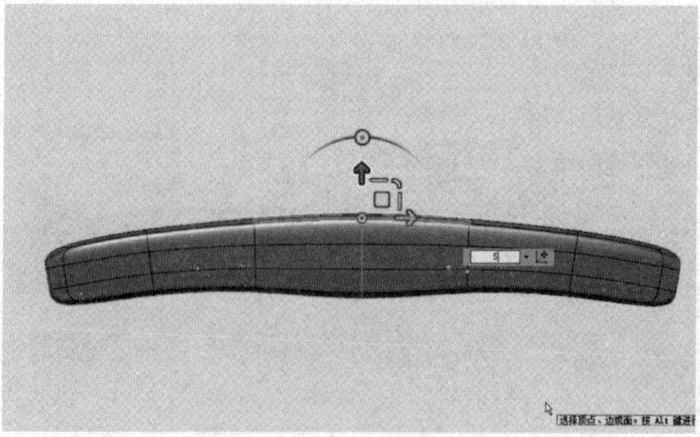

图3-42　编辑形状7

步骤 8：选中图 3-43 所示的椅背左端部分，按住缩放键将左右两端缩放成如图 3-44 所示。

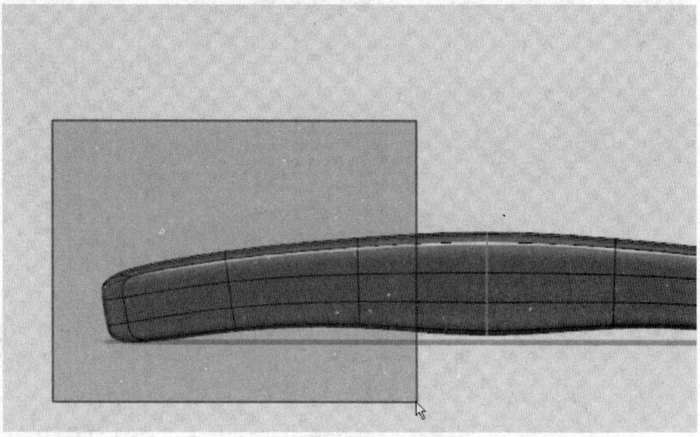

图 3-43 编辑形状 8

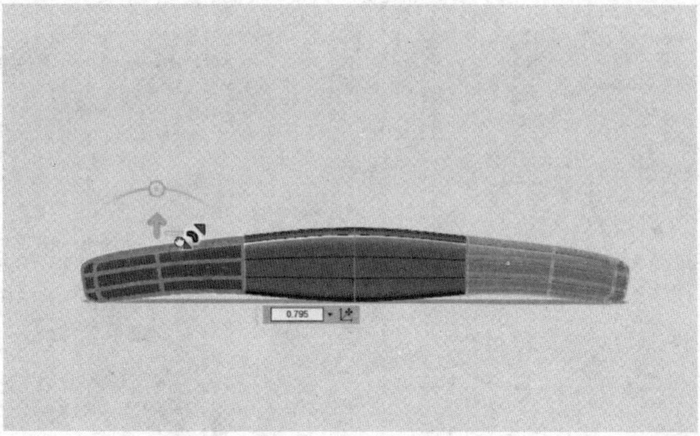

图 3-44 编辑形状 9

步骤 9：切换顶视图，选中图 3-45 的部分，向下移动，旋转一定角度，如图 3-46 和图 3-47 所示。再通过调整线或面的位置，将椅背编辑成如图 3-48 所示的样子。

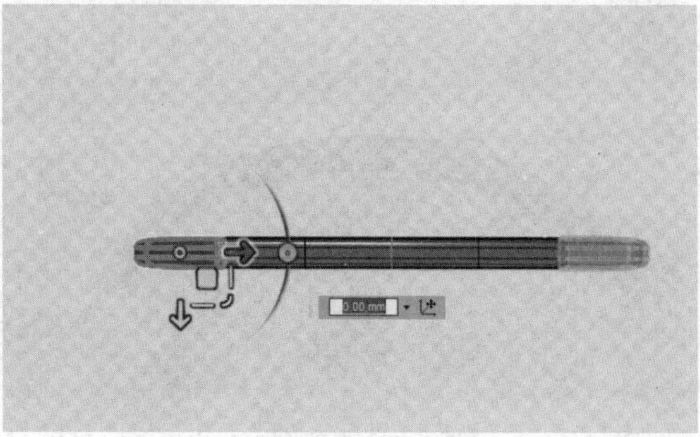

图 3-45 编辑形状 10

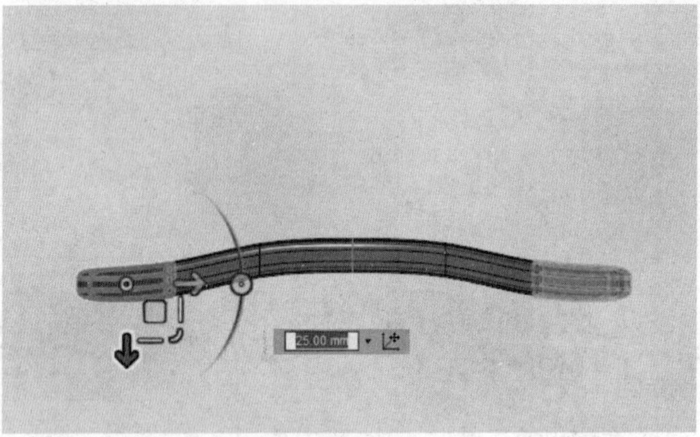

图 3-46　编辑形状 11

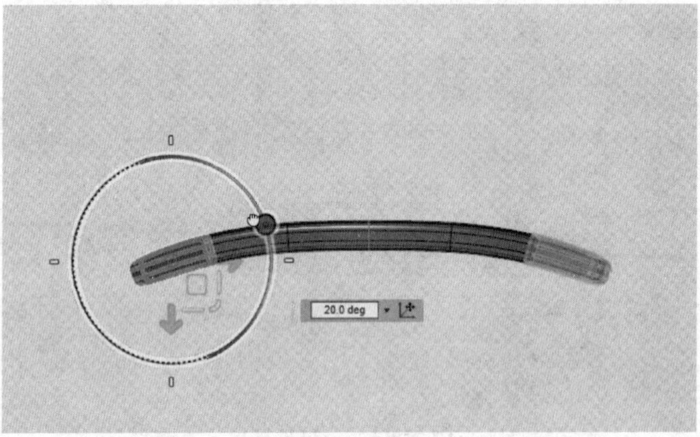

图 3-47　编辑形状 12

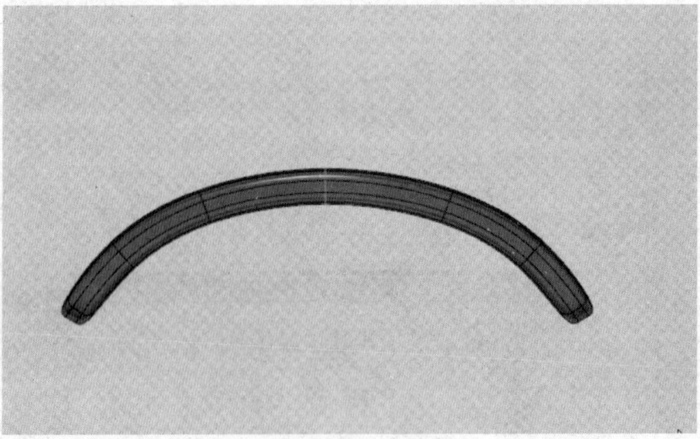

图 3-48　编辑形状 13

步骤 10：选中椅背中间部分，缩放成如图 3-49 所示。这时大致的形状已经出来，如图 3-50 所示。

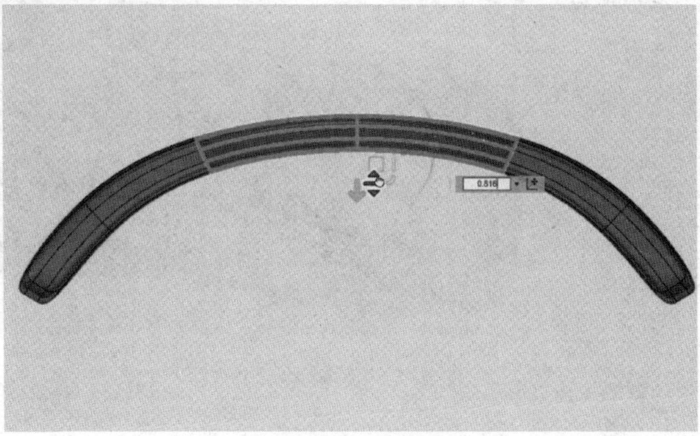

图 3-49 编辑形状 14

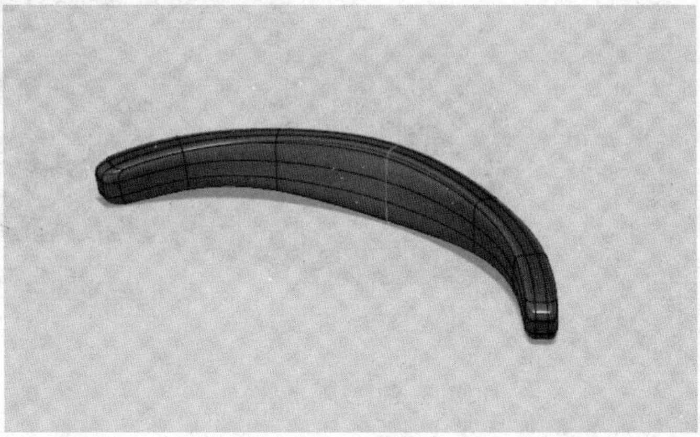

图 3-50 编辑形状 15

步骤 11：选中椅背左侧面正中间的一个面，按住 Alt 拖拽缩放这个面，如图 3-51 所示。通过对点、线或面的调整，如图 3-52 所示，将左侧面编辑成如图 3-53 所示。

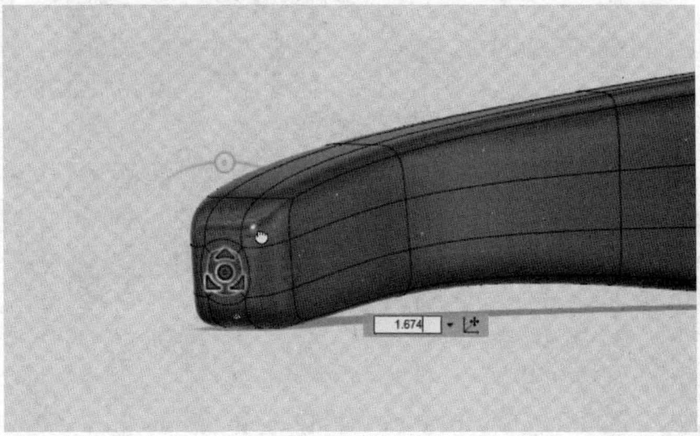

图 3-51 编辑形状 16

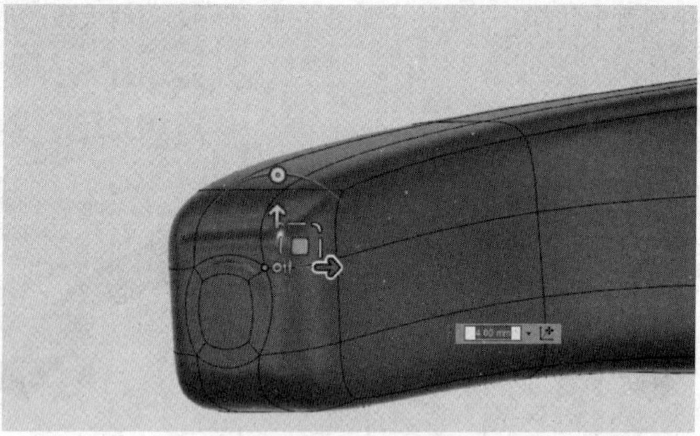

图 3-52 编辑形状 17

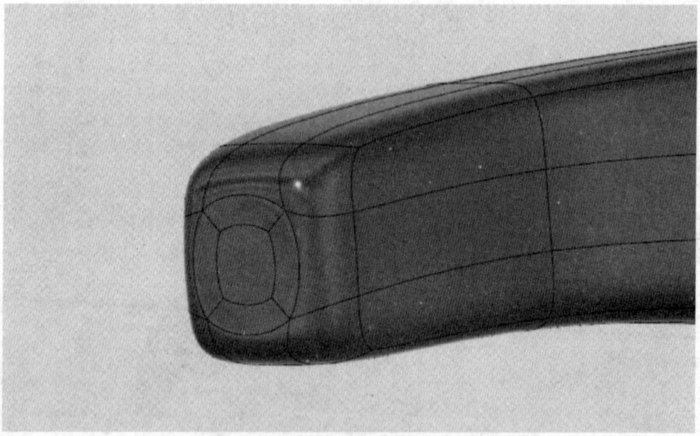

图 3-53 编辑形状 18

步骤 12：观察模型可以发现两端的边比较生硬，如图 3-54 和图 3-55 所示，将四条边往椅背内部收一点，若效果还不满意，可再调整点的位置，最终模型如图 3-56 所示。

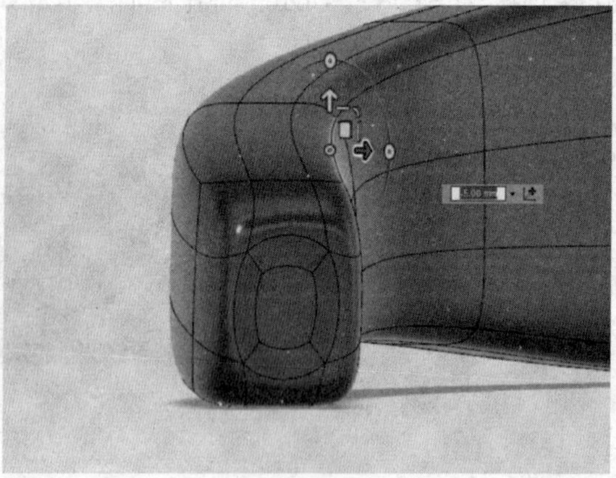

图 3-54 编辑形状 19

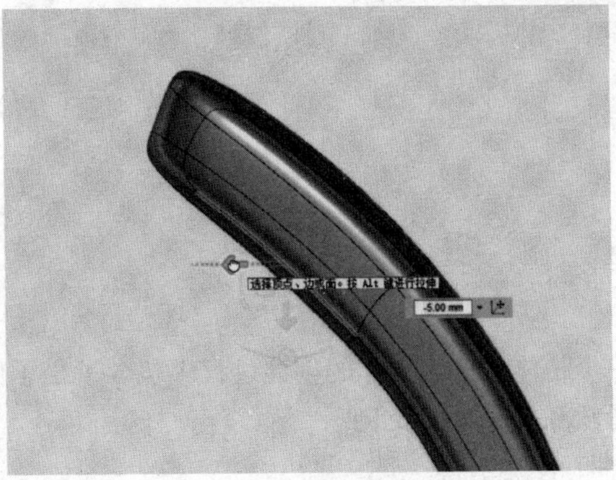

图 3-55　编辑形状 20

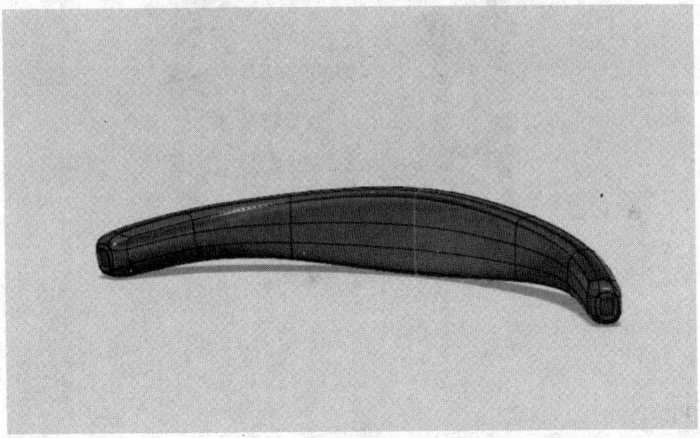

图 3-56　编辑形状 21

4　综合实例

4.1　板式家具

下面我们将创建一个柜体，这个柜体的创建过程中包含了柜子侧板、顶板、底板、上下抽屉等零件，以及滑轨和橡胶轮的安装。

4.1.1　新建设计

步骤 1：新建设计，在浏览器中新建零部件并重命名为“unitbottom”，如图 4-1 和图 4-2 所示。

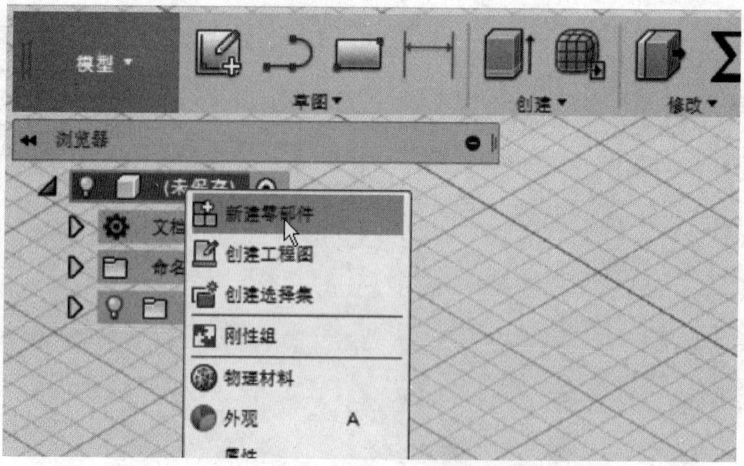

图 4-1　新建零部件

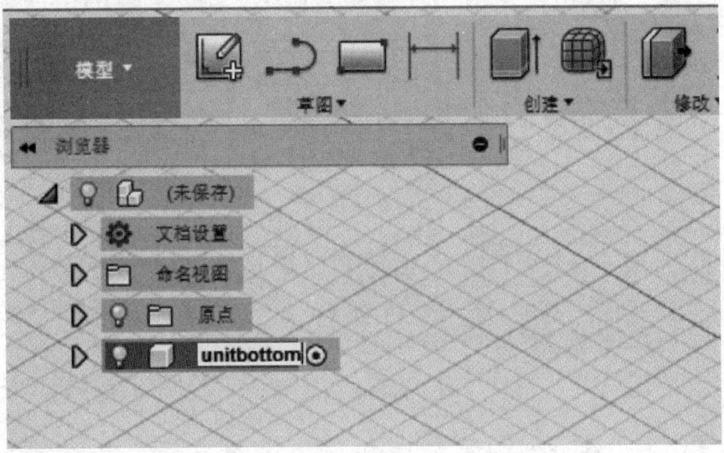

图 4-2 重命名

步骤 2：执行“草图—矩形—中心矩形”命令，如图 4-3 所示，选择 *XZ* 平面，放置中心点于坐标原点，如图 4-4 和图 4-5 所示，绘制一个长宽均为 500 的矩形，如图 4-6 所示。

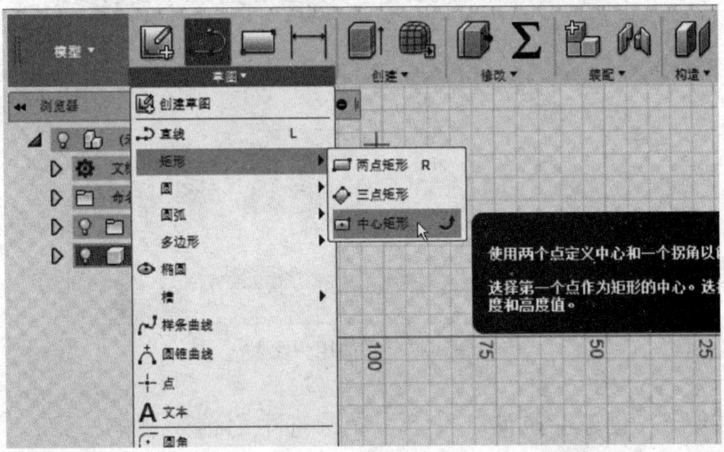

图 4-3 创建草图 1

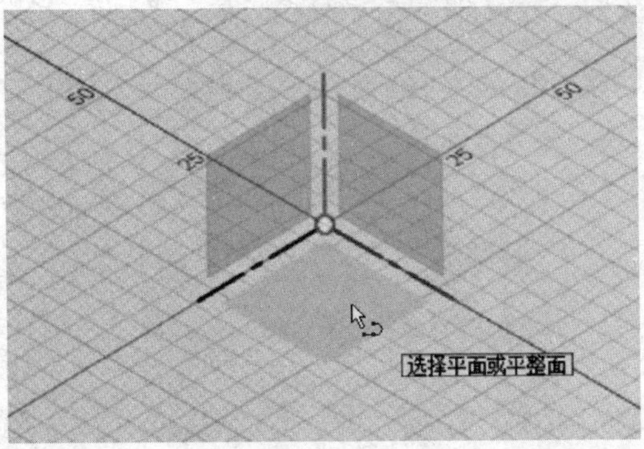

图 4-4 创建草图 2

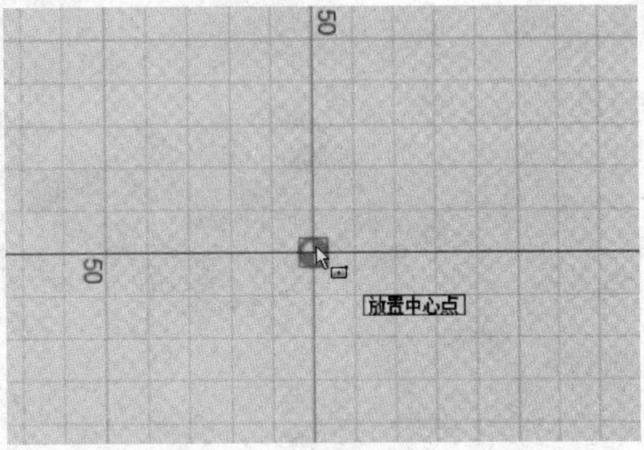

图 4-5 创建草图 3

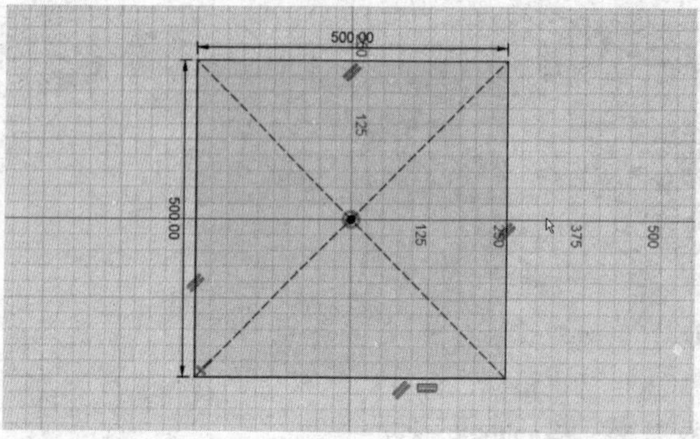

图 4-6　创建草图 4

步骤 3：执行“修改—更改参数”命令，添加用户参数，名称输入“thickness”，表达式输入为“12”，单击确定，如图 4-7 所示。

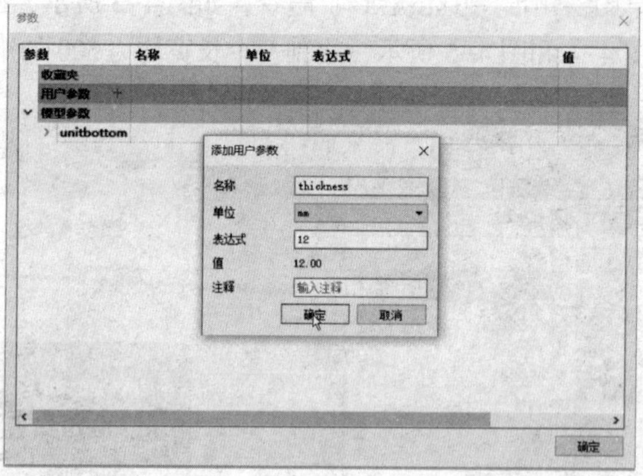

图 4-7　添加用户参数

步骤 4：执行“创建—拉伸”命令，轮廓选中之前绘制的矩形，“距离”输入“thickness”，其他选项不做更改，如图 4-8 和图 4-9 所示。

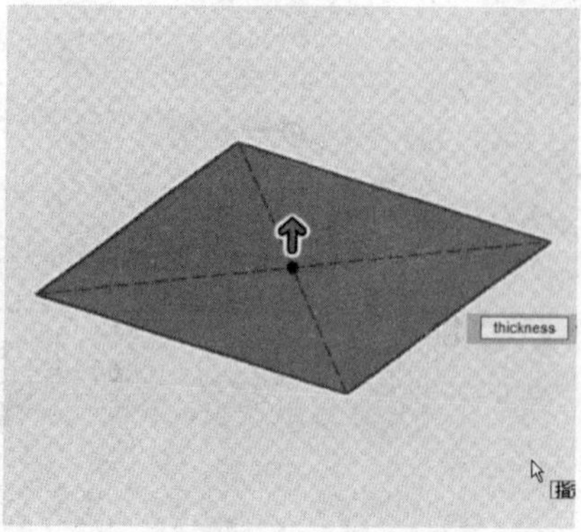

图 4-8　拉伸 1

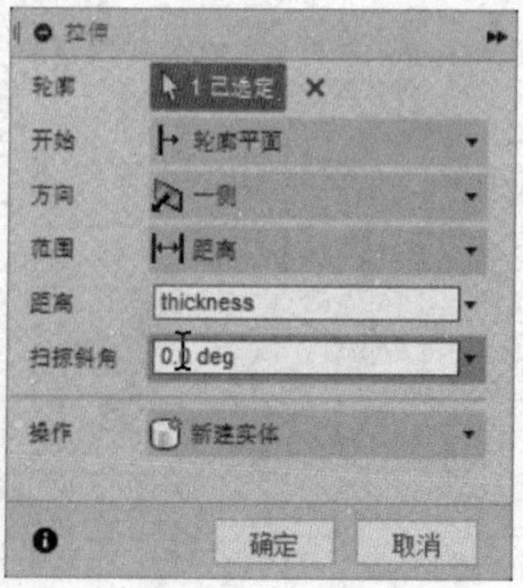

图 4-9　拉伸 2

步骤 5：在浏览器中新建零部件“unitright”，如图 4-10 所示。执行“草图—矩形—两点矩形”命令，选择如图 4-11 所示的平面，绘制一个长为 500，宽为 450 的矩形，如图 4-12 所示。执行“创建—拉伸”命令，拉伸绘制好的矩形，距离为“-thickness”，生成如图 4-13 所示的实体。

步骤 6：重复步骤 5，创建左侧板，如图 4-14 所示。

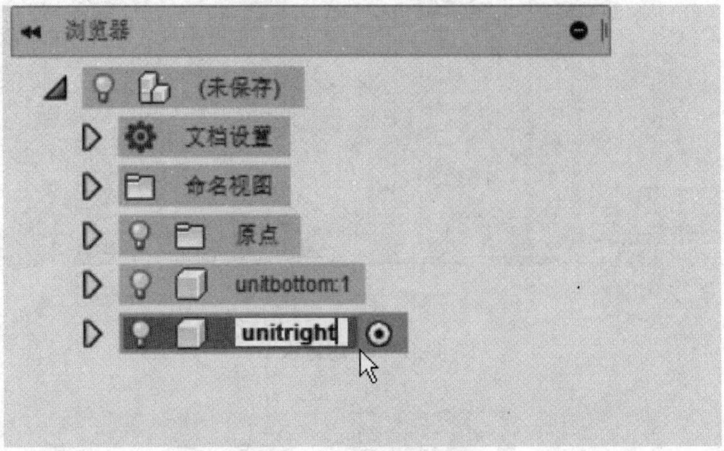

图 4-10　创建右侧板 1

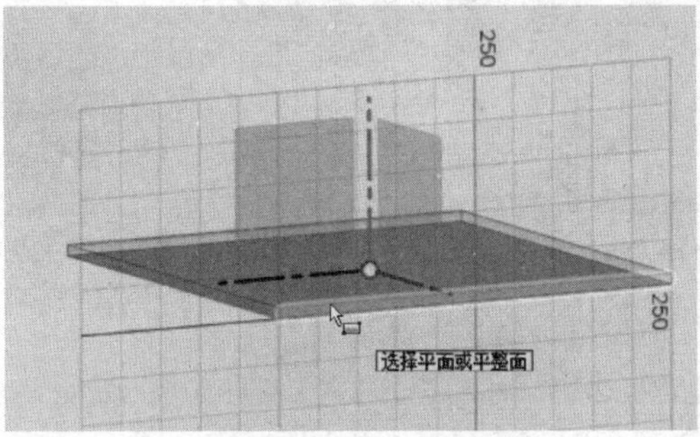

图 4-11　创建右侧板 2

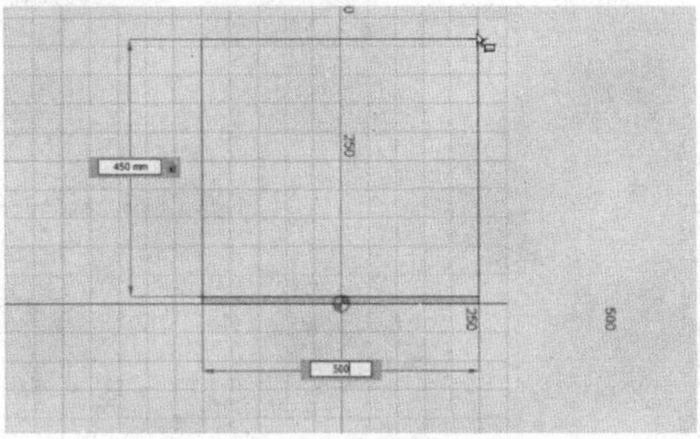

图 4-12　创建右侧板 3

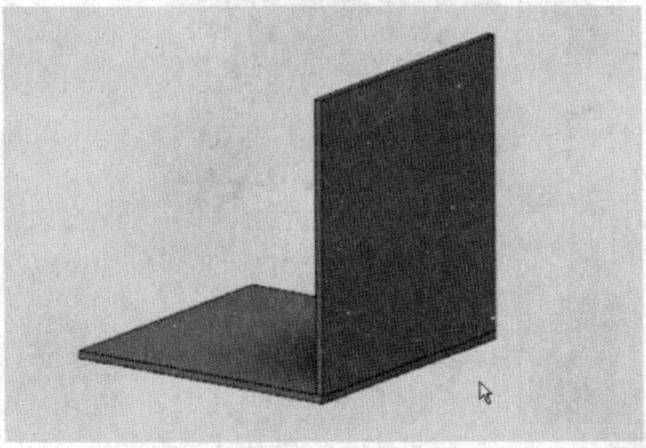

图 4-13　创建右侧板 4

图 4-14　创建左侧板

步骤 7：新建零部件“unitback”，执行“草图—矩形—两点矩形”命令，切换后视图，选中如图 4-15 所示的平面，分别选中图 4-16 中左边矩形的右下角和右边矩形的左上角，以绘制矩形，选中该矩形，执行“创建—拉伸”命令，距离为“-thickness”，“操作”改为“新建实体”，如图 4-17 所示。

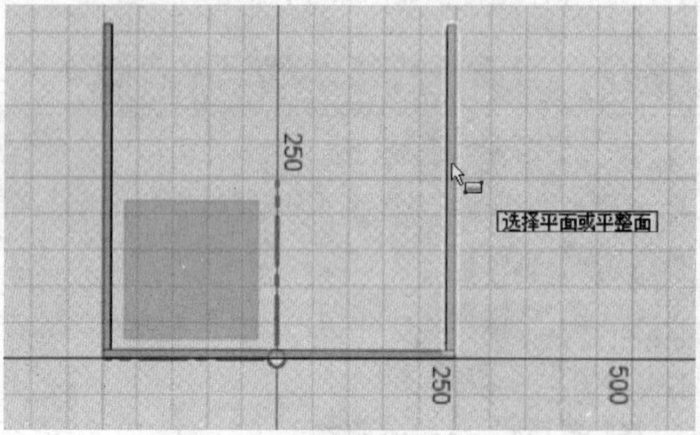

图 4-15　创建背板 1

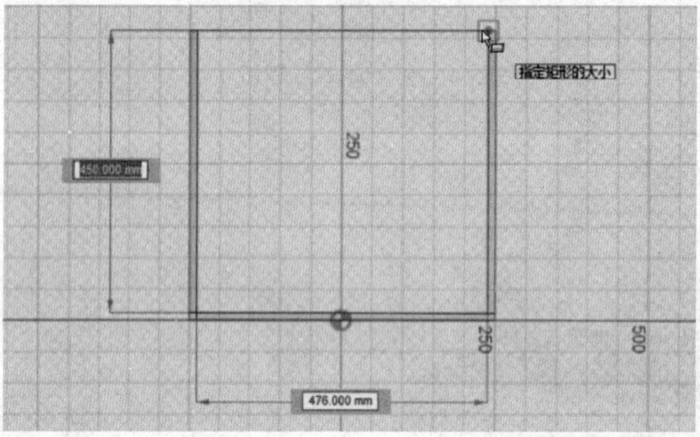

图 4-16　创建背板 2

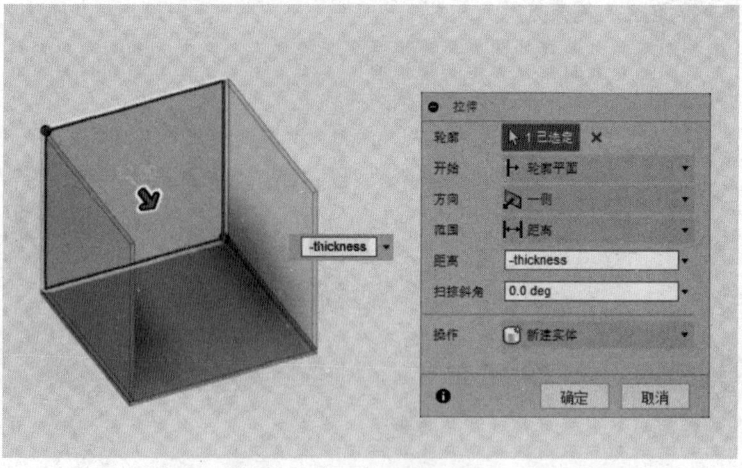

图 4-17　创建背板 3

步骤 8：新建零部件“unittop”。切换顶视图，执行“草图—矩形—两点矩形”命令，绘制如图 4-18 所示的矩形，执行“创建—拉伸”命令，输入“-thickness”，得到如图 4-19 所示的柜子。

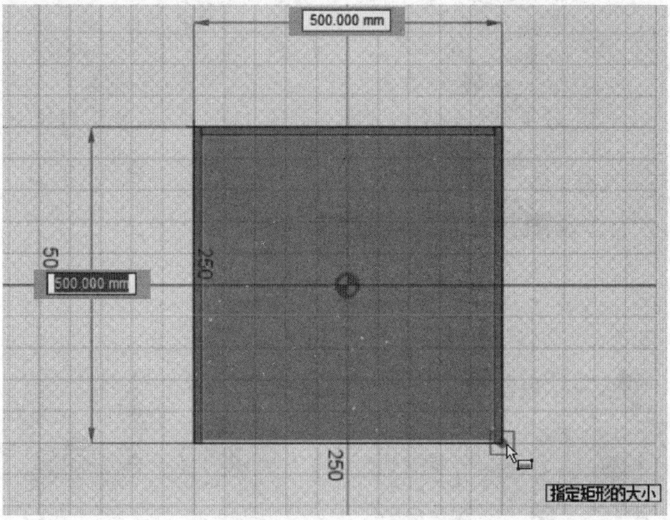

图 4-18　创建顶板

图 4-19　柜体

4.1.2　创建抽屉及插入抽屉滑轨

步骤 1：新建零部件“bottomdrawer”，如图 4-20 所示。在“bottomdrawer”中新建零部件，并重命名为“drawerfront”，如图 4-21 和图 4-22 所示。

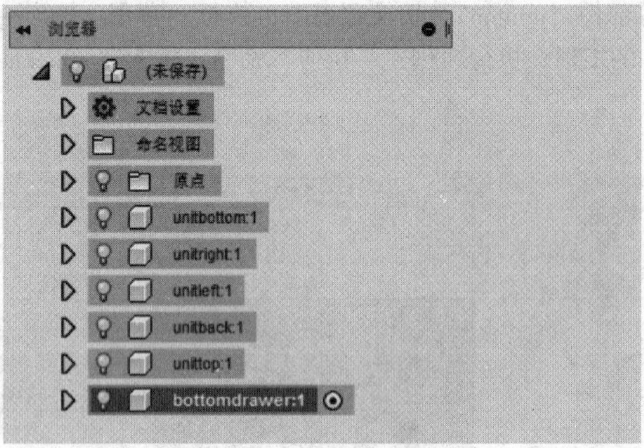

图 4-20　新建零部件 1

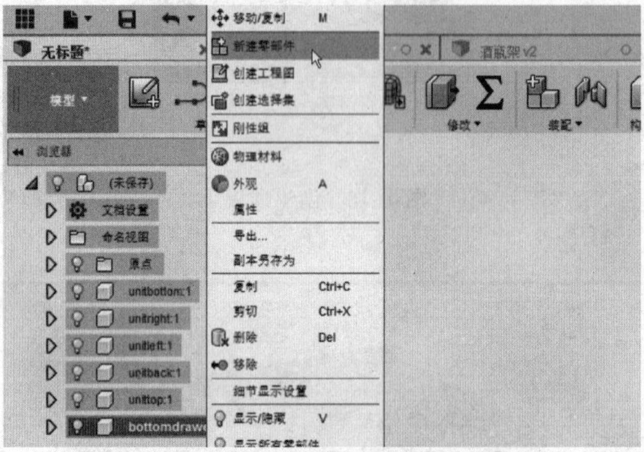

图 4-21　新建零部件 2

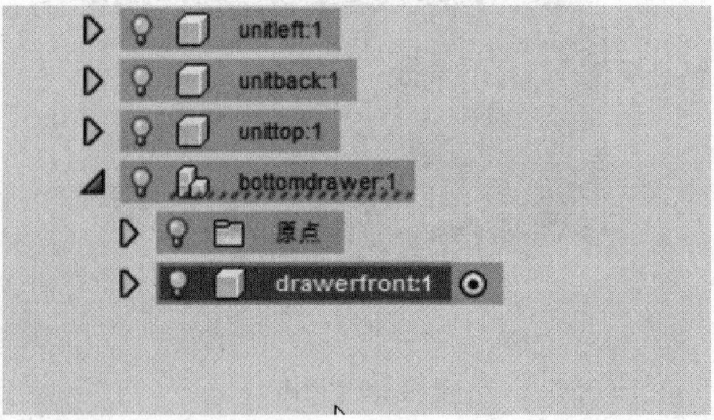

图 4-22　新建零部件 3

步骤 2：执行“草图—矩形—两点矩形”命令，选中柜子正面为绘制草图的平面，如图 4-23 所示。绘制图 4-24 所示的矩形，执行“创建—拉伸”命令，输入“-thickness”，点击确定，如图 4-25 和图 4-26 所示。

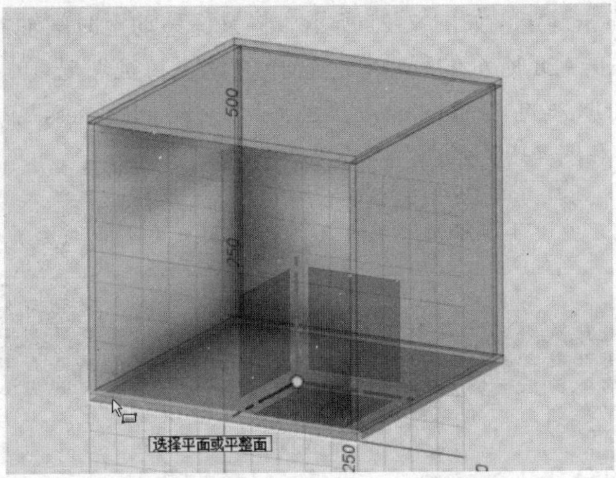

图 4-23 创建面板 1

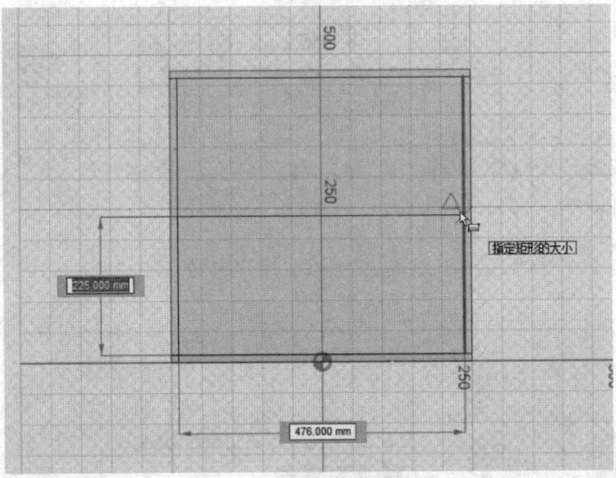

图 4-24 创建面板 2

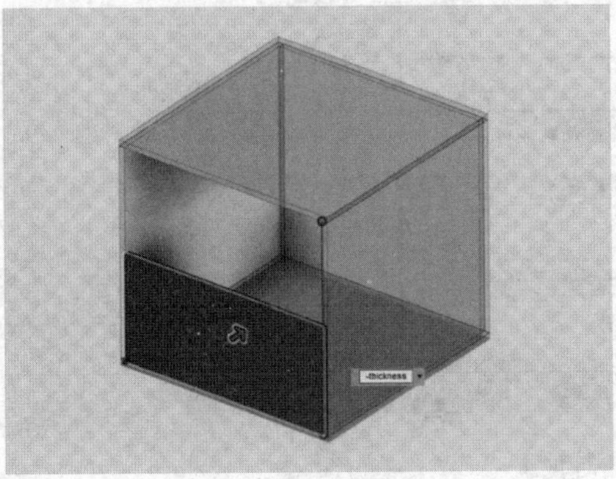

图 4-25 创建面板 3

图 4-26 创建面板 4

步骤3：执行“修改—更改参数”命令，添加用户参数“pinethickness”，表达式输入“16”，其他一致，点击确定，如图4-27所示。将鼠标移动至时间轴的拉伸特征上，单击鼠标右键，弹出如图4-28所示的菜单栏，选择“编辑特征”选项，即可对拉伸进行修改。将拉伸的距离由原来的“-thickness”更改为“-pinethickness”，按“Enter”或单击“确定”，如图4-29和图4-30所示。

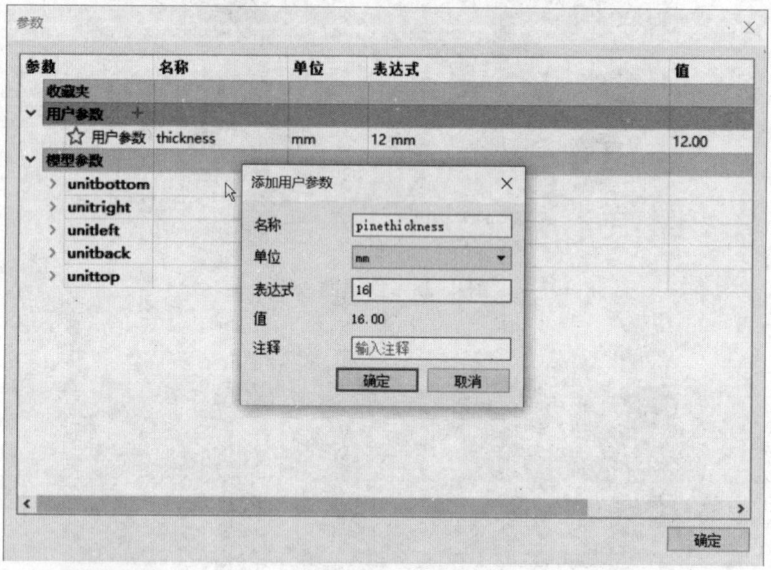

图4-27 添加用户参数

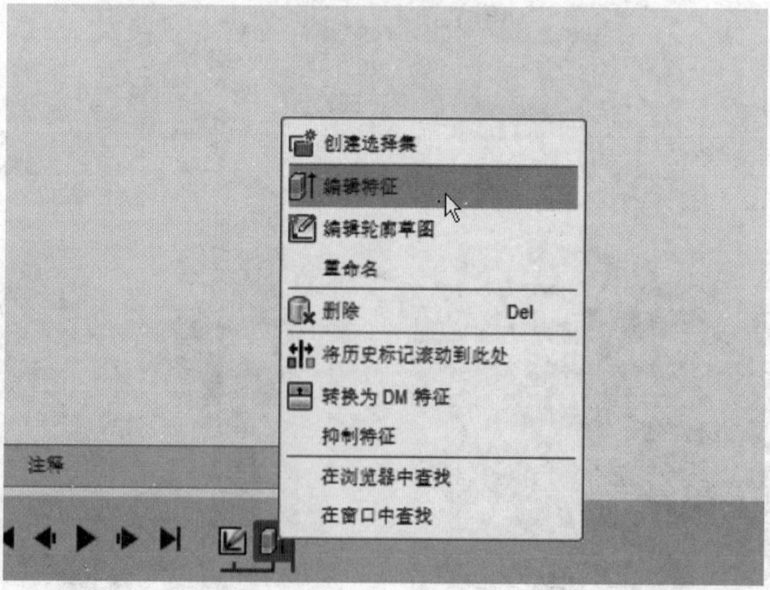

图4-28 编辑特征1

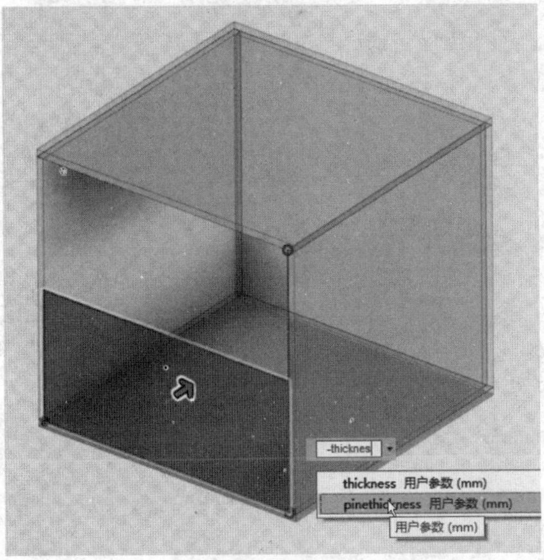

图 4-29 编辑特征 2

图 4-30 编辑特征 3

步骤 4：选中抽屉面板外侧面的边，如图 4-31 所示，执行“修改—圆角”命令，输入“3”，按“Enter”键确定，如图 4-32 和图 4-33 所示。

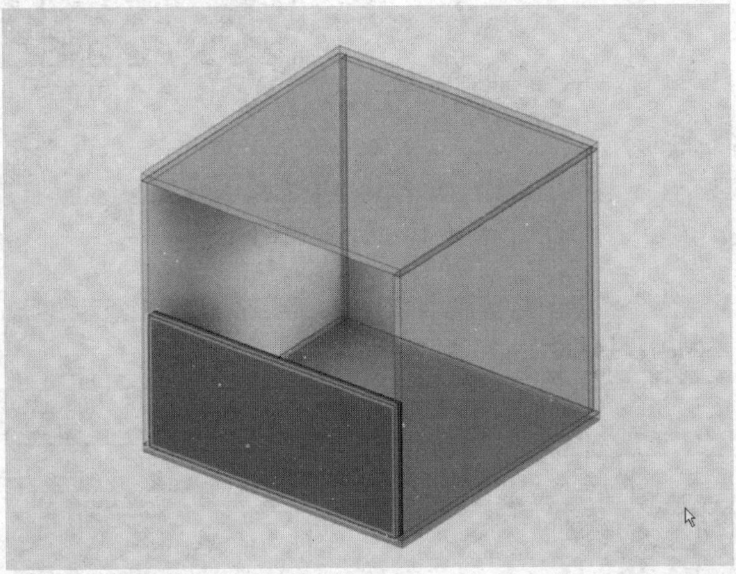

图 4-31 圆角命令 1

步骤 5：执行“插入—插入 McMaster-Carr 零部件”，弹出窗口，在搜索框中输入“drawer slides”，如图 4-34 和图 4-35 所示。找到“Economy-Soft-Closing Drawer slides”打开，如图 4-36 所示。

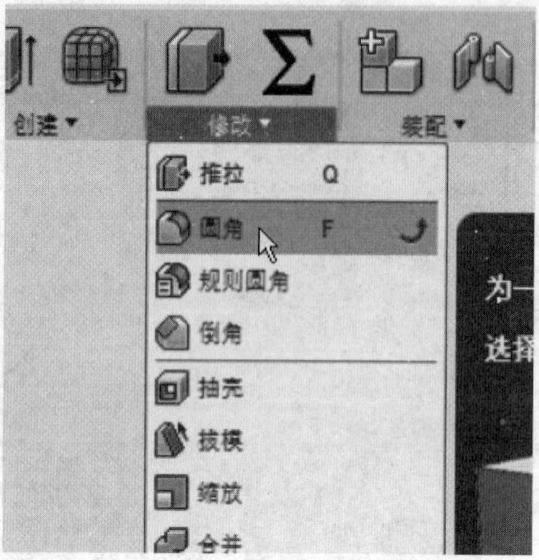

图 4-32　圆角命令 2

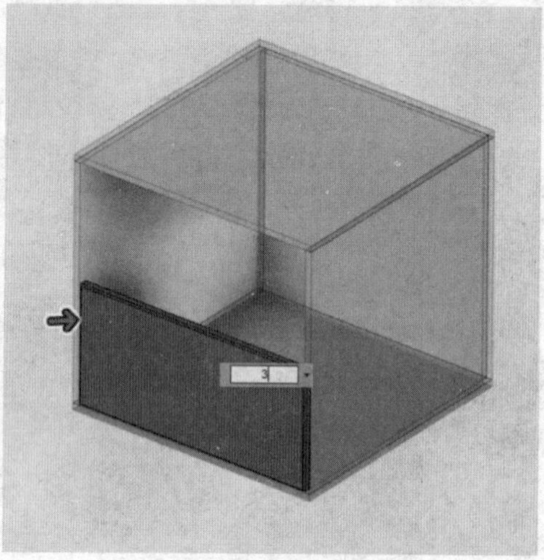

图 4-33　圆角命令 3

图 4-34　插入零部件 1

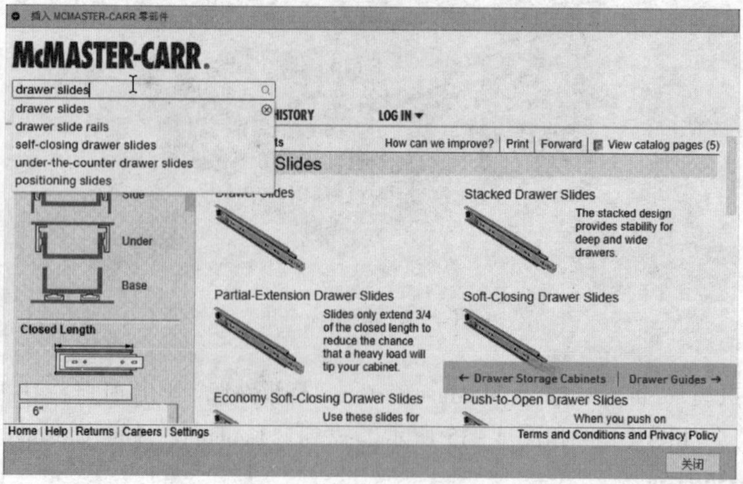

图 4-35　插入零部件 2

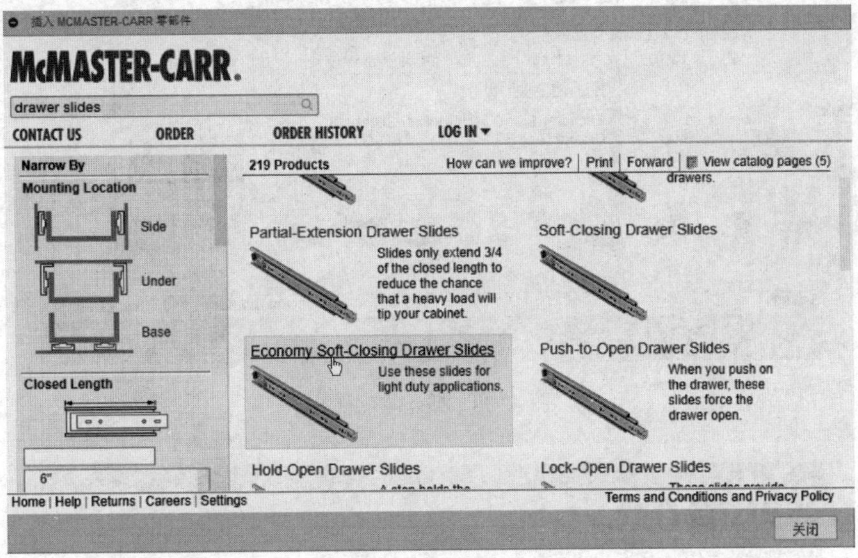

图 4-36 插入零部件 3

步骤 6：拖动滑块到最下面，单击左键倒数第三行，如图 4-37 所示，单击鼠标左键如图 4-38 所示的绿色图标，即打开产品详细信息。拖动滑块到如图 4-39 的界面，选择文件类型，更改为“3-D STEP”，单击左键“SAVE”保存，如图 4-40 所示。

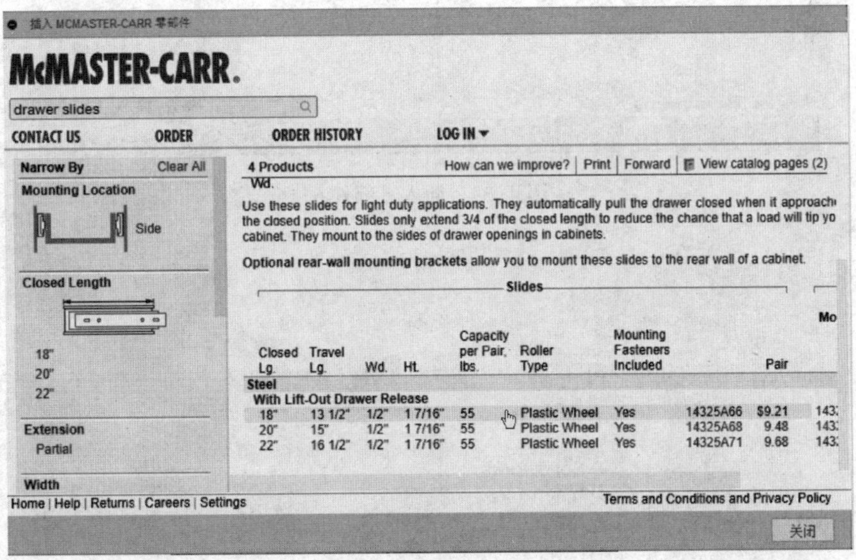

图 4-37 插入零部件 4

步骤 7：如图 4-41 所示，滑轨已经插入在工作空间中，选中图 4-42 中高亮部分，查看浏览器可知，该部分是实体 6，如图 4-43 所示，可点击实体 1、2、3 等观察滑轨。将鼠标移动至实体 6，单击右键打开菜单栏，选择“移除”，如图 4-44 和图 4-45 所示。

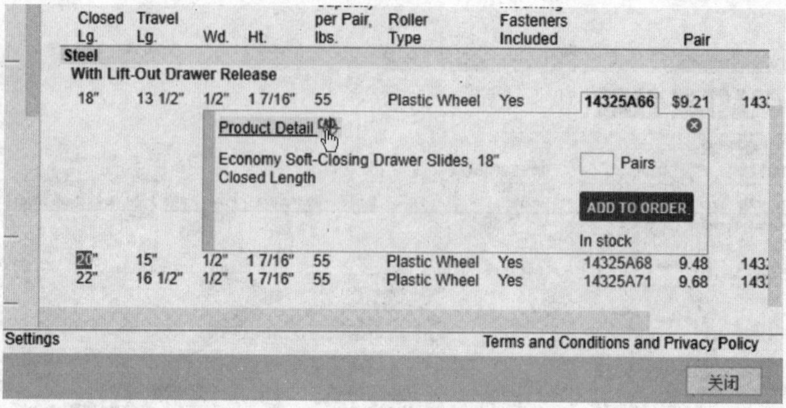

图 4-38 插入零部件 5

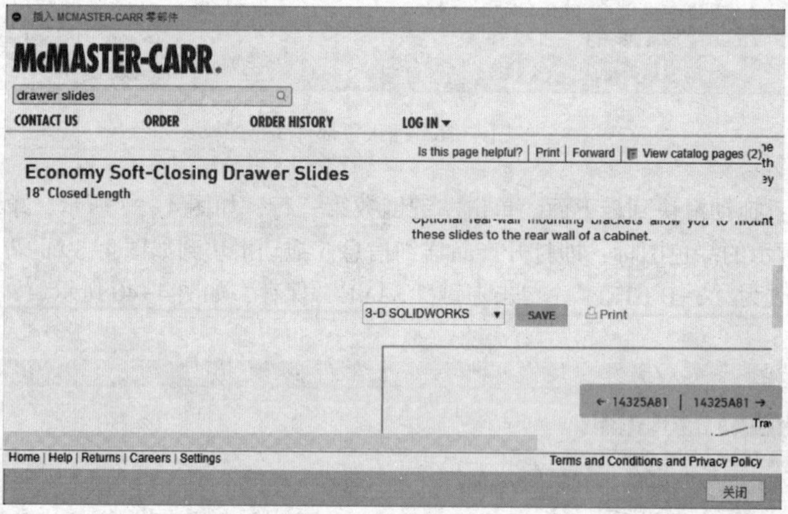

图 4-39 插入零部件 6

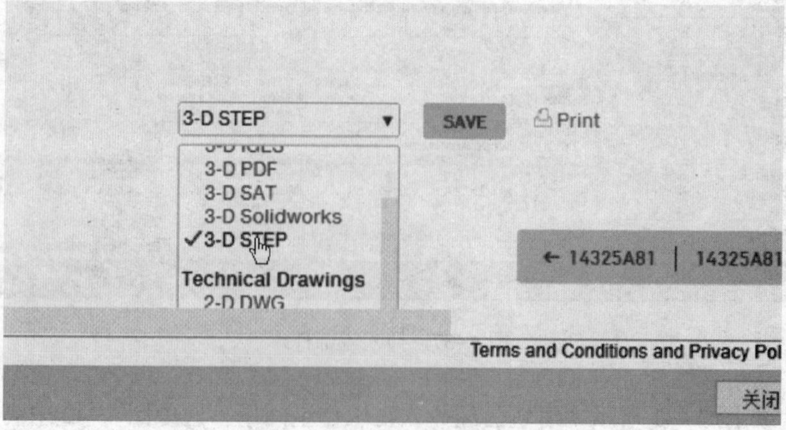

图 4-40 插入零部件 7

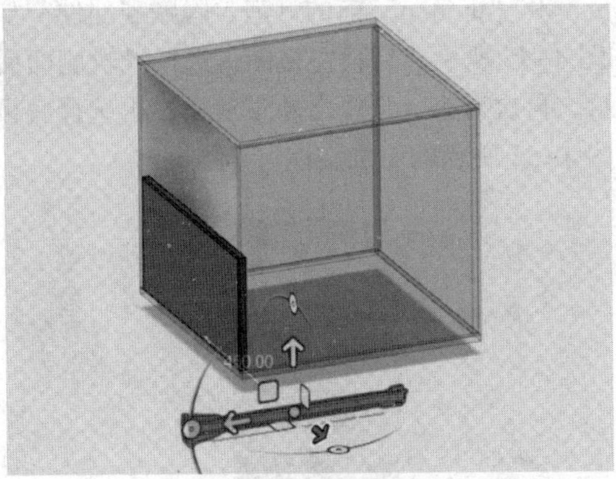

图 4-41 编辑零部件 1

图 4-42 编辑零部件 2

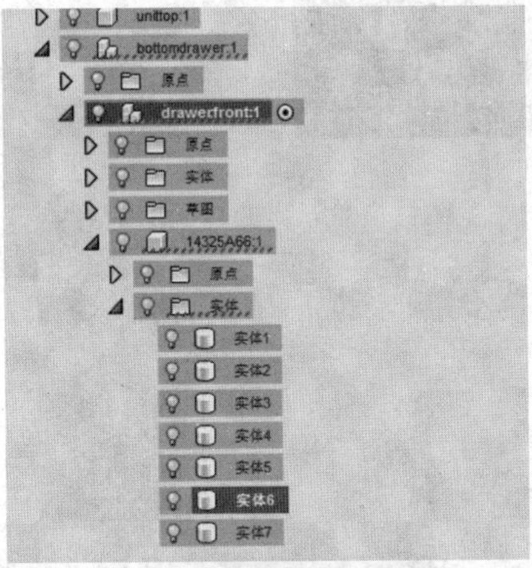

图 4-43 编辑零部件 3

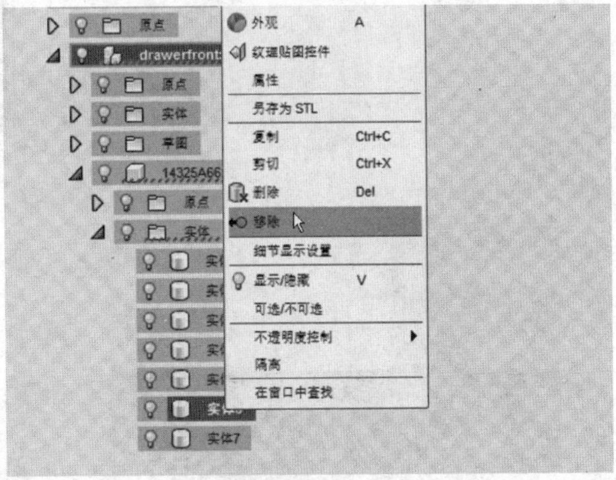

图 4-44 编辑零部件 4

图 4-45 编辑零部件 5

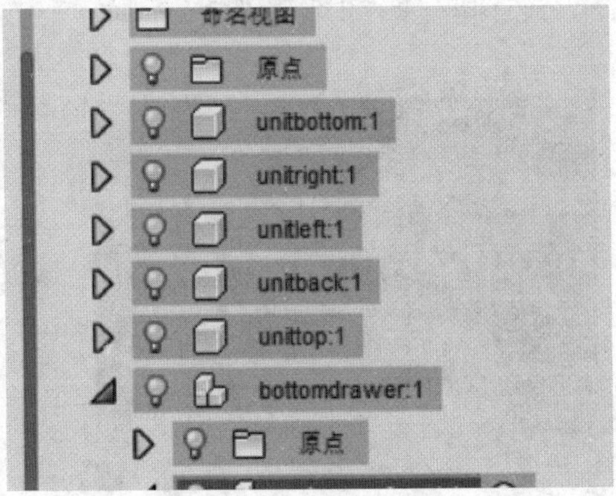

图 4-46 编辑零部件 6

步骤 8：关闭浏览器中零部件“unitright”和“unittop”前的灯泡，隐藏零部件，如图 4-46 所示。执行“修改—对齐”命令，如图 4-47 所示。切换左视图，选择滑轨侧面后选择左侧板内侧面，如图 4-48 和图 4-49 所示。再次对齐，选择滑轨最底面，再选择底板的顶面，如图 4-50 和图 4-51 所示。得到如图 4-52 所示的三维实体。

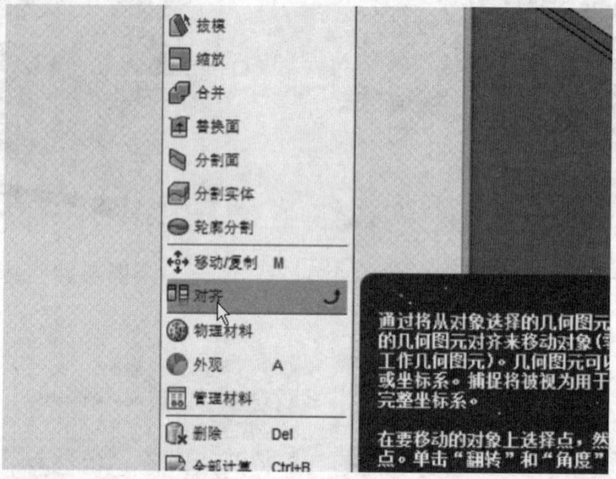

图 4-47 对齐零部件 1

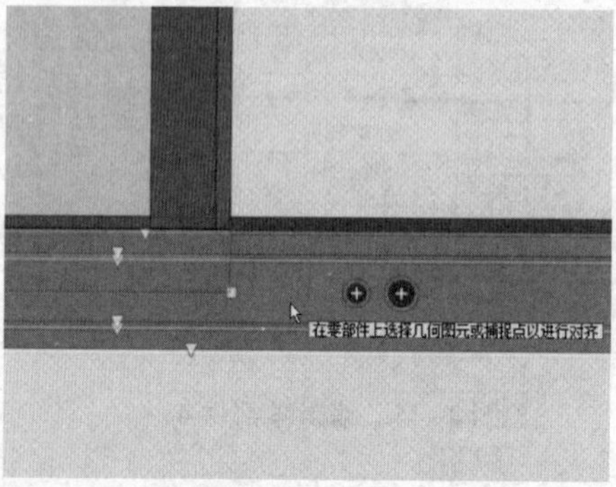

图 4-48 对齐零部件 2

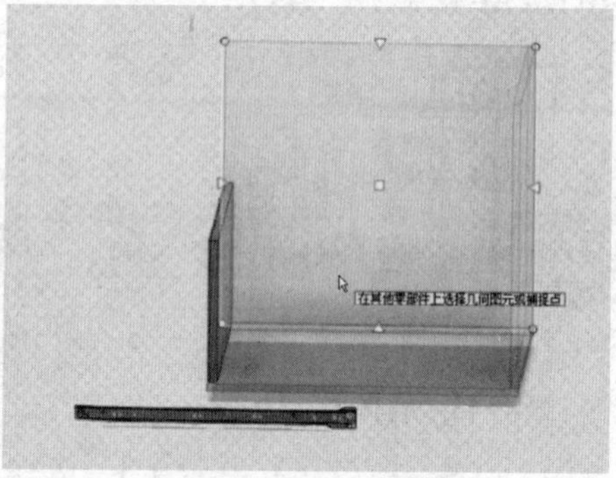

图 4-49 对齐零部件 3

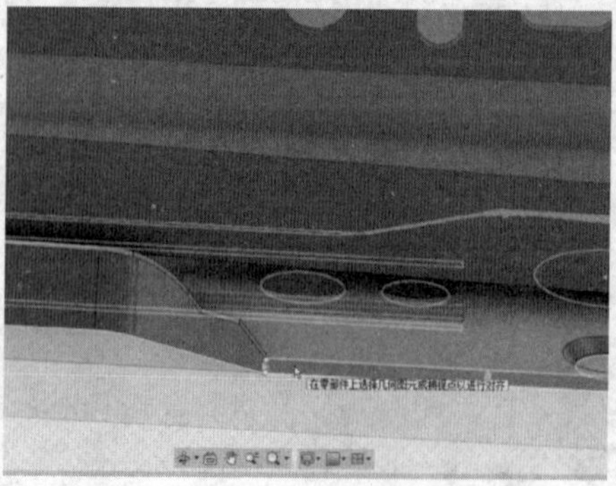
图 4-50 对齐零部件 4

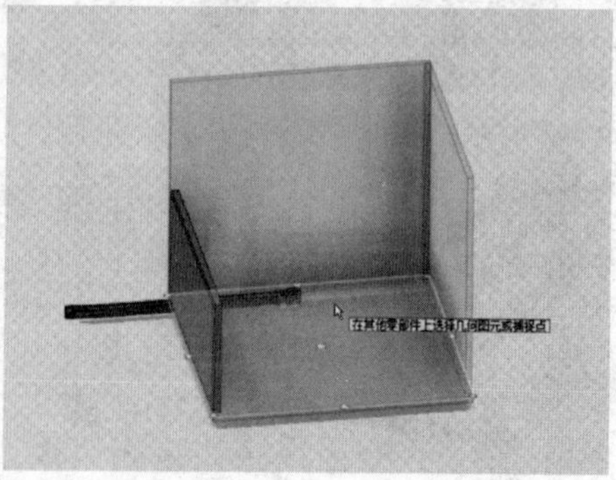

图 4-51 对齐零部件 5

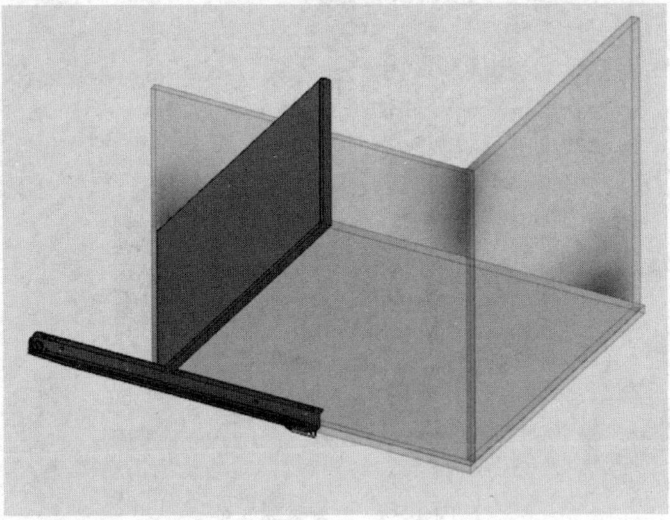

图 4-52 对齐零部件 6

步骤 9：在浏览器中，将鼠标移动至滑轨所在的零部件上，单击右键打开菜单栏，选择“移动/复制”，如图 4-53 所示。将滑轨向左移动至一个适当的位置，如图 4-54 和图 4-55 所示。

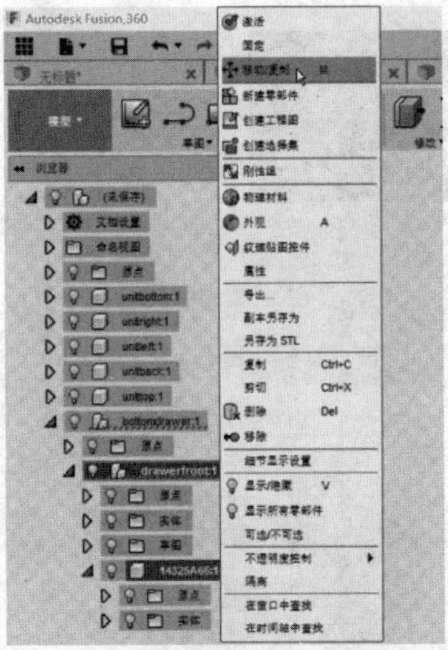

图 4-53 复制零部件 1

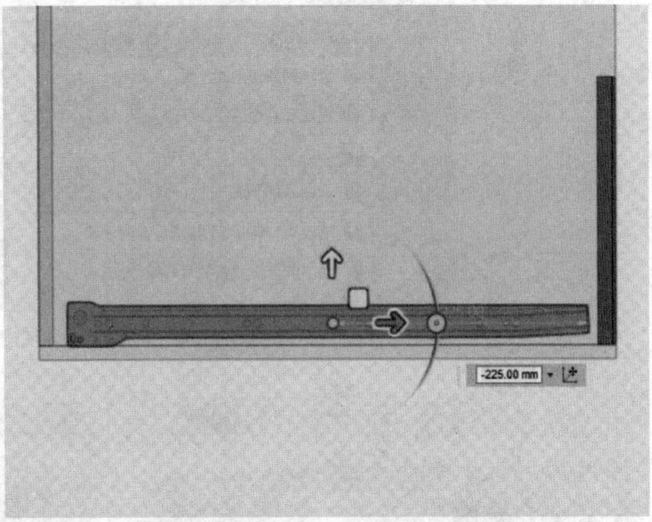

图 4-54 复制零部件 2

步骤 10：如图 4-56 所示，执行“构造—中间平面”命令，弹出对话框，选择“捕获位置”，如图 4-56 和图 4-57 所示。分别选择左右侧板的两个内侧面，按“Enter”键或点击“确定”，如图 4-58、图 4-59 和图 4-60 所示。

图 4-55 复制零部件 3

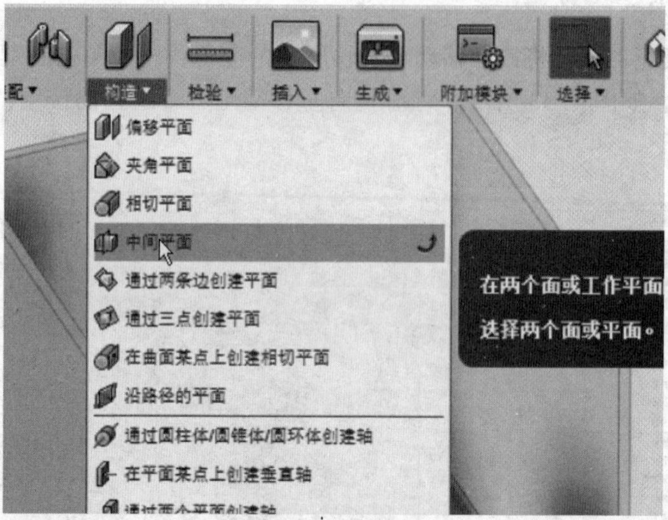

图 4-56 构造中间平面 1

图 4-57 构造中间平面 2

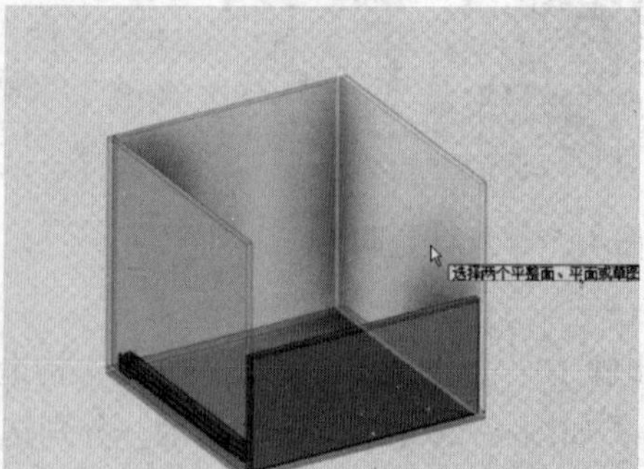

图 4-58 构造中间平面 3

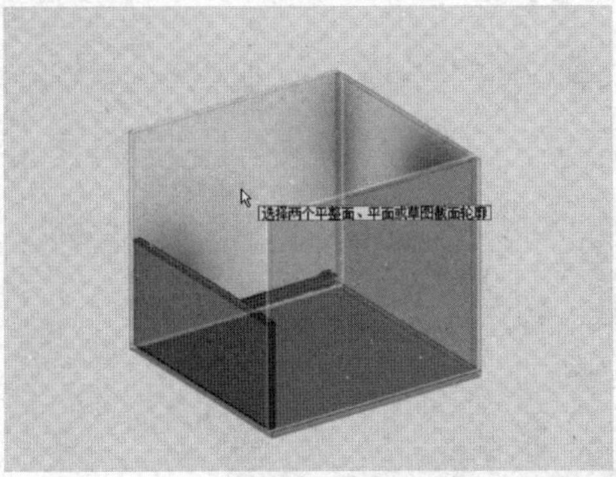

图 4-59　构造中间平面 4

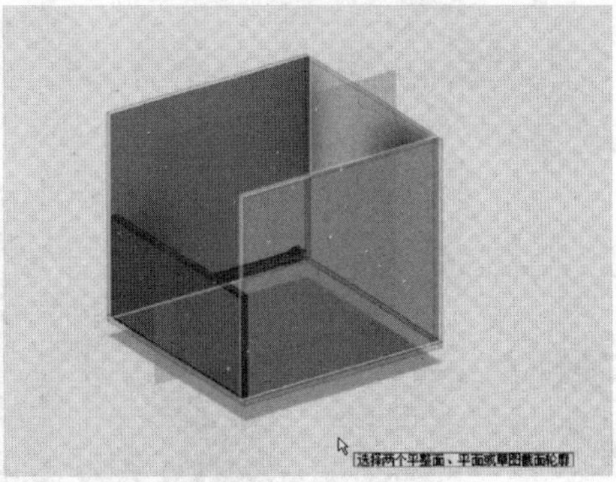

图 4-60　构造中间平面 5

步骤 11：如图 4-61 所示，执行“创建—镜像”命令，在镜像对话框中，将“样式类型”更改为“零部件”，如图 4-61 和图 4-62 所示。“对象”如图 4-63 所示选择浏览器中滑轨的零部件，“镜像平面”为中间平面，如图 4-64 所示。

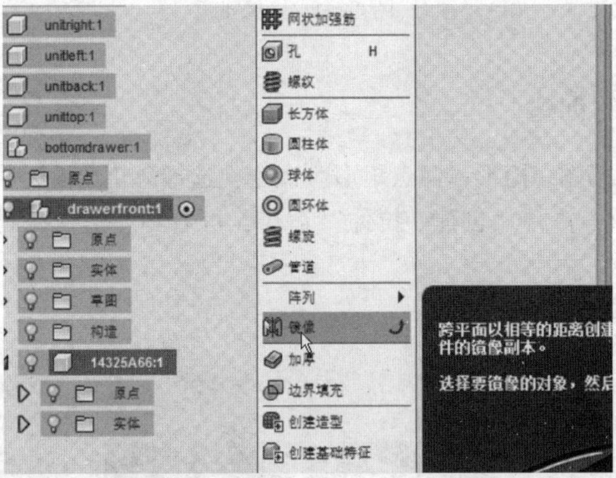

图 4-61　镜像 1

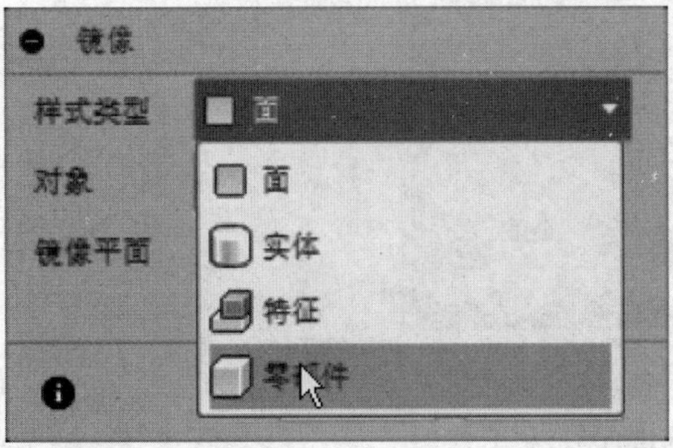

图 4-62　镜像 2

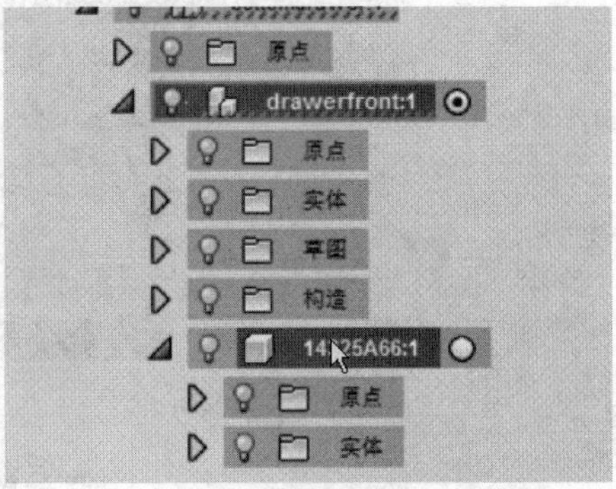

图 4-63　镜像 3

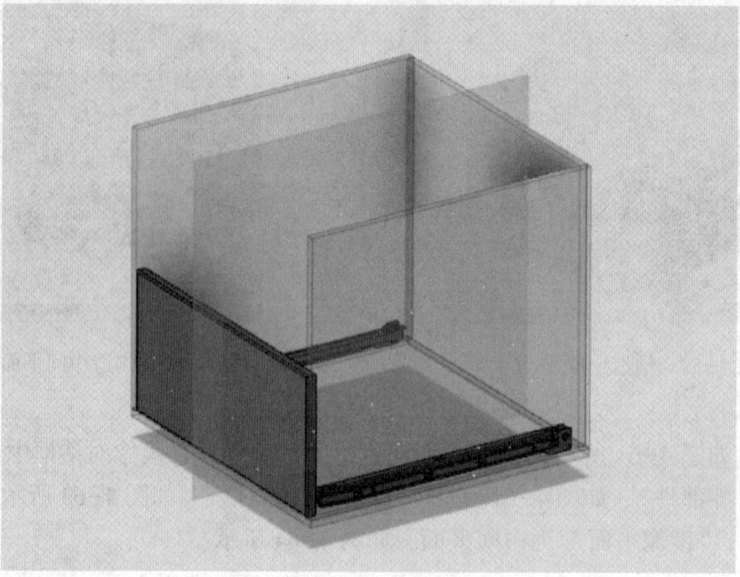

图 4-64　镜像 4

4.1.3　完成抽屉的创建

步骤 1：执行“草图—矩形—两点矩形”命令，选择滑轨顶面为草图平面，如图 4-65 所示，创建一个矩形，执行“创建—拉伸”命令，可看到左边有一排孔没有拉伸，如图 4-66 和图 4-67 所示。

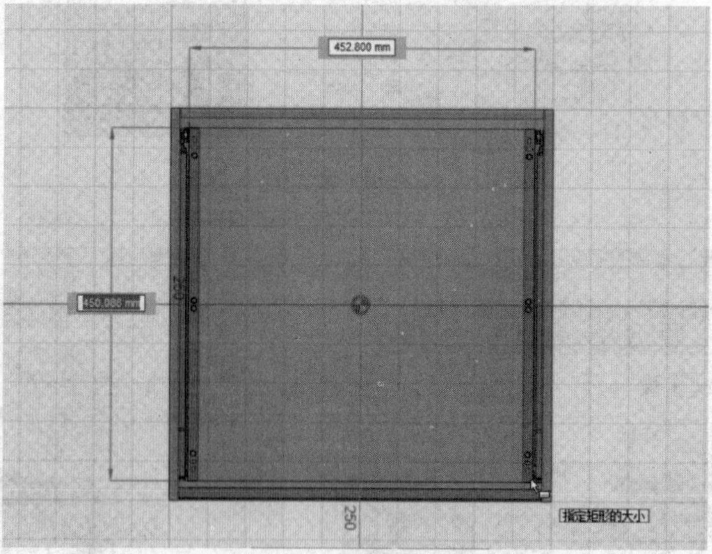

图 4-65　创建抽屉底板 1

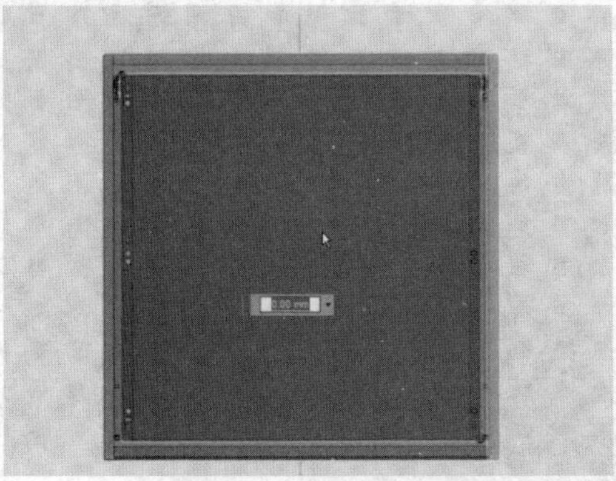

图 4-66 创建抽屉底板 2

图 4-67 创建抽屉底板 3

步骤 2：执行“创建—长方体”命令，绘制与上一步一致的矩形，如图 4-68 所示。“高度”为“thickness”，单击左键“确定”，得到抽屉底板如图 4-69 和图 4-70 所示。

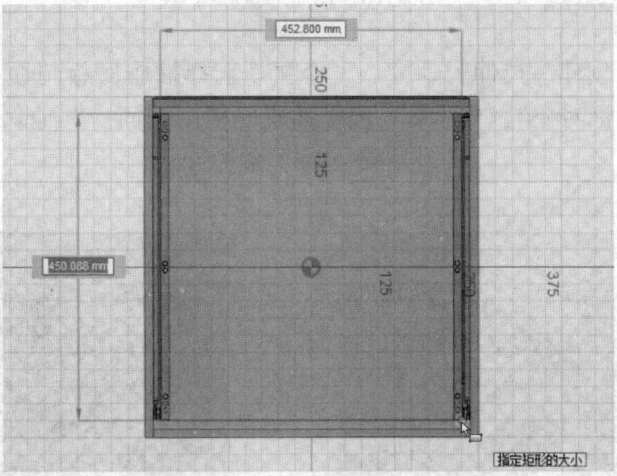

图 4-68 创建抽屉底板 4

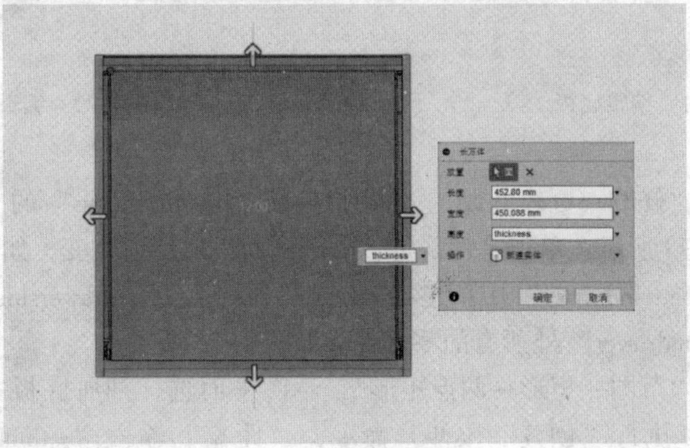

图 4-69 创建抽屉底板 5

图 4-70 创建抽屉底板 6

步骤 3：执行“创建—拉伸”命令，“轮廓”选择抽屉底板与面板距离最近的平面，“范围”更改为“目标对象”，“对象”选择抽屉面板内侧面，其他保持一致，如图 4-71 和图 4-72 所示。

图 4-71 编辑底板 1

图 4-72 编辑底板 2

步骤 4：执行“修改—更改参数”，将用户参数“pinethickness”的“表达式”更改为“12mm”，如图 4-73 所示，单击左键确定，可看到面板随参数改变，如图 4-74 所示。

步骤 5：在“bottomdrawer”中新建零部件，并重命名为“drawersider”，如图 4-75 所示。隐藏除“bottomdrawer”外所有的零部件，如图 4-76 所示。

步骤 6：执行“草图—矩形—两点矩形”，草图平面选择抽屉底板右侧面，绘制如图 4-77 所示的矩形，执行“创建—拉伸”命令，“距离”输入“-thickness”，单击“确定”，如图 4-78 所示。

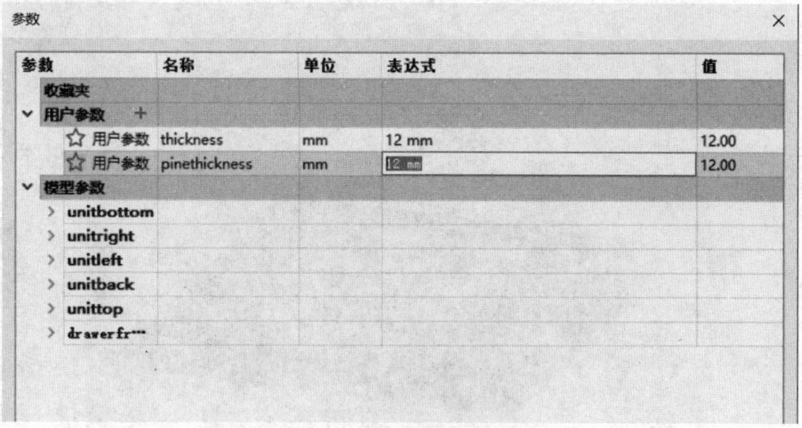

图 4-73 编辑底板 3

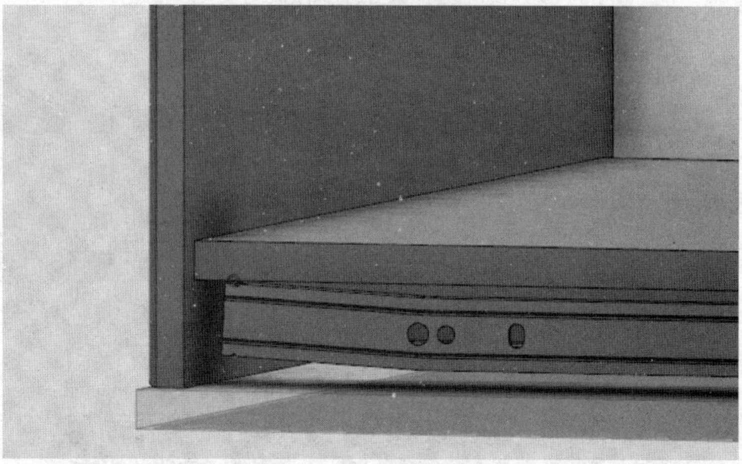

图 4-74 编辑底板 4

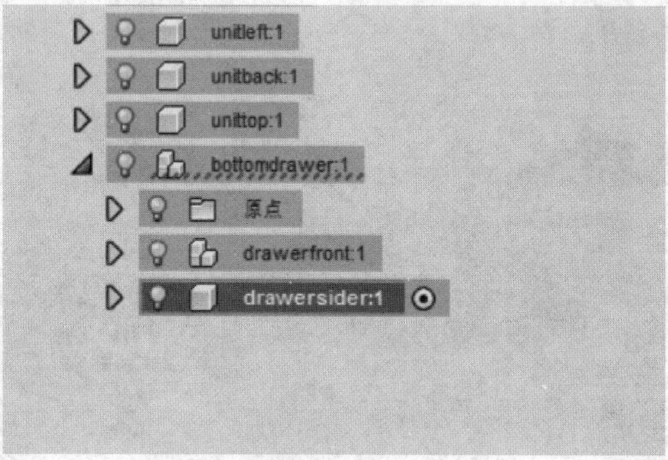

图 4-75 创建抽屉侧板 1

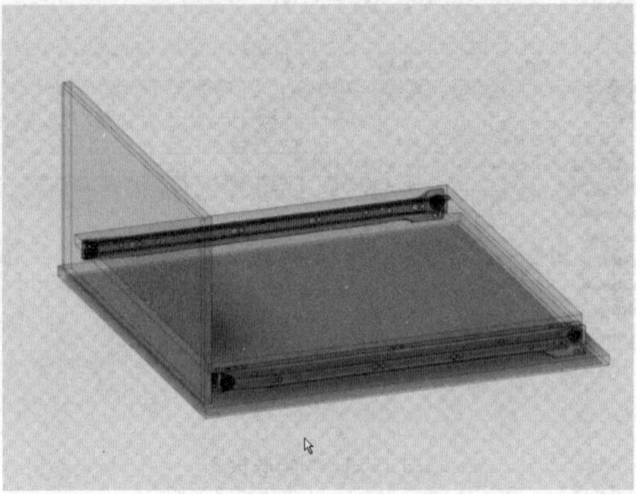

图 4-76　创建抽屉侧板 2

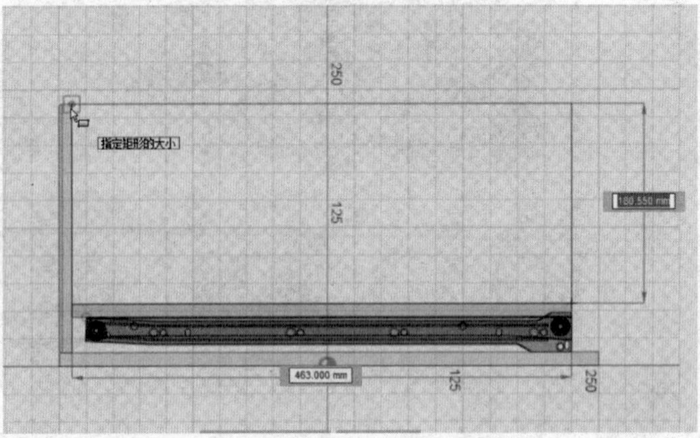

图 4-77　创建抽屉侧板 3

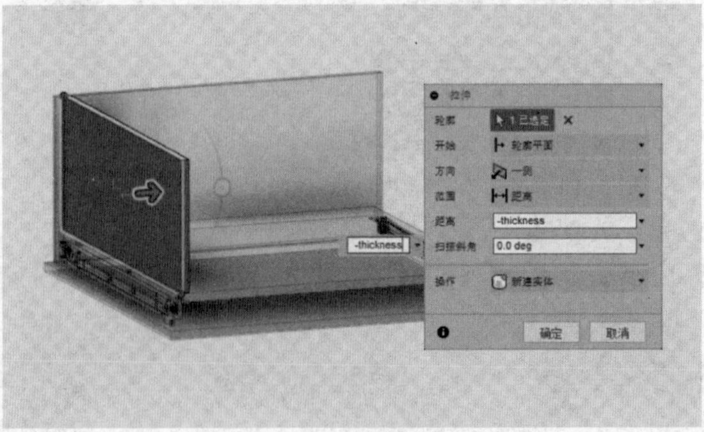

图 4-78　创建抽屉侧板 4

步骤 7：重复步骤 6，创建抽屉左侧板，如图 4-79 所示。

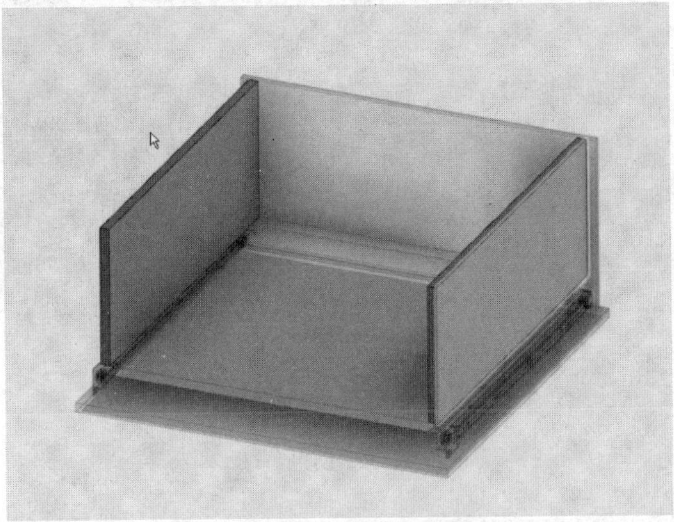

图 4-79　创建抽屉侧板 5

步骤 8：执行“草图—矩形—两点矩形”命令，如图 4-80 所示，选择抽屉侧板后侧面，绘制如图 4-81 所示的矩形，拉伸该矩形，距离为“-thickness”，如图 4-82 所示。

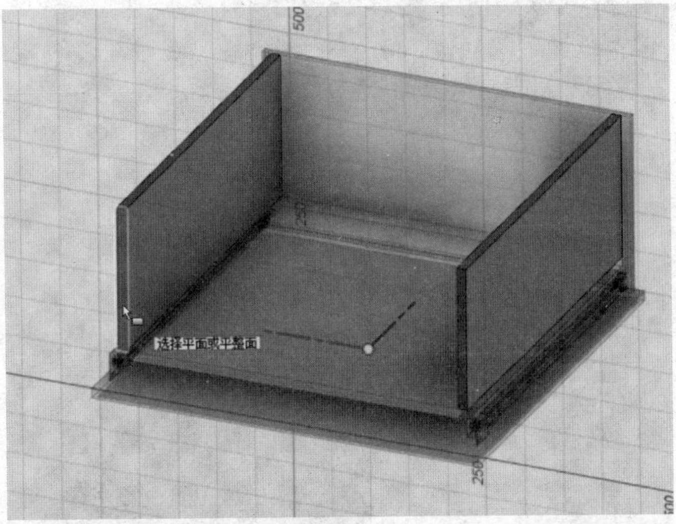

图 4-80　创建抽屉背板 1

步骤 9：在浏览器中，选中实体 2 和实体 3，单击鼠标右键，打开菜单栏，选择“从实体创建零部件”，如图 4-83 和图 4-84 所示。分别重命名为“drawersidel”和“drawer-back”，如图 4-85 所示。再次选中这两个零部件，单击右键打开菜单栏，选择“剪切”选项，将鼠标移动至“bottomdrawer”，单击鼠标右键，选择“粘贴”选项。如图 4-86 和图 4-87 所示。浏览器中零部件“bottomdrawer”包含的零部件如图 4-88 所示。

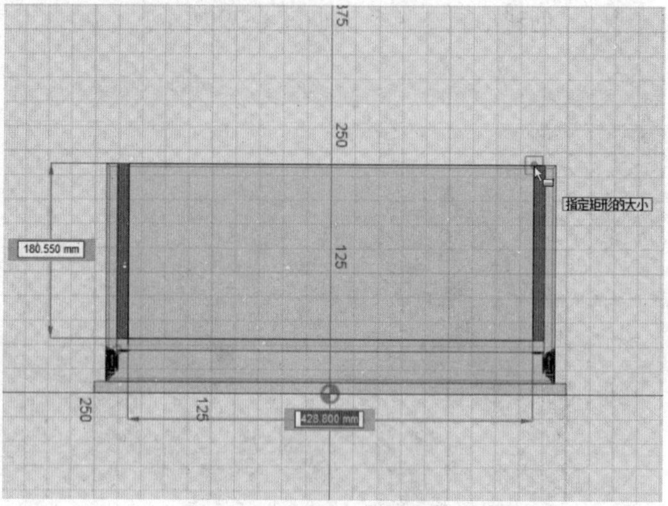

图 4-81　创建抽屉背板 2

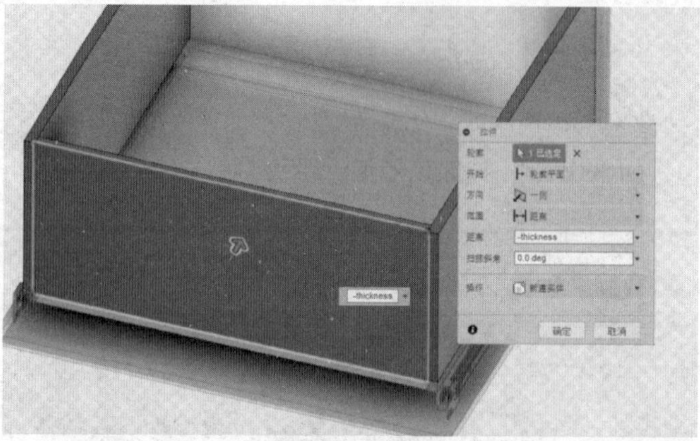

图 4-82　创建抽屉背板 3

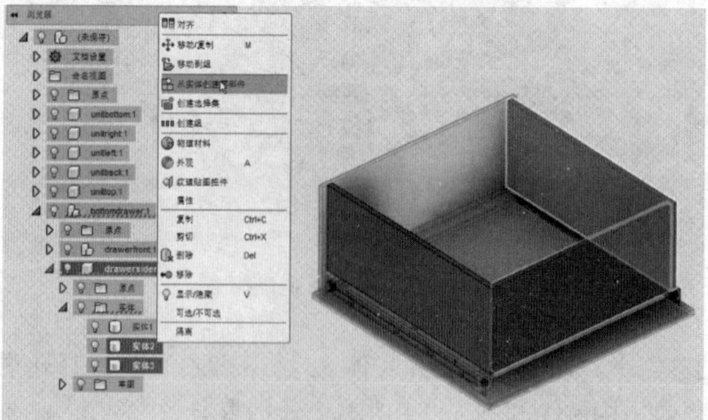

图 4-83　从实体创建零部件 1

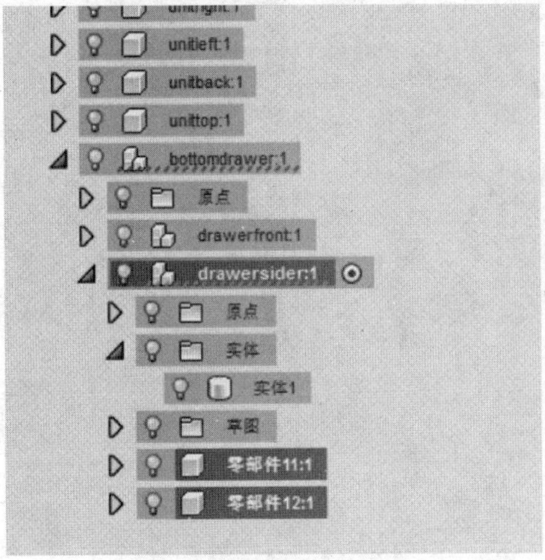

图 4-84 从实体创建零部件 2

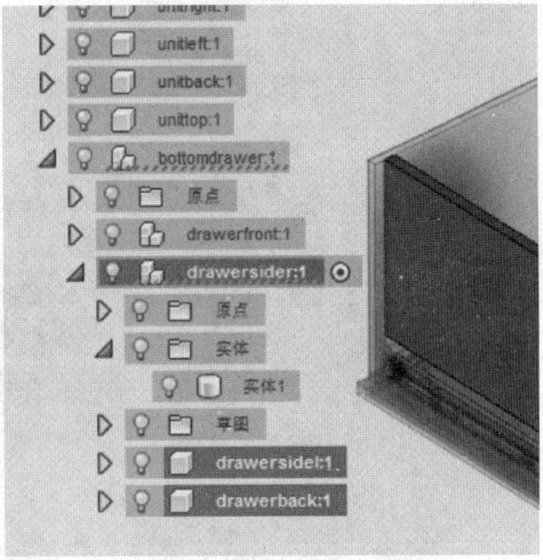

图 4-85 从实体创建零部件 3

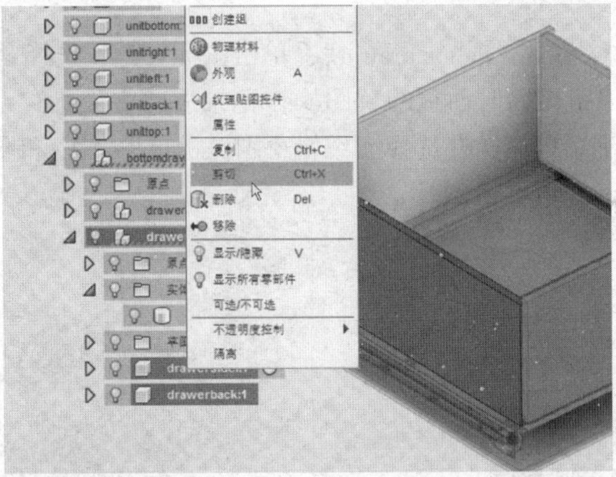

图 4-86 从实体创建零部件 4

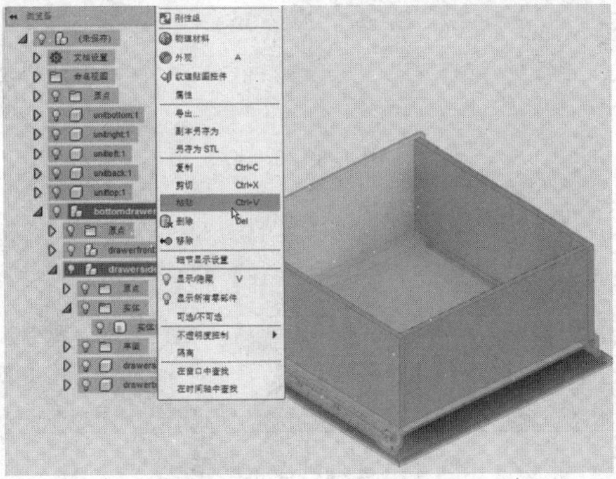

图 4-87 从实体创建零部件 5

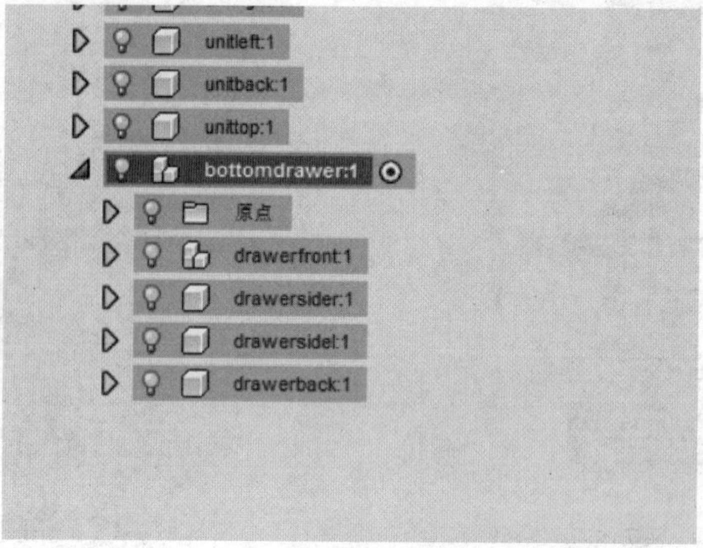

图 4-88　从实体创建零部件 6

步骤 10：将鼠标移动至“bottomdrawer”，单击鼠标右键，选择“隔离”选项，如图 4-89 所示。将时间轴停留在抽屉面板的草图操作记录后，将鼠标移动至草图操作记录上，并单击鼠标右键，弹出菜单栏，并选择“编辑草图”，如图 4-90 和图 4-91 所示。

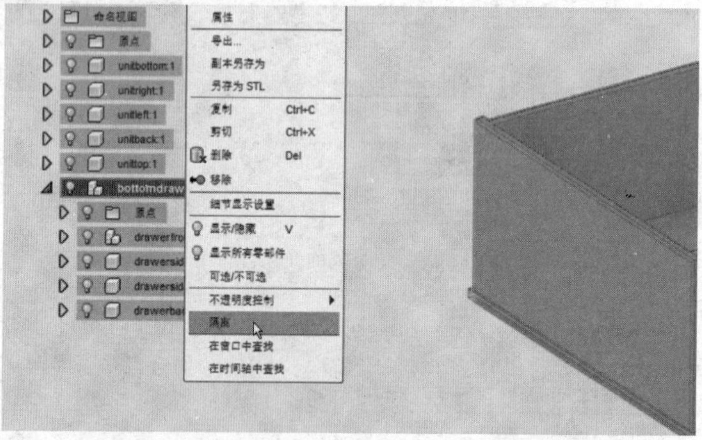

图 4-89　隔离

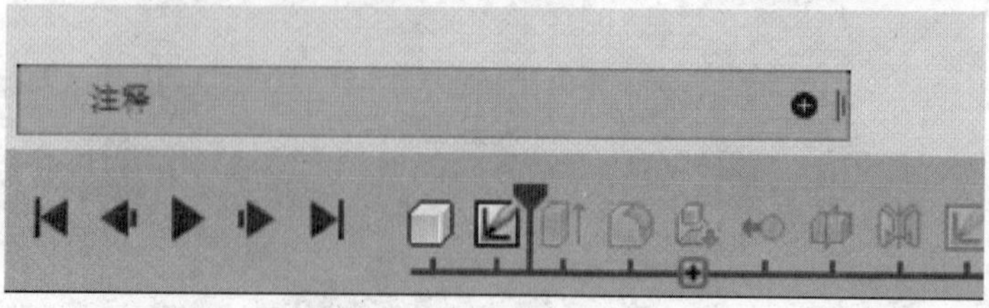

图 4-90　菜单栏

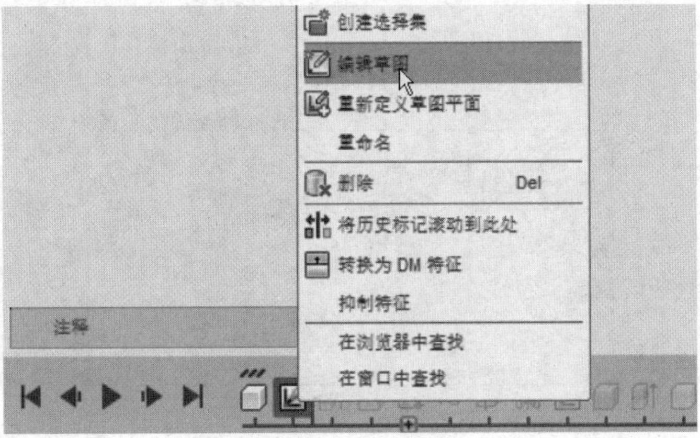

图 4-91 编辑草图 1

步骤 11：执行“草图—圆—中心直径圆”命令，如图 4-92 所示，在中点放置中心点，输入“100”，放置尺寸标注，如图 4-93 所示。执行“草图—修剪”命令，如图 4-94 所示。先单击鼠标左键选择圆的上半部分曲线，再选择剩下圆弧中间的线段，如图 4-95 和图 4-96 所示。将时间轴停留在最右侧，执行“修改—圆角”命令，输入“3mm”，按“Enter”或者单击左键“确定”，如图 4-97 所示。

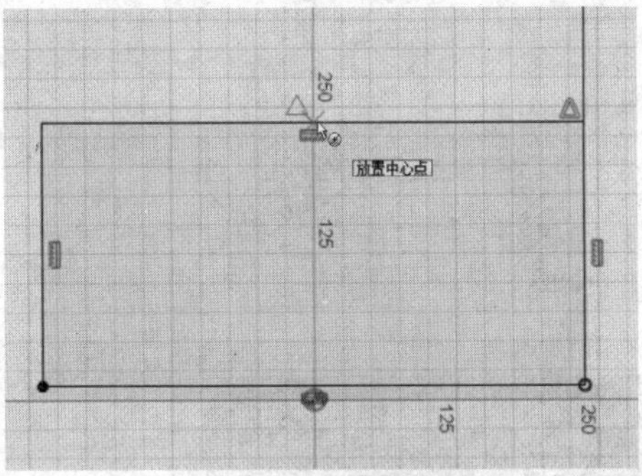

图 4-92 编辑草图 2

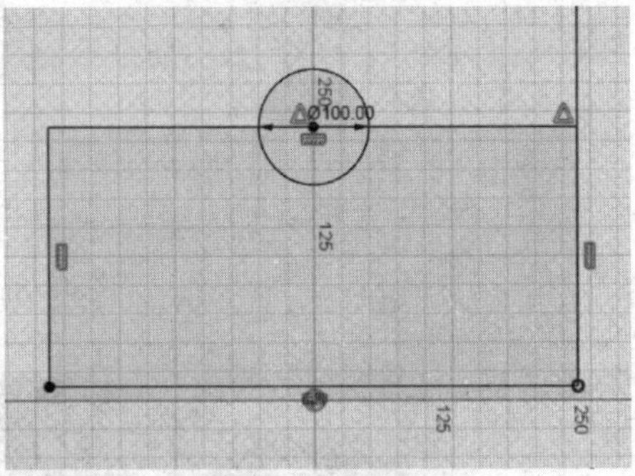

图 4-93 编辑草图 3

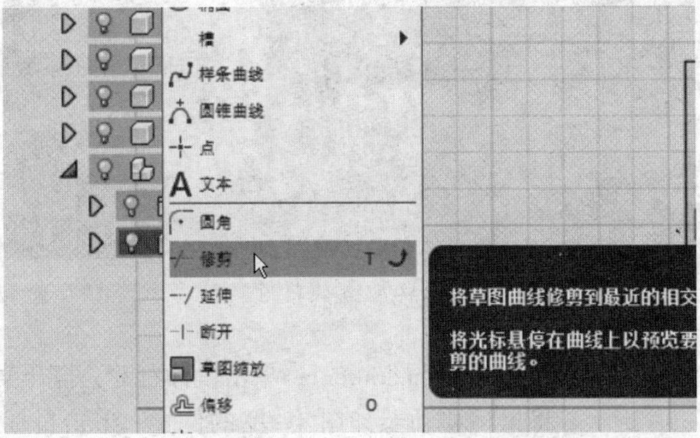

图 4-94 编辑草图 4

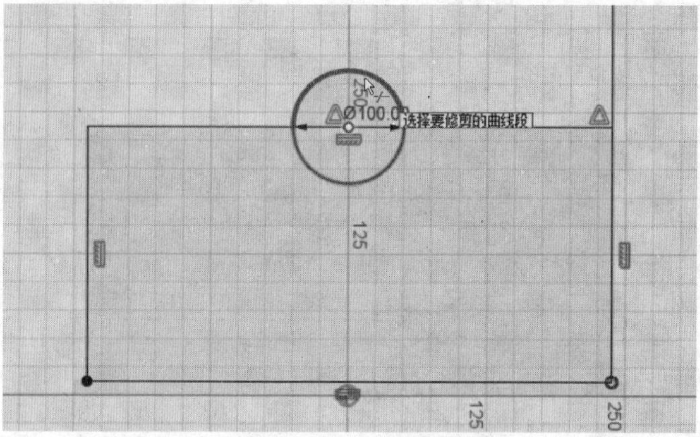

图 4-95 编辑草图 5

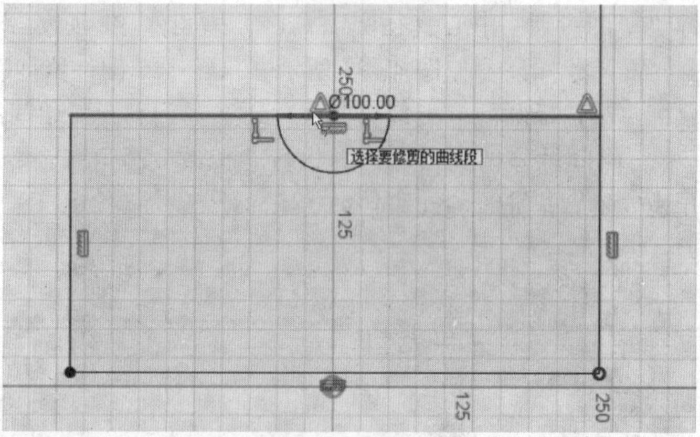

图 4-96 编辑草图 6

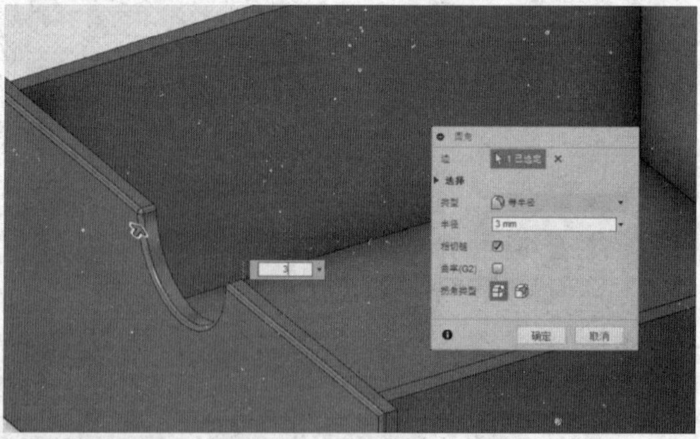

图 4-97 编辑草图 7

步骤 12：将鼠标右键移动至“bottomdrawer”，单击鼠标右键，打开菜单栏，选择“取消隔离”，如图 4-98 所示。将鼠标移动至如图 4-99 的位置，单击鼠标右键，选择“激活”，或者点击“（未保存）”后的空心圆（○）激活，单击鼠标右键“bottomdrawer”，在菜单栏选择“复制”，在画布任意位置单击鼠标右键，打开标记菜单，选择“粘贴”选项，如图 4-100 和图 4-101 所示。移动复制后的抽屉，在“Y 距离”中输入“450/2”，按“Enter”或者单击鼠标左键“确定”。如图 4-102 所示。

图 4-98　复制抽屉 1

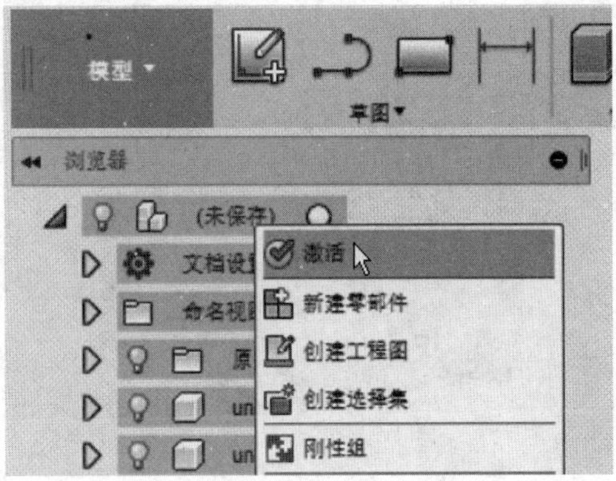

图 4-99　复制抽屉 2

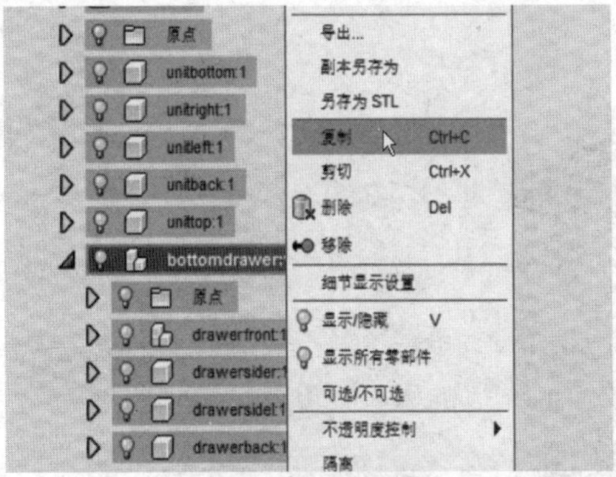

图 4-100　复制抽屉 3

图 4-101　复制抽屉 4

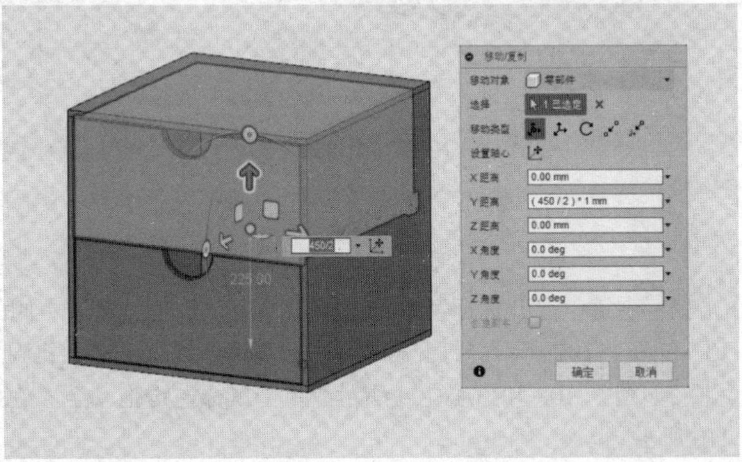

图 4-102　复制抽屉 5

步骤 13：柜子的三维实体如图 4-103 所示。如图 4-104 所示，选中柜子的 8 条边，执行“修改—圆角”命令，输入“5mm”，如图 4-105 所示。

图 4-103 圆角命令 1

图 4-104 圆角命令 2

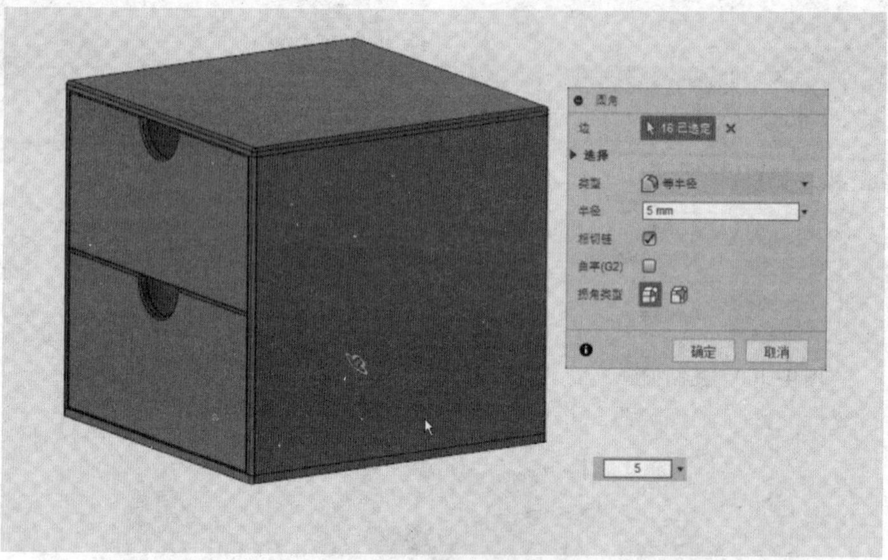

图 4-105 圆角命令 3

4.1.4 添加外观

步骤 1：单击鼠标右键，打开标记菜单，选择“外观”选项，打开右侧的“外观”对话框，如图 4-106 和图 4-107 所示。打开材质库中“涂料—有光泽”，找到“涂料—瓷釉有光泽（白色）”，如图 4-108 和图 4-109 所示。单击鼠标左键拖动至“在此设计中”下的框，如图 4-110 所示。

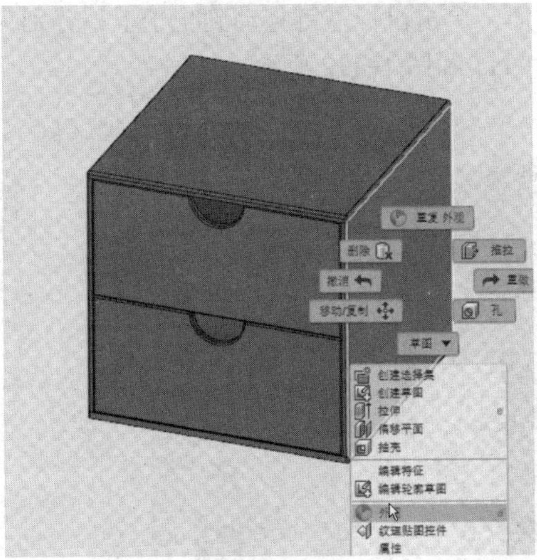

图 4-106　添加外观 1

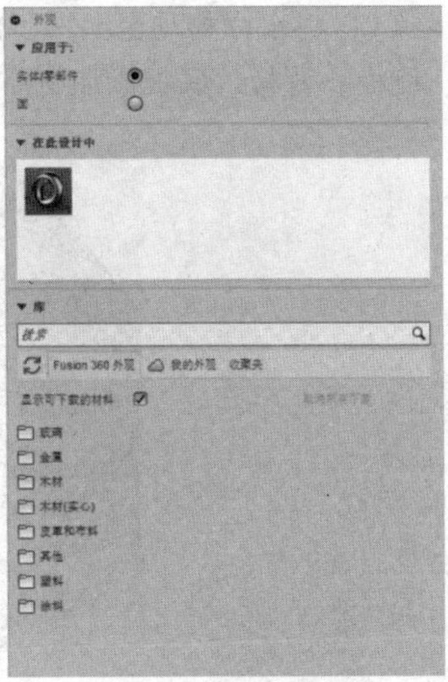

图 4-107　添加外观 2

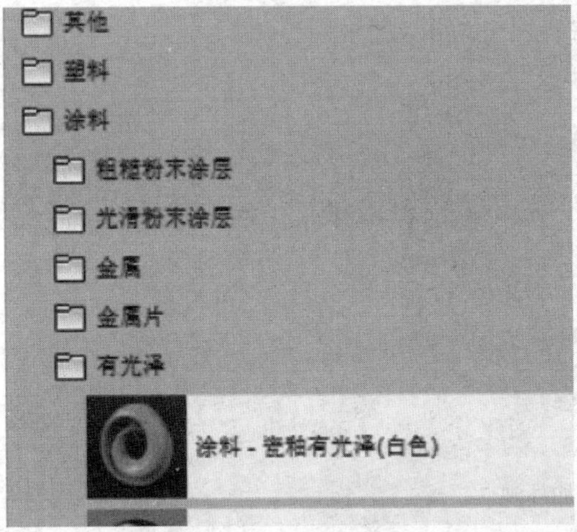

图 4-108　添加外观 3

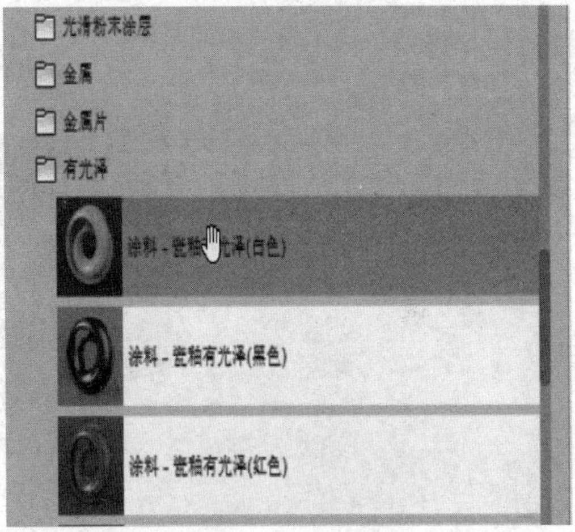

图 4-109　添加外观 4

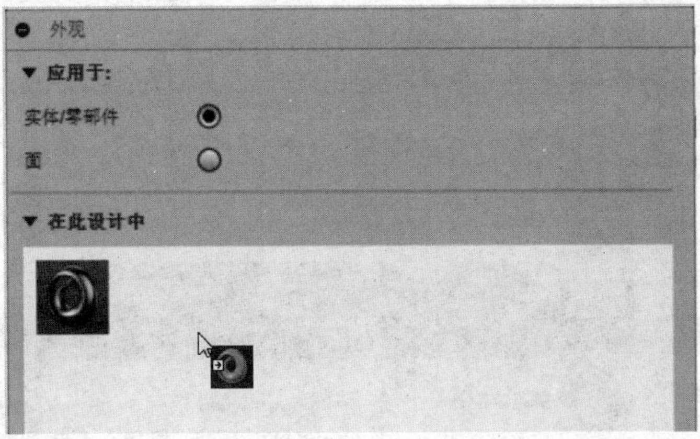

图 4-110　添加外观 5

步骤 2：将鼠标移动至上一步添加的材质，单击鼠标左键拖动到柜子上，分别为柜子顶板、侧板、背板、底板添加材质，如图 4-111 和图 4-112 所示。

图 4-111　添加外观 6

图 4-112　添加外观 7

步骤 3：重复步骤 1、步骤 2，为抽屉添加材质，如图 4-113 至图 4-115 所示。

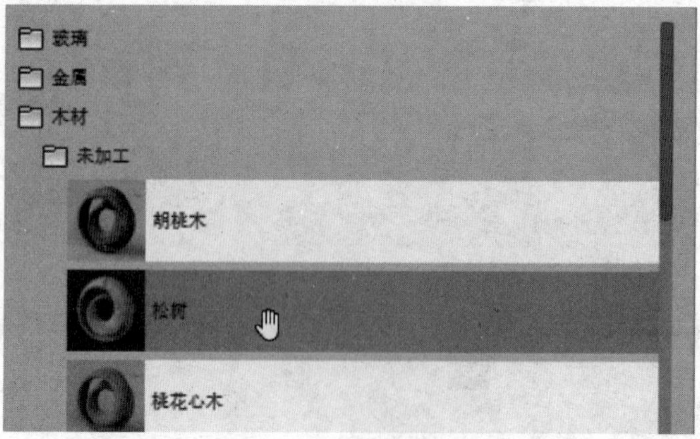

图 4-113　添加外观 8

图 4-114　添加外观 9

图 4-115　添加外观 10

4.1.5　插入滚轮

步骤 1：执行“插入—插入 McMaster-Carr 零部件”命令，在搜索框输入“Casters”，如图 4-116 和图 4-117 所示。在搜索结果选择“Caster”，再选择“Plate Caster”，如图 4-118 和图 4-119 所示。找到“Low-Profile Caster With Rubber Wheels”，如图 4-120 所示。

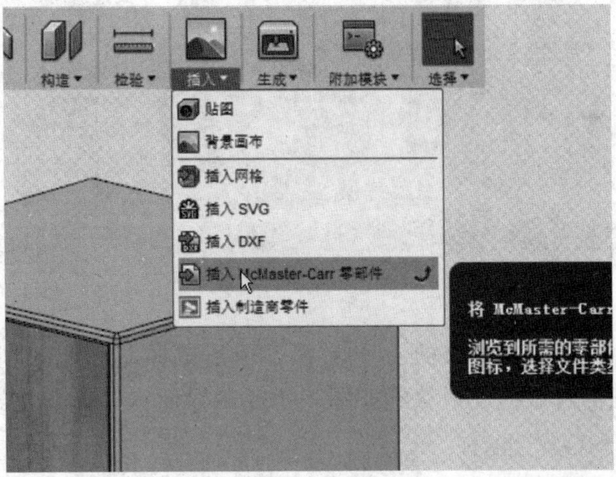

图 4-116　插入滚轮 1

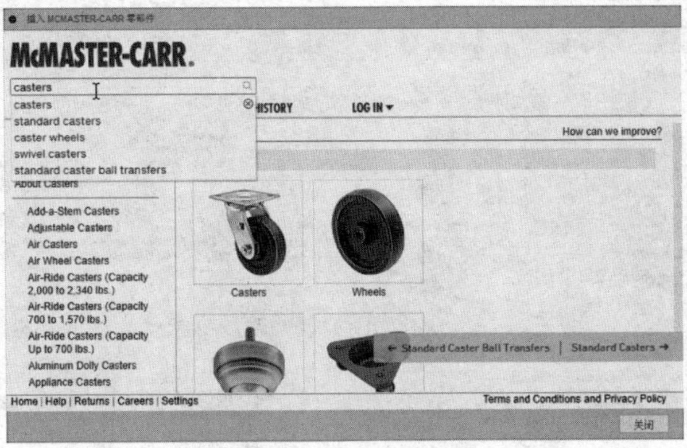

图 4-117　插入滚轮 2

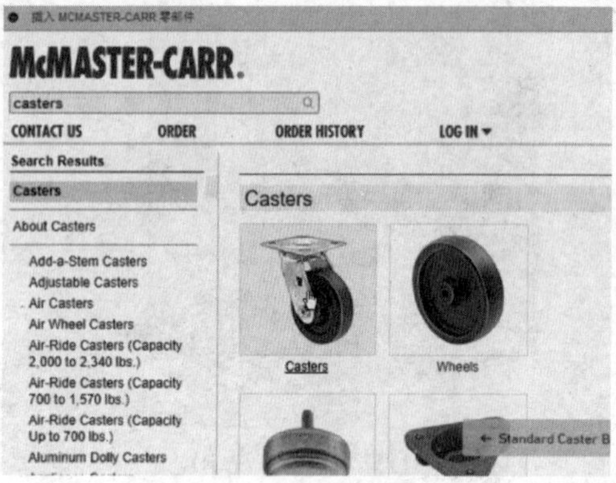

图 4-118 插入滚轮 3

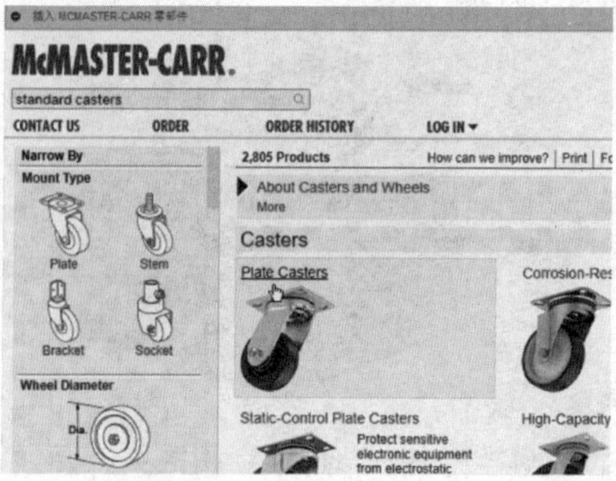

图 4-119 插入滚轮 4

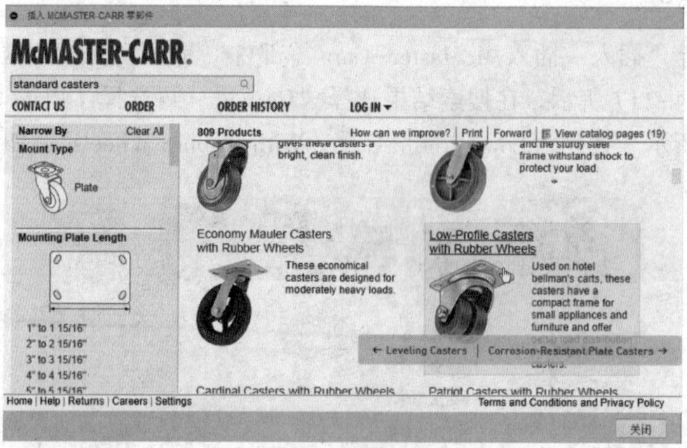

图 4-120 插入滚轮 5

步骤 2：打开后找到图 4-121 所示的界面，单击鼠标左键如图 4-122 所示的绿色图标，即打开产品详细信息。拖动滑块到如图 4-123 的界面，选择文件类型，更改为“3-D STEP”，单击左键“SAVE”保存。

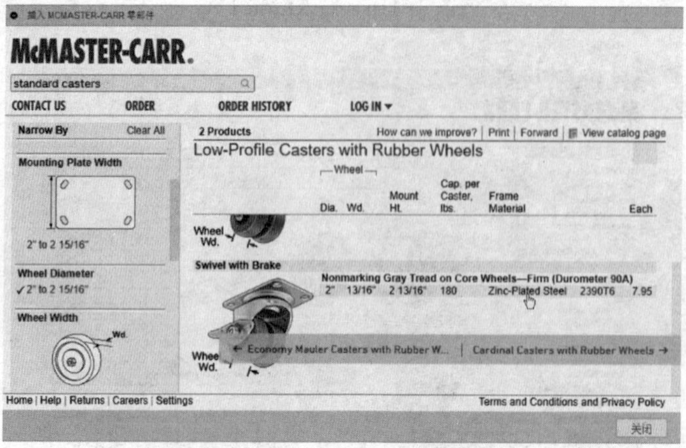

图 4-121 插入滚轮 6

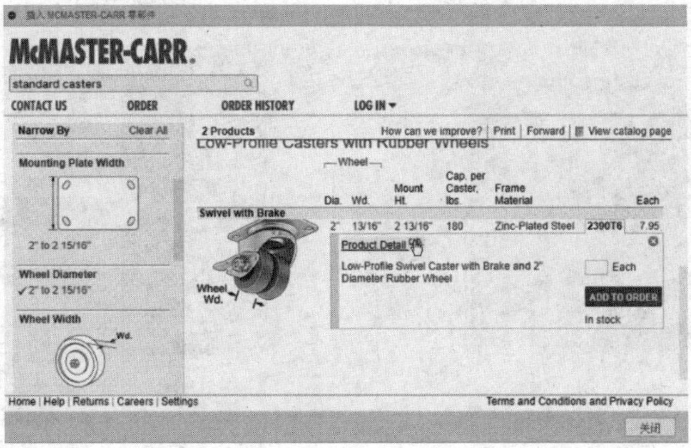

图 4-122 插入滚轮 7

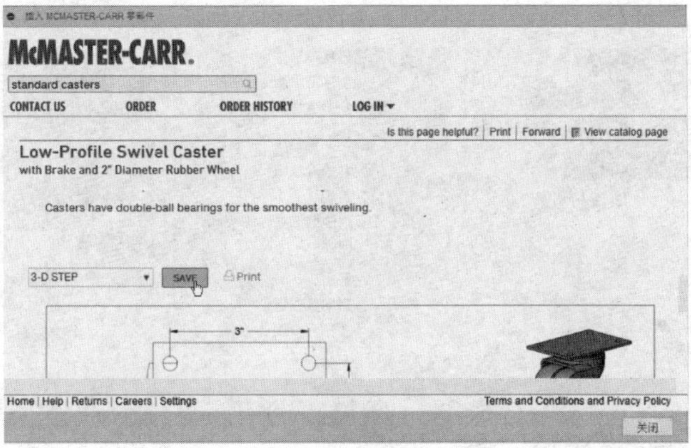

图 4-123 插入滚轮 8

步骤 3：可以看到橡胶轮已经插入在画布中，如图 4-124 所示。将橡胶轮移动到柜子外，如图 4-125 所示。分别切换前视图、侧视图，将橡胶轮移动至如图 4-126 所示的位置。将鼠标移动至如图 4-127 所示的位置，单击鼠标右键，打开菜单栏，选择“复制”，在画布任意位置单击鼠标右键，选择“粘贴”选项，如图 4-128 所示。在弹出的对话框中选择“捕获位置”，如图 4-129 所示。移动复制后的橡胶轮如图 4-130 所示。

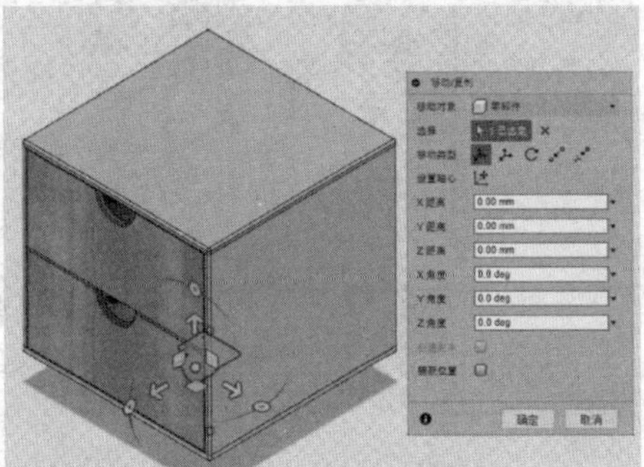

图 4-124 移动滚轮 1

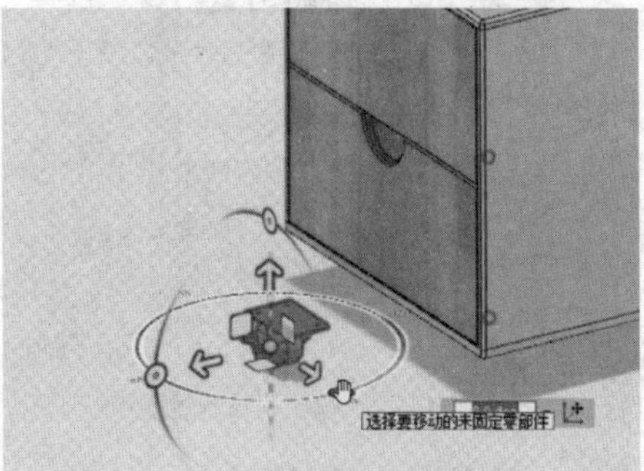

图 4-125 移动滚轮 2

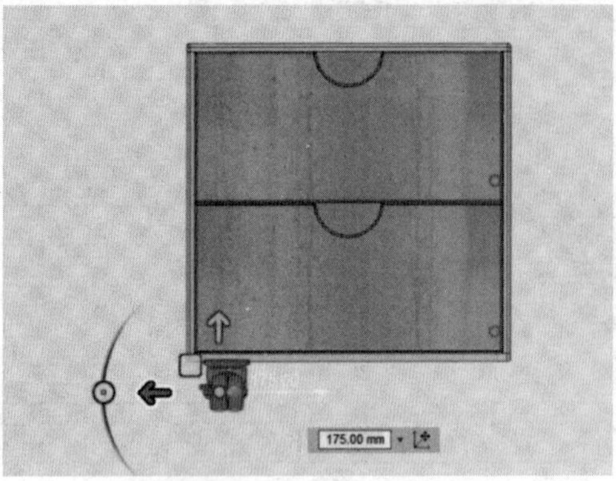

图 4-126　移动滚轮 3

图 4-127　复制滚轮 1

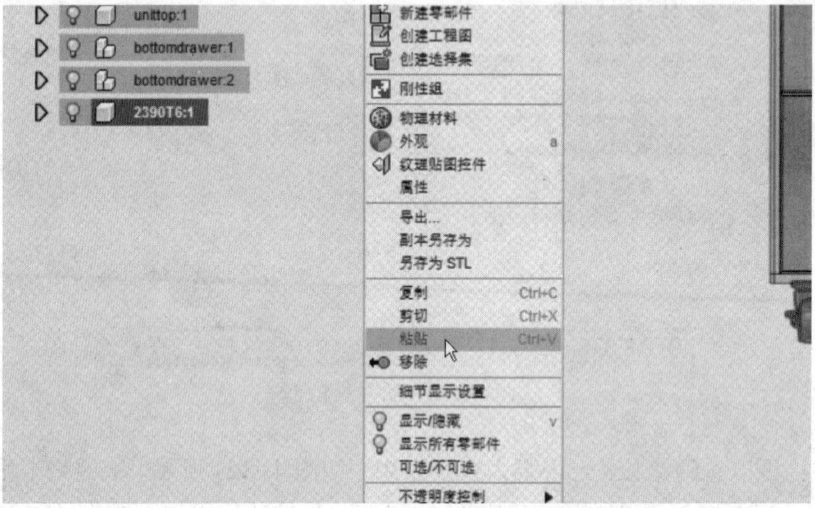

图 4-128　复制滚轮 2

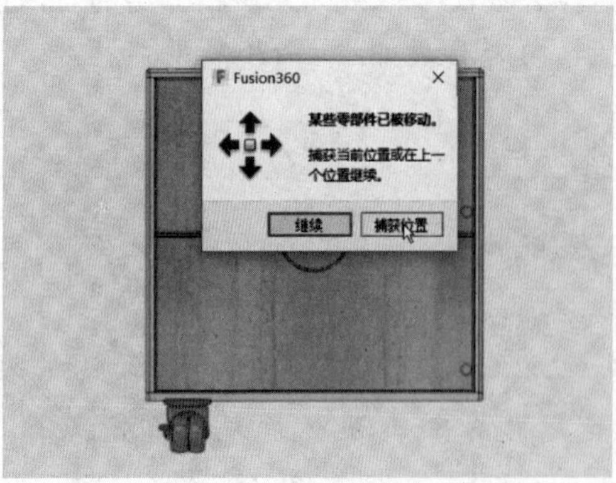

图 4-129　复制滚轮 3

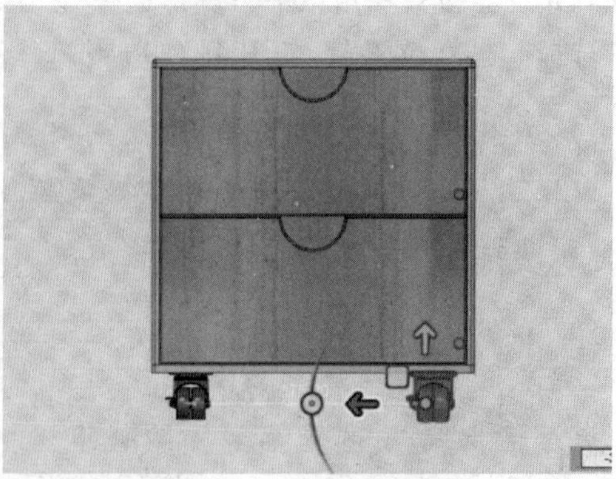

图 4-130　复制滚轮 4

步骤 4：重复步骤 3，再复制两个橡胶轮，并放置到适宜的位置，如图 4-131 所示。最终柜子的模型如图 4-132 所示。

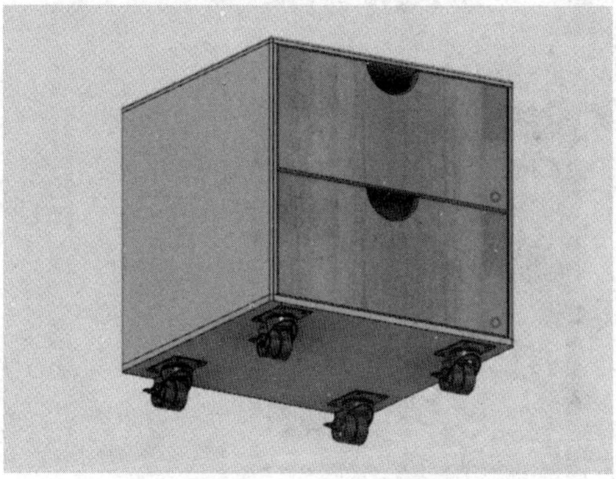

图 4-131　复制滚轮 5

图 4-132　完成图

4.2　实木家具

实木家具不同于板式家具，拥有曲线造型的特点，以圆润的线条构建为主，这里将会学习到怎样在“造型”工作空间创建较难在“模型”工作空间创建的家具部件。T 样条建模的一个特点就是由简入繁，从基本的形体开始，不断调整形状，最后得到我们需要的形状。

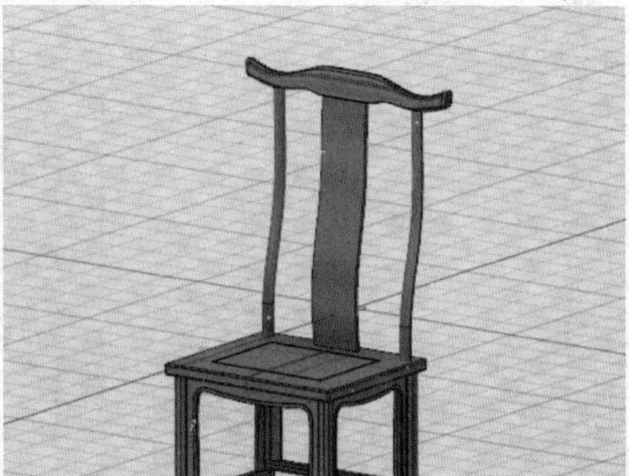

4.2.1　新建设计

步骤 1：新建设计，执行“插入—背景画布”命令，如图 4-133 所示。“面”选择 *XY* 平面，单击鼠标左键“选择图像”，打开文件夹，选择“正视图”，根据自己的习惯设置

“画布不透明度”，单击鼠标左键“确定”，如图 4-134 和图 4-135 所示，移动画布至如图 4-136 所示的位置，即使中心线与 Y 轴重合。

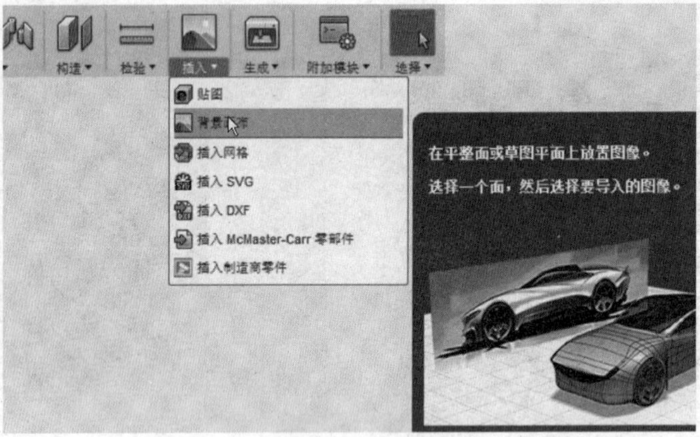

图 4-133　插入背景画布 1

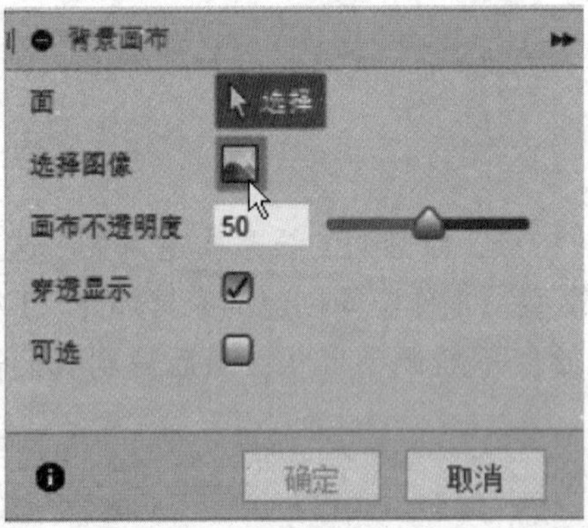

图 4-134　插入背景画布 2

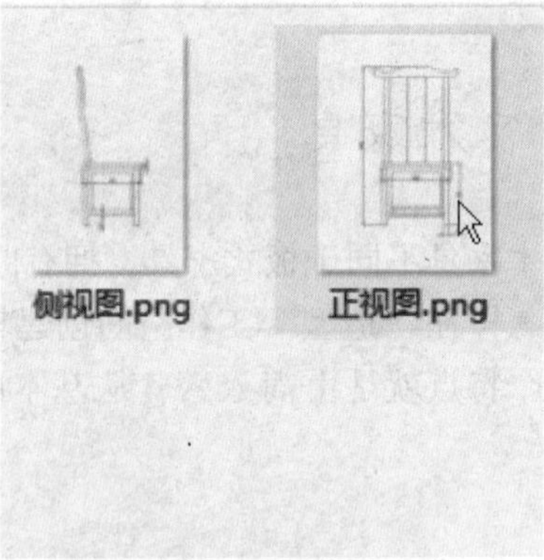

图 4-135　插入背景画布 3

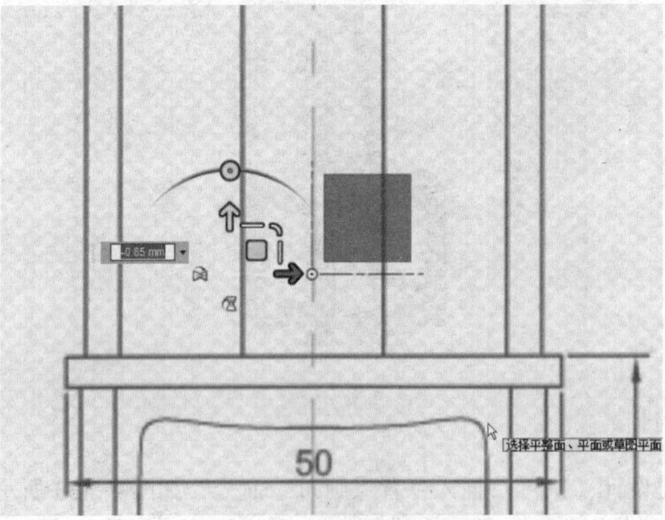

图 4-136　插入背景画布 4

步骤 2：重复步骤 1，插入侧视图，单击“水平翻转”使侧视图沿着 *Y* 轴旋转 180°，如图 4-137 和图 4-138 所示。移动画布位置至如图 4-139 所示位置，使侧视图中搭脑最右端与正视图重合，得到如图 4-140 所示的画布。

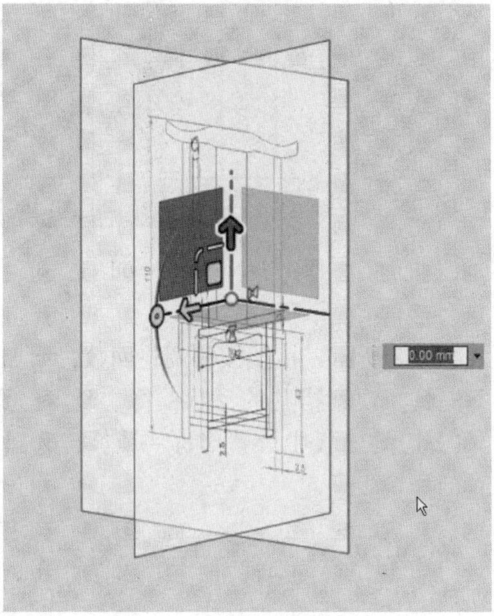

图 4-137　插入背景画布 5

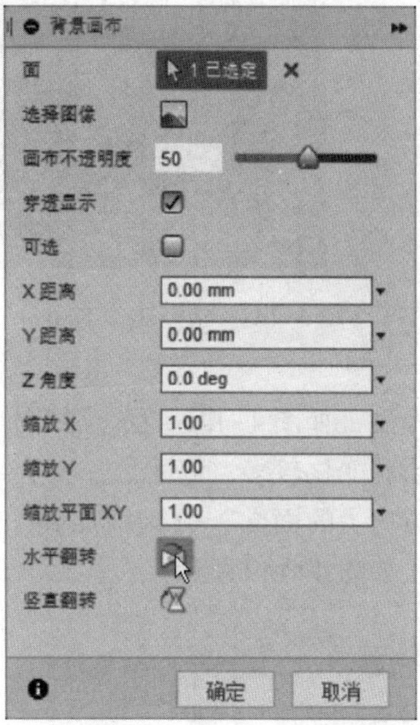

图 4-138　插入背景画布 6

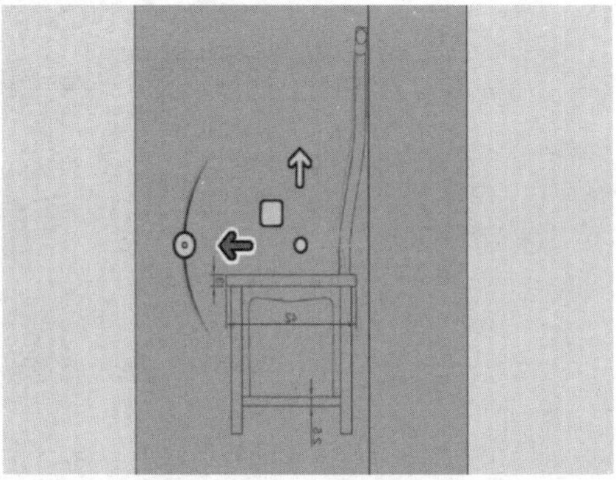

图 4-139　插入背景画布 7

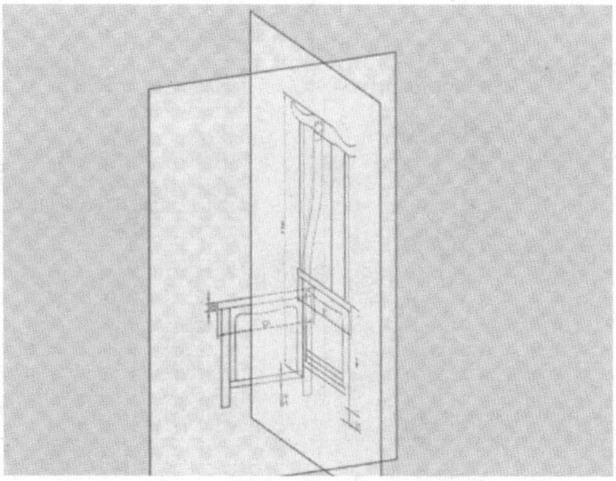

图 4-140　插入背景画布 8

4.2.2　创建搭脑

步骤 1：进入“造型”工作空间，执行“创建—长方体”命令，选择 *XY* 平面，如图 4-141 和图 4-142 所示。

步骤 2：指定中心点位置为搭脑中心点，指定矩形的大小贴合搭脑的大小，如图 4-143 和图 4-144 所示。得到如图 4-145 所示的长方体。切换侧视图，使长方体厚度也符合

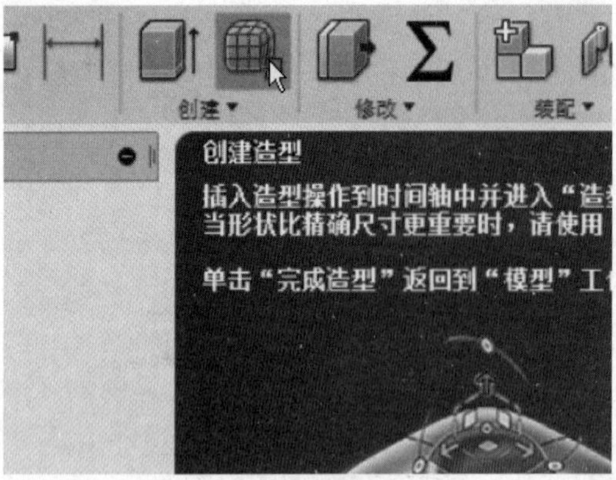

图 4-141 造型工作空间

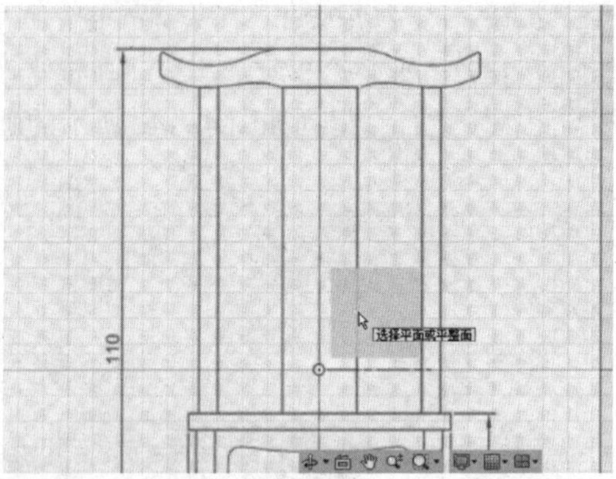

图 4-142 创建长方体 1

搭脑厚度，如图 4-146 所示。如图 4-147 和图 4-148 所示，拖拽按钮调整面数，增加面数可使形状变化较多，但面数过多会导致部件不流畅。观察搭脑的形状，将“长度、宽度、高度方向上的面数”分别增加到 10、3、3。在右边的面板中设置对称—镜像，选择长度对称，如图 4-149 所示。

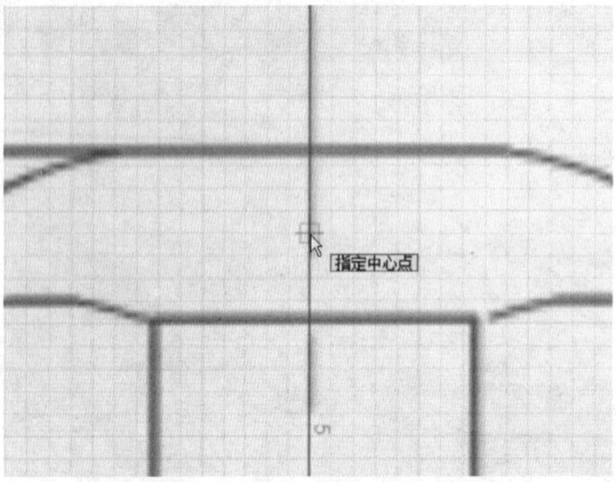

图 4-143 创建长方体 2

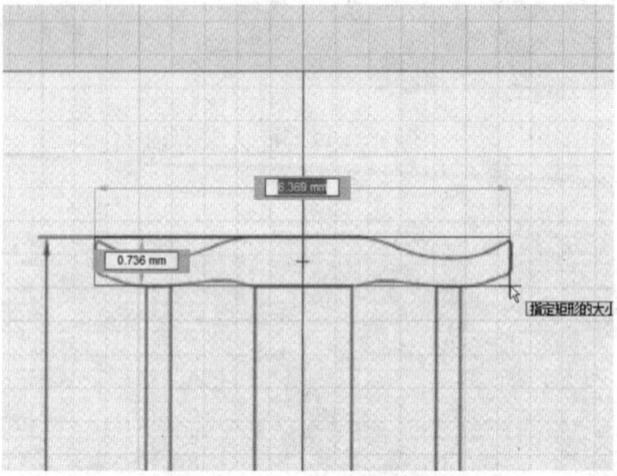

图 4-144 创建长方体 3

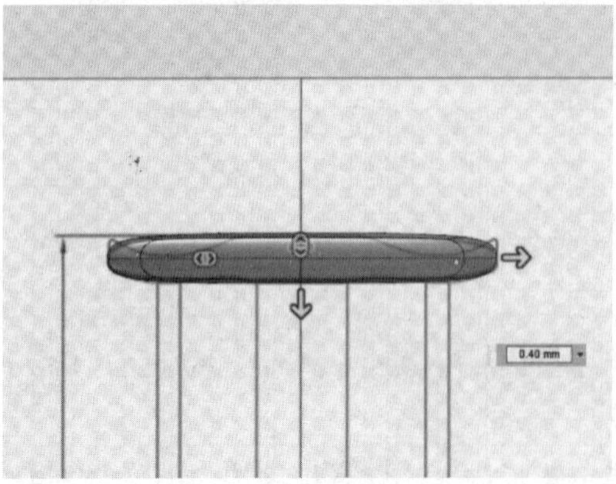

图 4-145 创建长方体 4

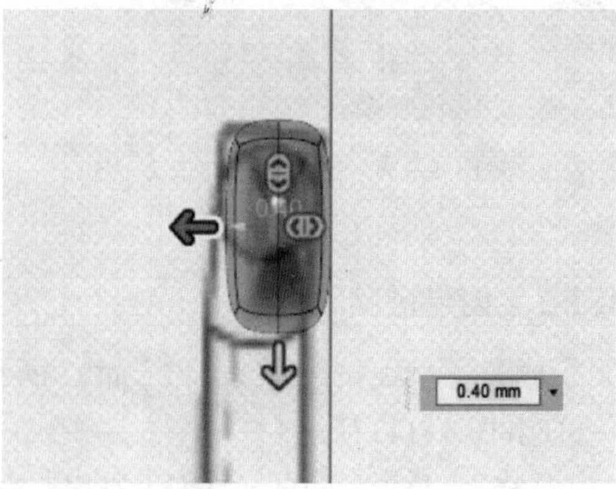

图 4-146 创建长方体 5

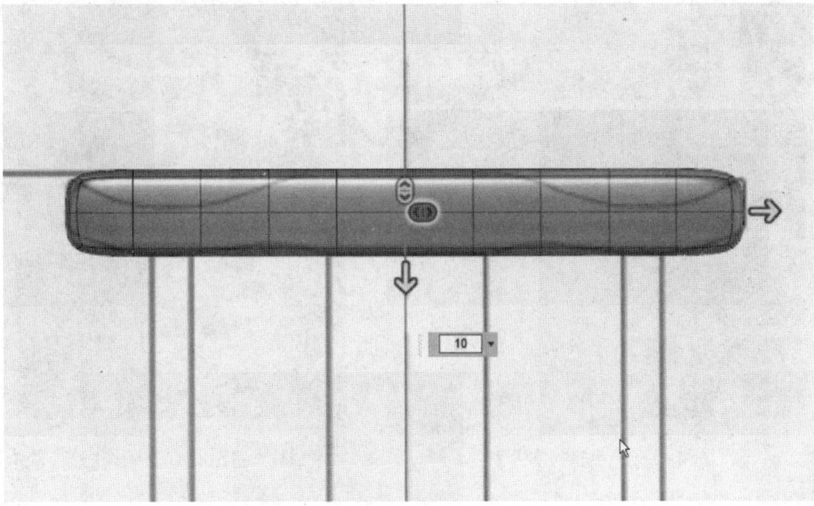

图 4-147 创建长方体 6

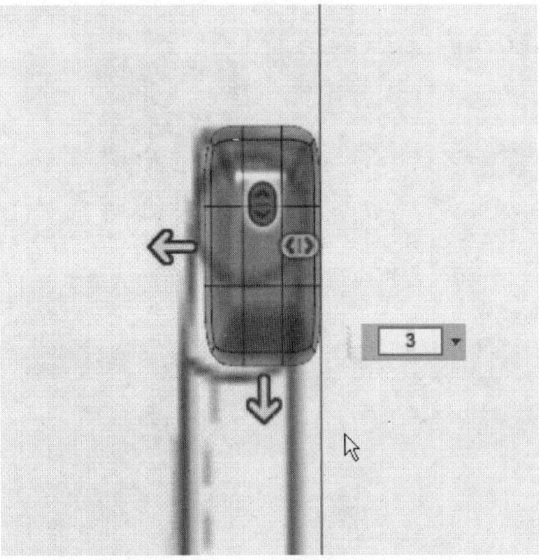

图 4-148 创建长方体 7

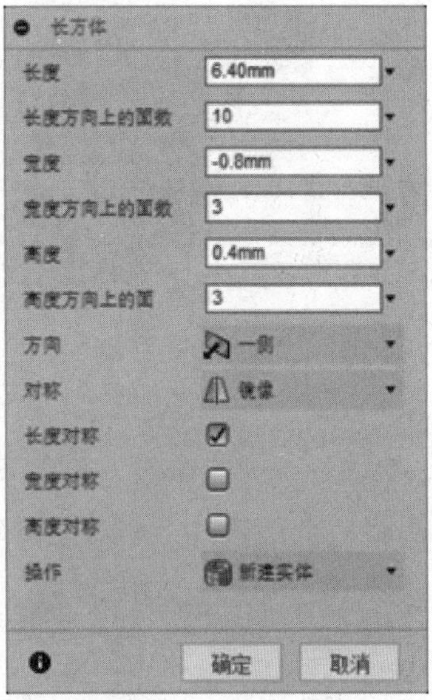

图 4-149 创建长方体 8

步骤 3：执行“修改—编辑形状”命令来调整形状，如图 4-150 所示，在面板中选择“全部”过滤器，修改过程根据需要切换过滤器。单击鼠标左键拖动选框，选中如图 4-152 所示的面，向下移动。通过移动点、边或面调整成搭脑的形状，如图 4-153 和图 4-154 所示。得到如图 4-156 所示的搭脑。

对 T 样条建模来说，这个命令的使用频度很高，所以 Fusion 360 把它放在了容易访问的右键菜单中。另外，启动命令后，会在右下角显示该命令的提示与技巧，这些都是很贴心的 UI 设计。

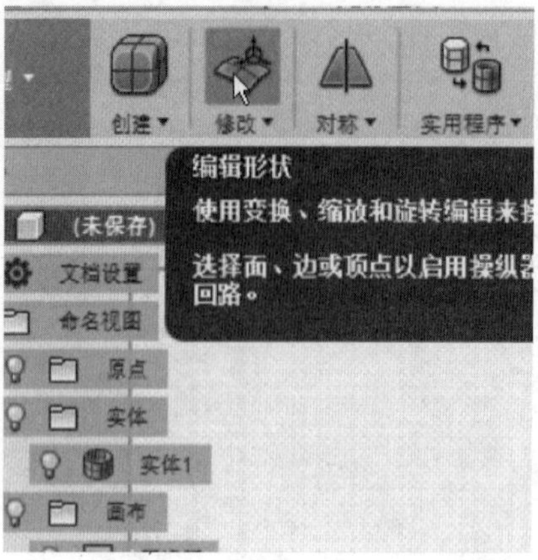

图 4-150 编辑形状 1

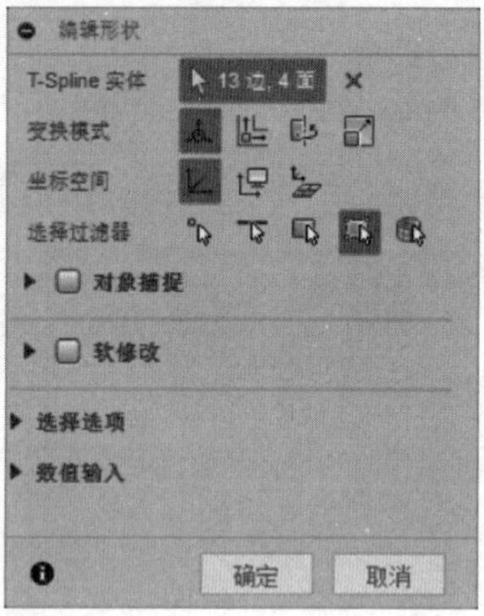

图 4-151 编辑形状 2

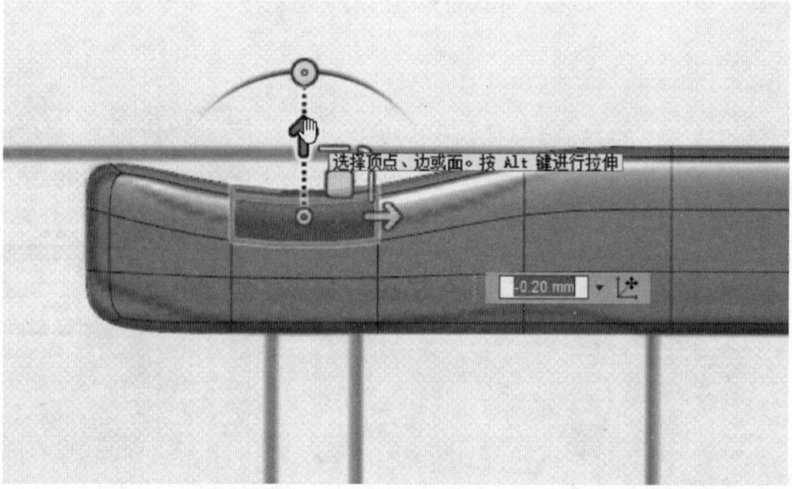

图 4-152 编辑形状 3

图 4-153 编辑形状 4

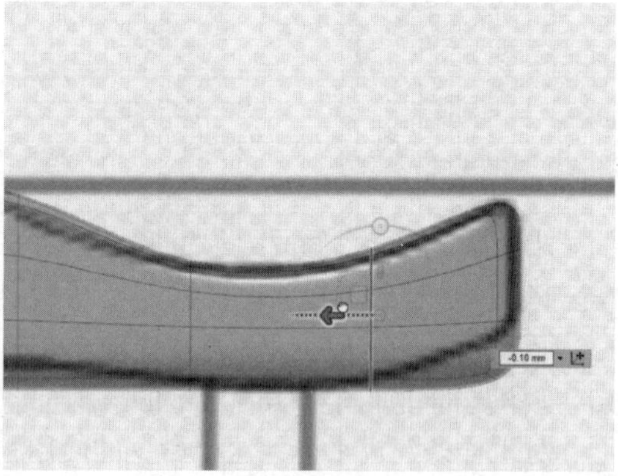

图 4-154 编辑形状 5

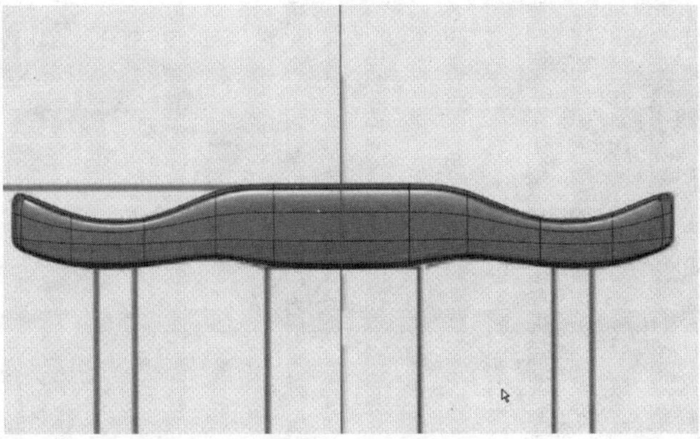

图 4-155 编辑形状 6

步骤 4：选择侧视图中间的一个面，按住 Alt 拖拽缩放这个面，如图 4-156 所示。由于搭脑两侧比较圆润，通过对点的拖拽和边、面的拖拽缩放，将搭脑侧面调整得近似一个椭圆，如图 4-157 所示。要使搭脑两端也较为圆滑需调整如图 4-158 所示的边或点，将另外三边也做同样改动，如图 4-159 所示。注意，由于在模型创建阶段，我们设置了长度方向的对称镜像，因此，拖拽缩放的效果会在模型另一侧同时生成对称形态。

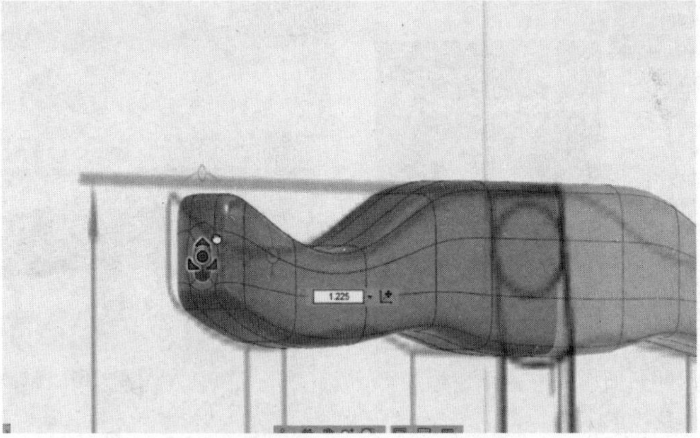

图 4-156 编辑形状 7

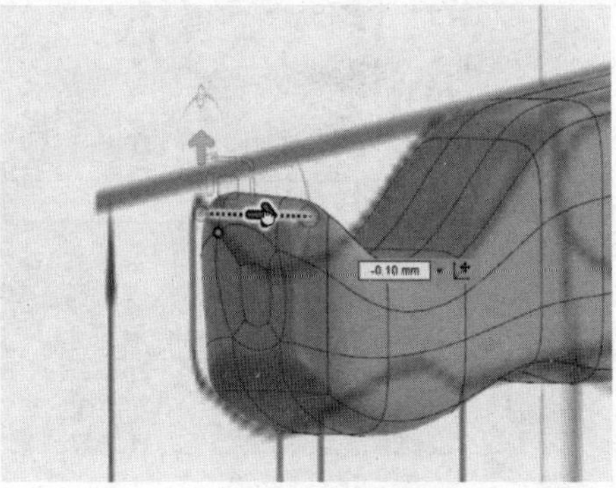

图 4-157 编辑形状 8

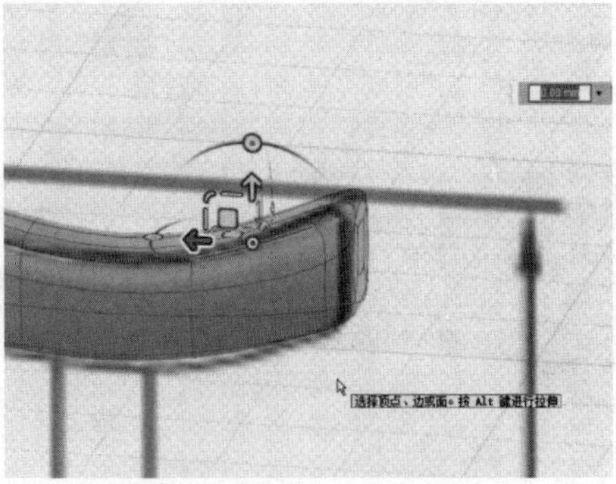

图 4-158 编辑形状 9

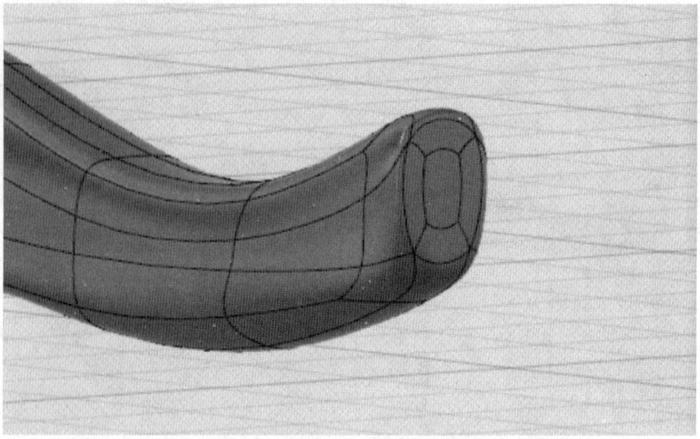

图 4-159 编辑形状 10

步骤 5：执行“修改—插入边”命令，如图 4-160 所示，双击鼠标左键图 4-161 中的边，选中边回路，拖动按钮，如图 4-162 所示，插入一条新的边，为下一步骤搭脑中间内凹做准备，右边选项板参数如图 4-163 所示。整体调整为如图 4-164 所示。

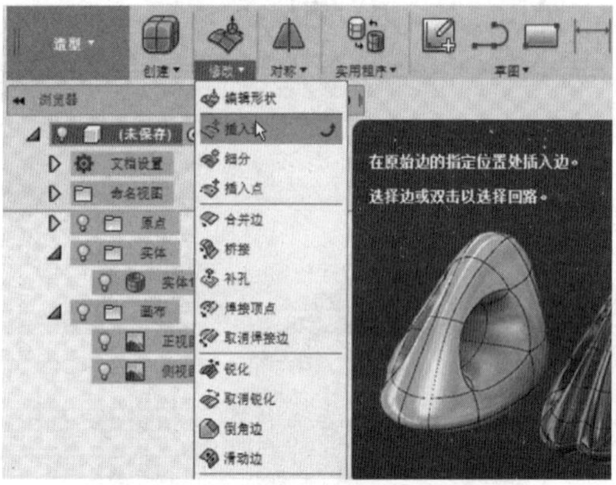

图 4-160 插入边 1

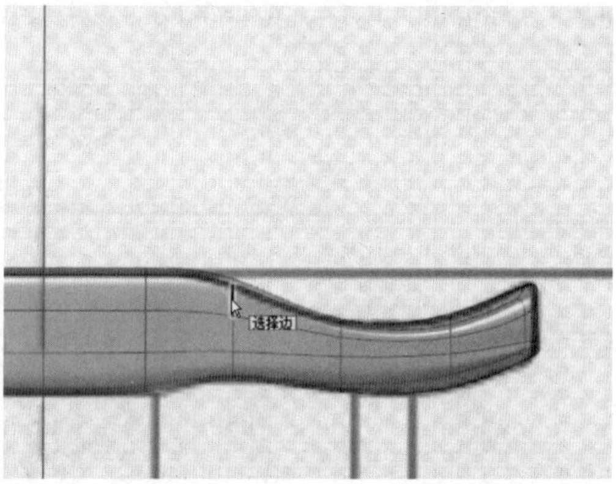

图 4-161 插入边 2

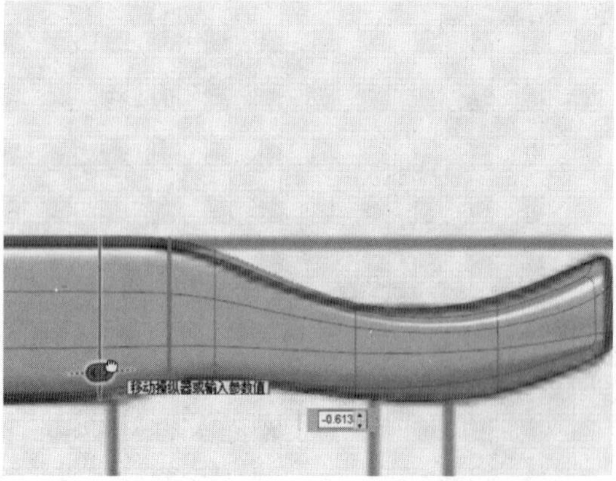

图 4-162 插入边 3

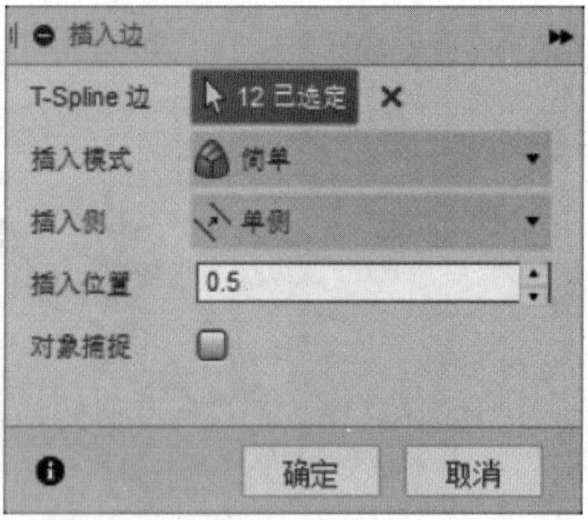

图 4-163 插入边 4

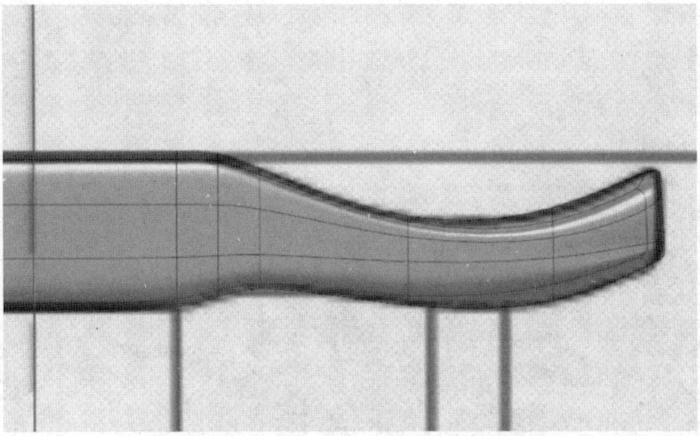

图 4-164 插入边 5

步骤 6：选中如图 4-165 所示的两个面，执行“修改—编辑形状”命令，向后移动，如图 4-166 所示。选中图 4-167 中的两条边向后移动，再选中图 4-168 中的两条边向上移动，最后视情况调整点的位置。目的是为了使搭脑内凹自然过渡。

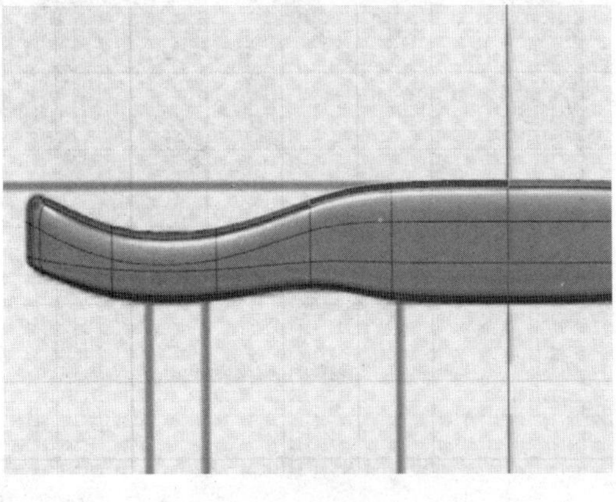

图 4-165 编辑形状 1

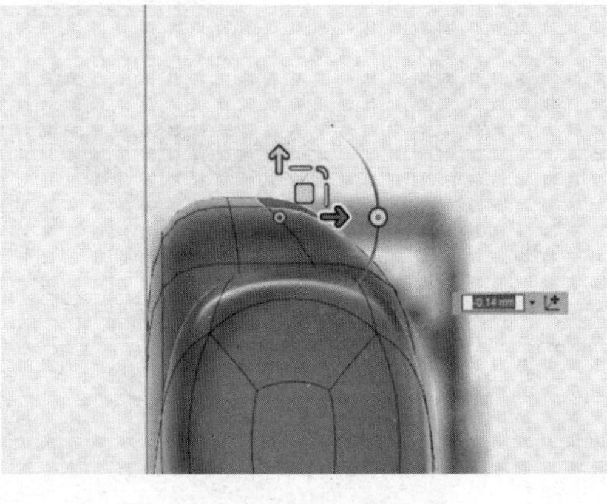

图 4-166 编辑形状 2

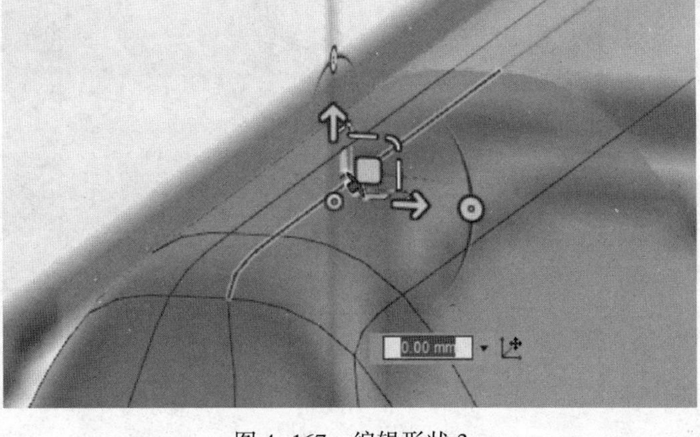

图 4-167 编辑形状 3

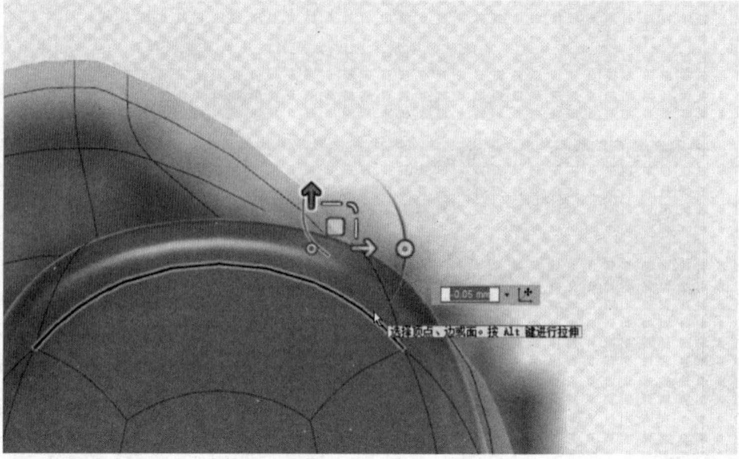

图 4-168　编辑形状 4

步骤 7：双击鼠标左键图 4-169 中的边，和对称的另一边，向上移动，如图 4-170。

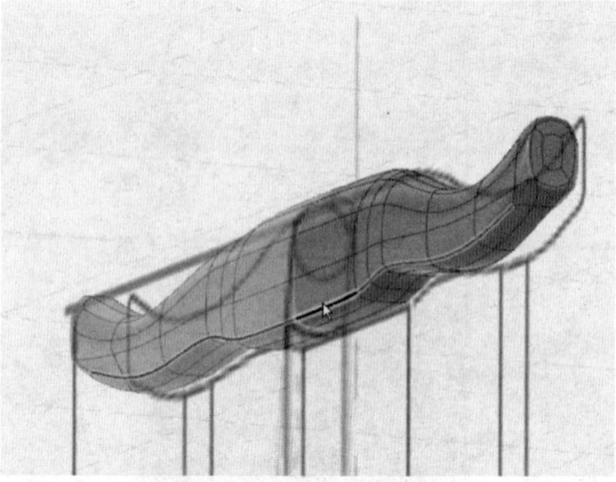

图 4-169　编辑形状 5

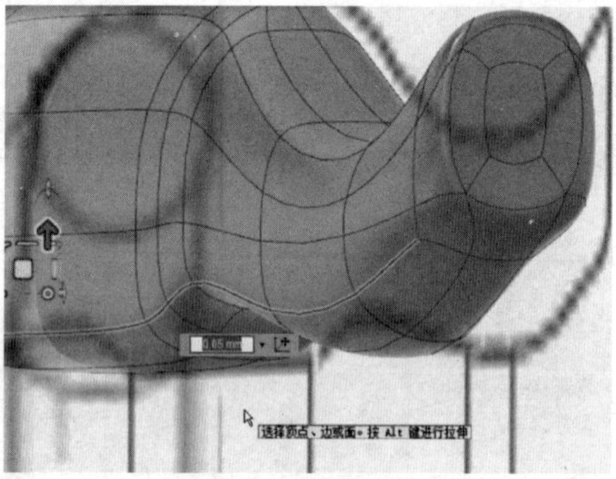

图 4-170　编辑形状 6

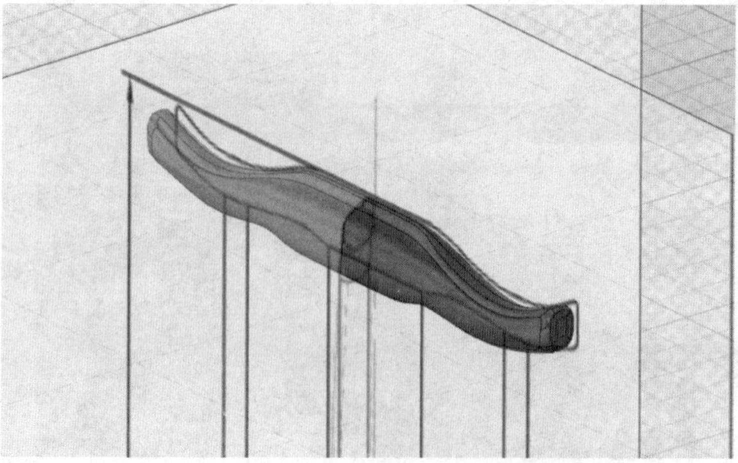

图 4-171　编辑形状 7

步骤 8：单击“造成造型”退出“造型”工作空间。最后搭脑形状如图 4-171 所示。在浏览器中，选中搭脑所在实体，单击鼠标右键，打开菜单栏，选择“移动/复制”，旋转角度“5”，移动至画布中搭脑所在位置，如图 4-172 和图 4-173 所示。

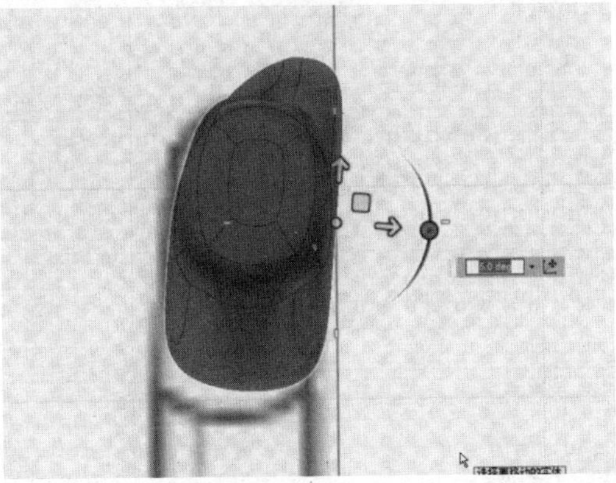

图 4-172　移动 1

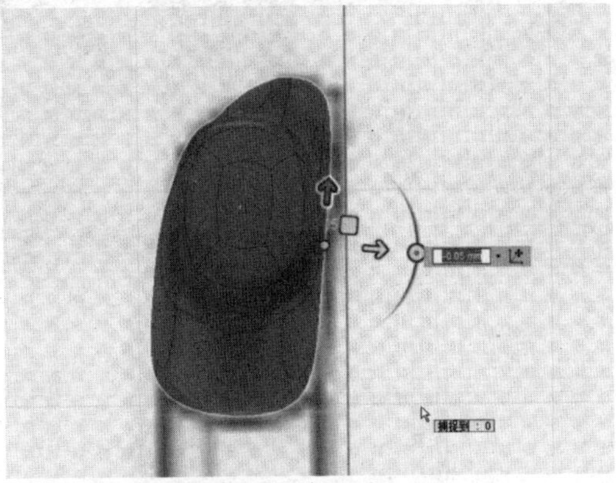

图 4-173　移动 2

步骤 9：如图 4-174 所示，在浏览器中，选择搭脑所在实体，单击鼠标右键，选择“从实体创建零部件”。

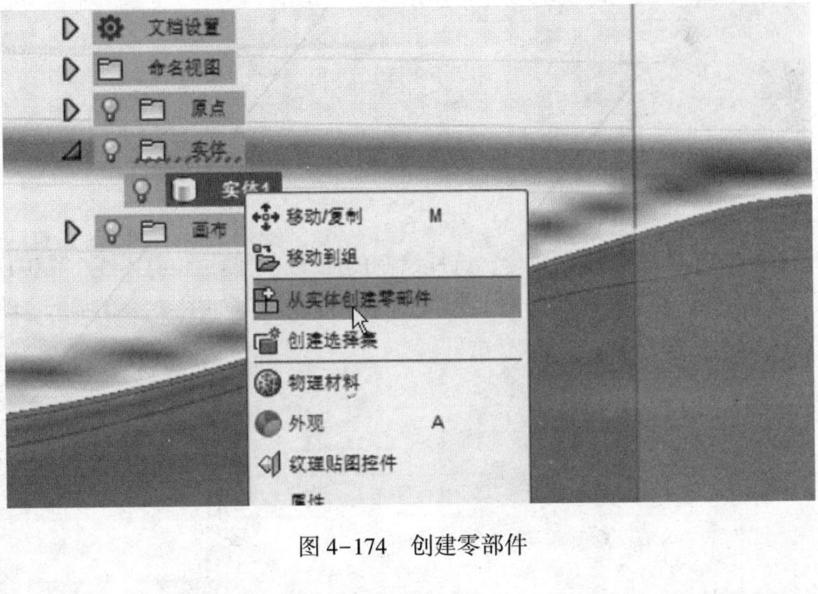

图 4-174　创建零部件

4.2.3　创建背板与后腿上截

步骤 1：新建零部件，创建每一个部件前，都应先执行这一步骤。执行“草图—样条曲线”命令，选择 *YZ* 平面，打开“草图栅格”，如图 4-175 和图 4-176 所示。为了在画样条线时可以清楚地看到画布的线条，可以将“画布不透明度”调大，沿着画布中的线条绘制样条线，如图 4-177 和图 4-178 所示。

图 4-175 创建草图

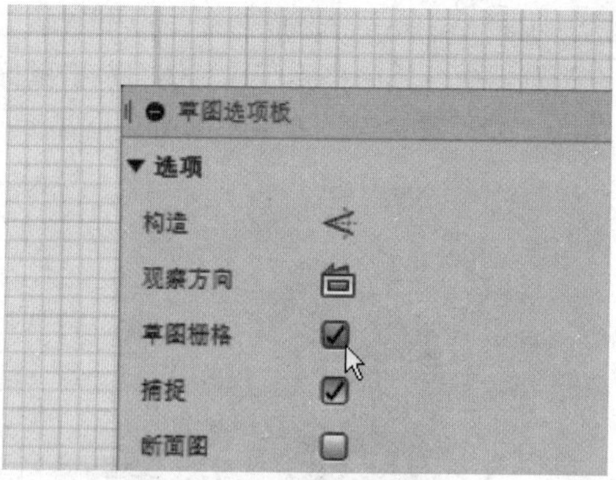

图 4-176 设置选项

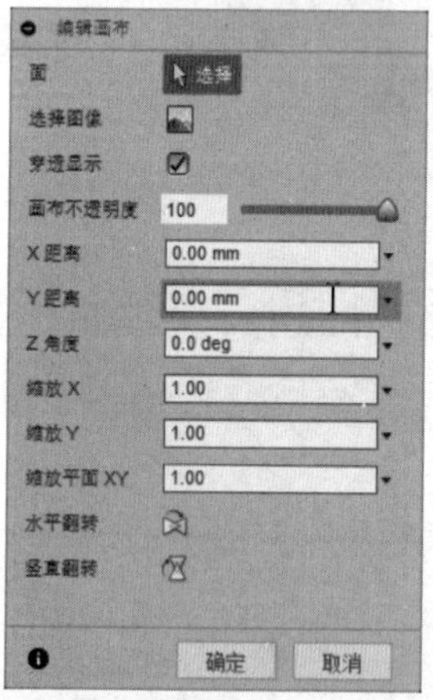

图 4-177 编辑画布

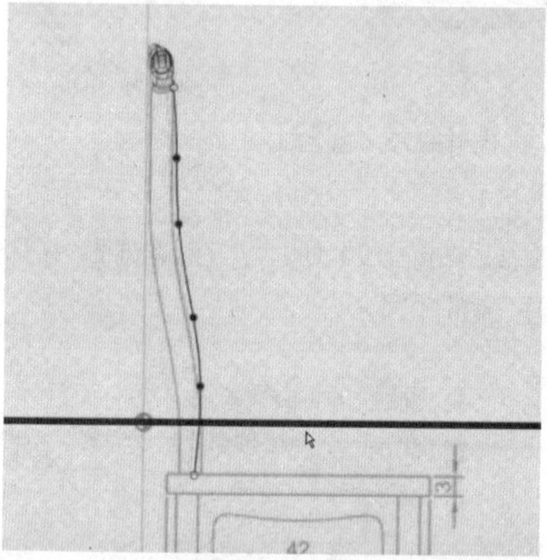

图 4-178 绘制样条线

步骤 2：执行“草图—偏移”命令，选择绘制的曲线，“偏移位置”为“-0.1mm”，如图 4-179 所示。绘制两条直线，将两条曲线连接起来形成轮廓，如图 4-180 所示。终止草图。

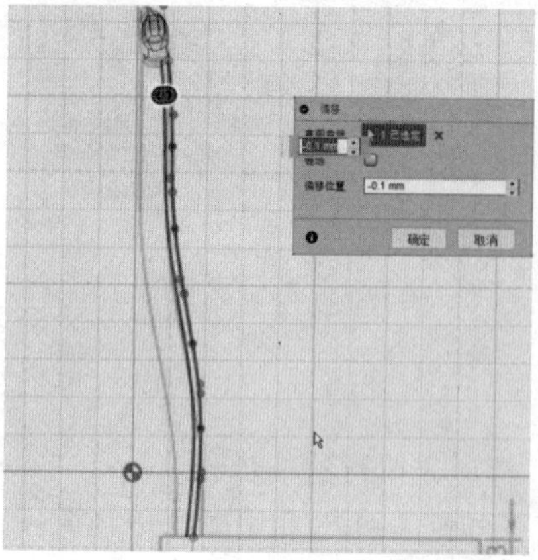

图 4-179 编辑样条线 1

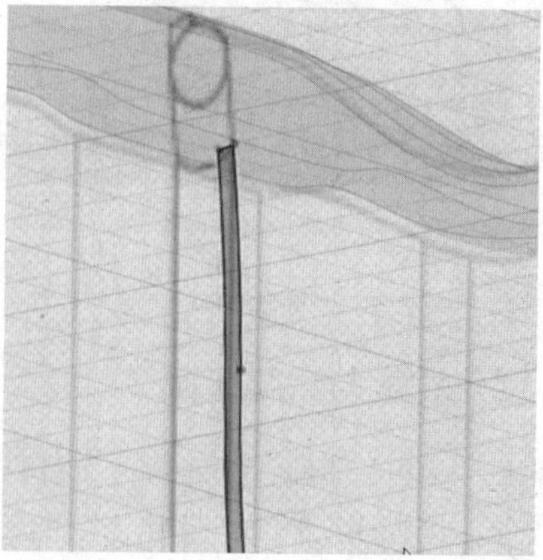

图 4-180 编辑样条线 2

步骤 3：执行“创建—拉伸”命令，选定绘制的轮廓，右侧选项板修改参数如图 4-181 所示，“方向”更改为“对称”。切换前视图，拉伸距离参考画布背板的宽度，如图 4-182 所示，单击鼠标左键“确定”。

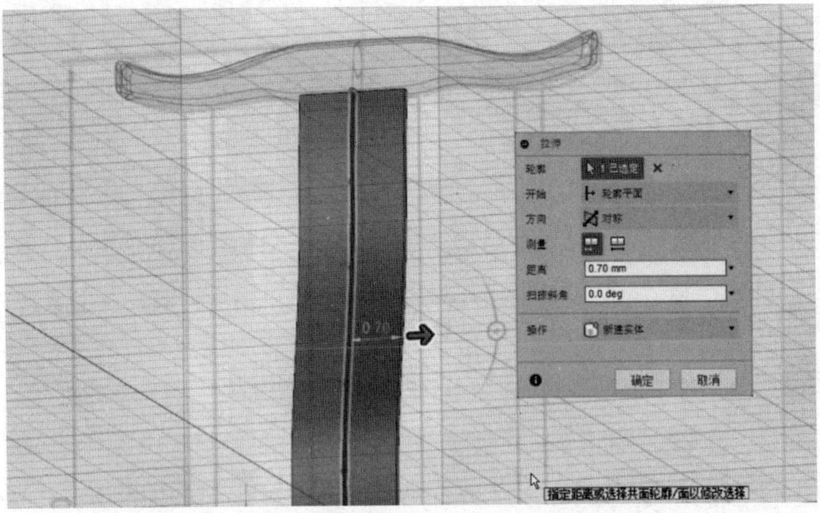

图 4-181　拉伸 1

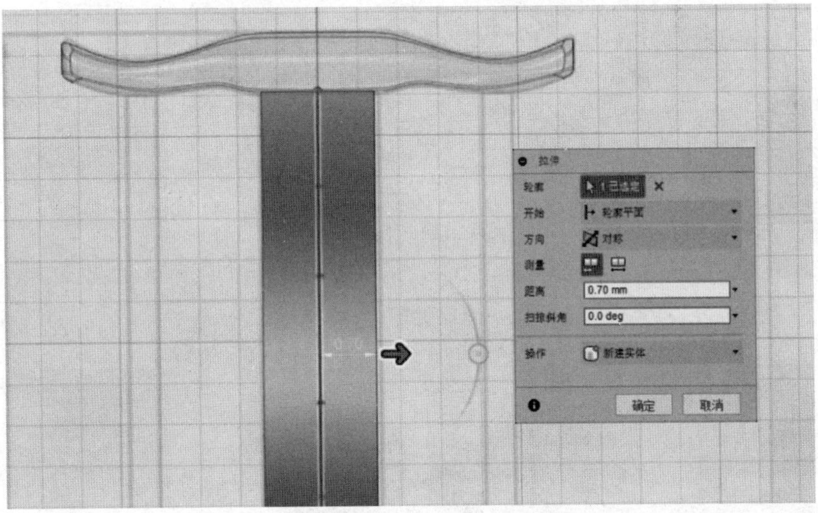

图 4-182　拉伸 2

步骤 4：新建零部件，执行“草图—样条线”绘制如图 4-183 的曲线，执行“草图—圆—两点圆”命令，在 *XZ* 平面上绘制一个圆，参照正视图画布，如图 4-184 和图 4-185 所示。切换侧视图，将圆移动到图 4-186 所示的位置。执行“创建—扫掠”命令，如图 4-187 所示，右边选项板参数如图 4-188 所示，“轮廓”选中圆，“路径”为曲线，如图 4-189 和图 4-190 所示。

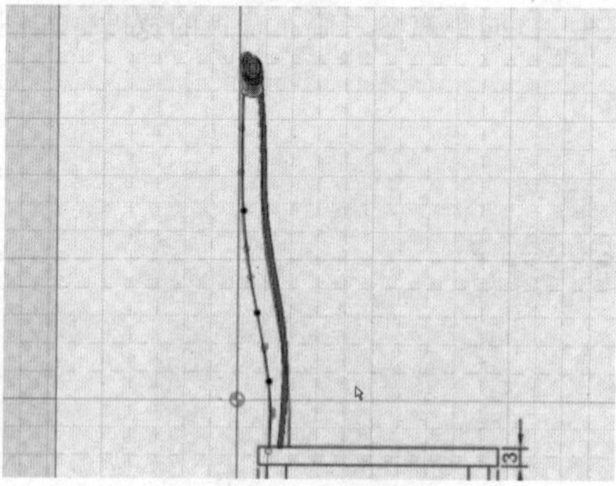

图 4-183　绘制样条线

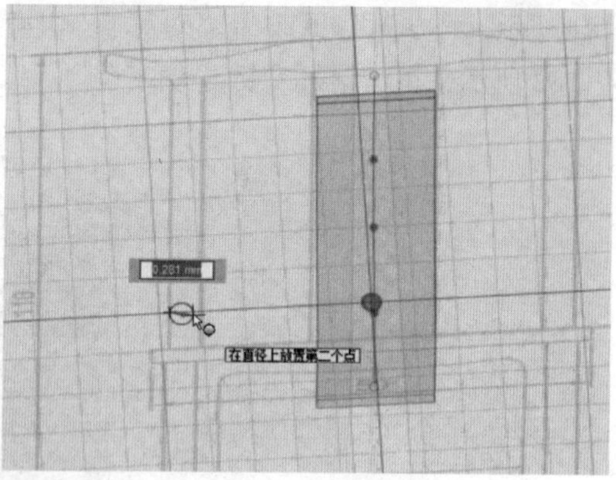

图 4-184　绘制圆 1

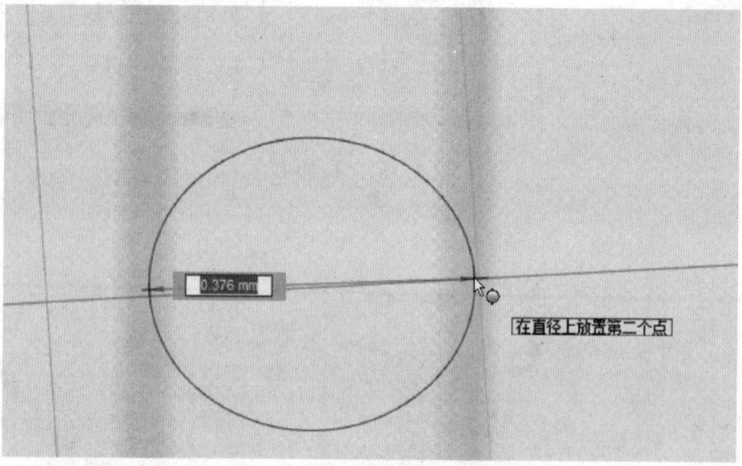

图 4-185　绘制圆 2

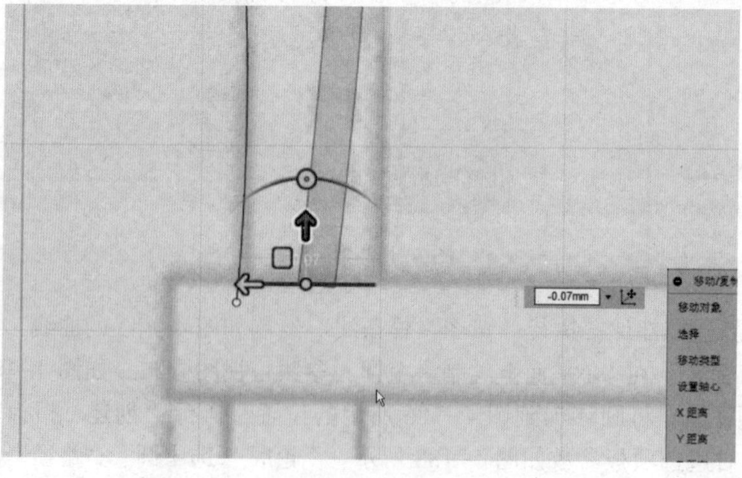

图 4-186　绘制圆 3

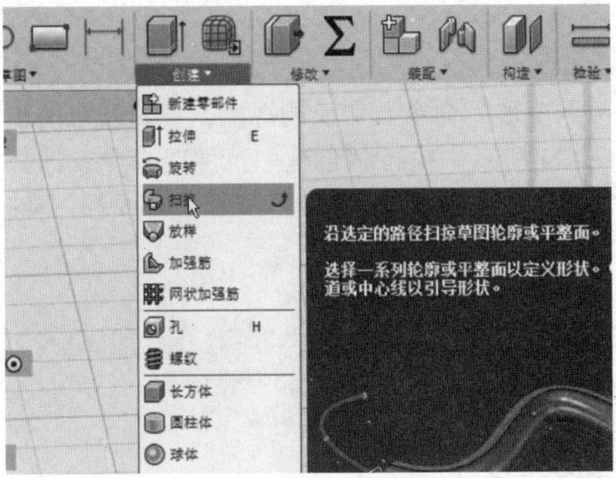

图 4-187 扫掠 1

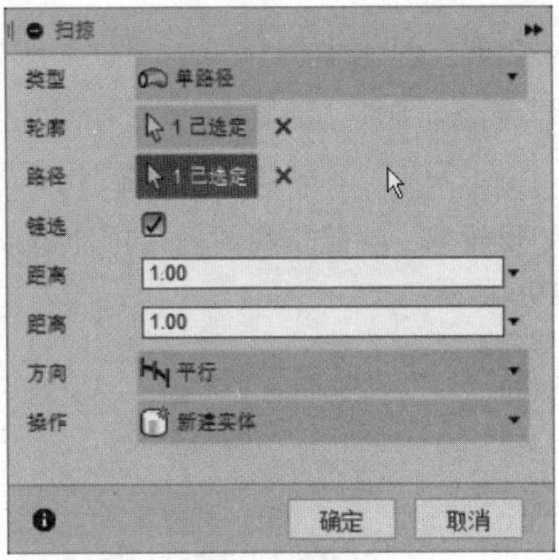

图 4-188 扫掠 2

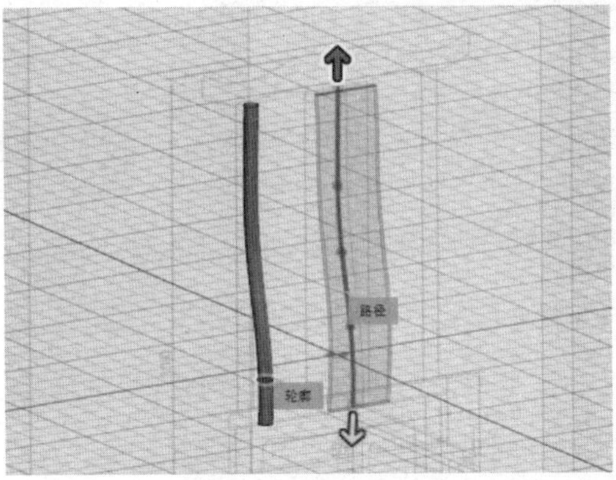

图 4-189 扫掠 3

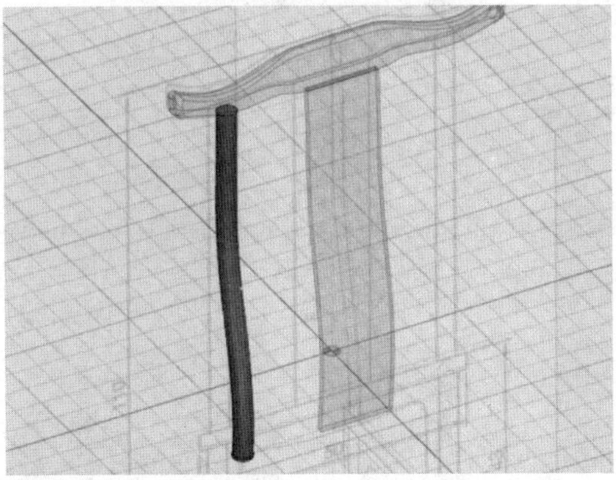

图 4-190 扫掠 4

步骤 5：执行“创建—镜像”命令，如图 4-191 和图 4-192 所示，右侧选项板中，“样式类型”选择“零部件”，“对象”选择扫掠部件，镜像平面选择 *YZ* 平面。

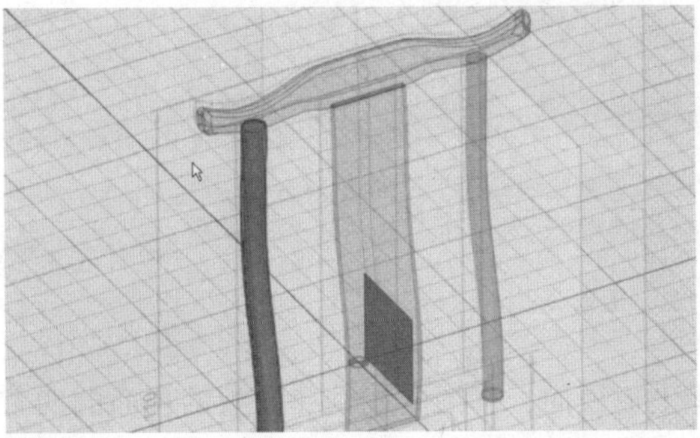

图 4-191 镜像 1

图 4-192 镜像 2

4.2.4 创建坐板

步骤 1：新建零部件，执行“草图—两点矩形”命令，切换侧视图，参照画布的坐板侧视图画一个矩形，如图 4-193 和图 4-194 所示。执行“创建—拉伸”命令，选择矩形轮廓，参照正视图画布拉伸矩形，“方向”更改为“对称”，如图 4-195 和图 4-196 所示。

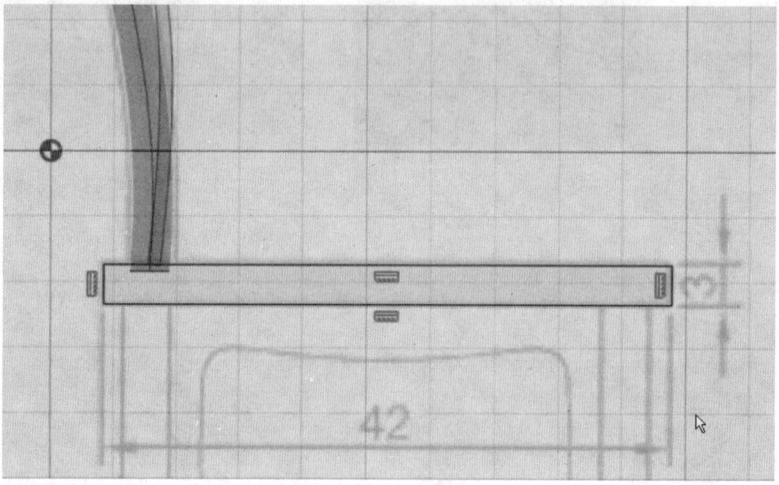

图 4-193 创建坐板 1

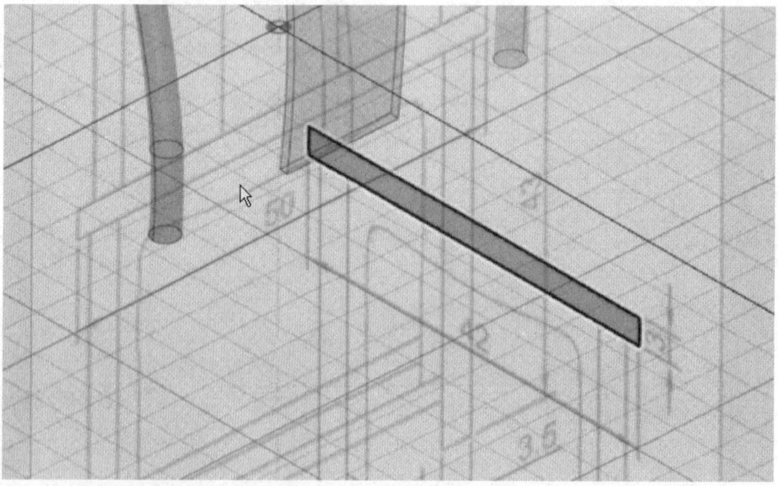

图 4-194 创建坐板 2

步骤 2：执行“草图—偏移”命令，选择坐板顶面，草图曲线选择坐板的顶面的四条边，如图 4-197 和图 4-198 所示。偏移结果如图 4-199 所示。执行“修改—分割实体”命令，如图 4-200，分割实体选择长方体，“分割工具”选定偏移的曲线，勾选“延伸分割工具”，如图 4-201 所示。

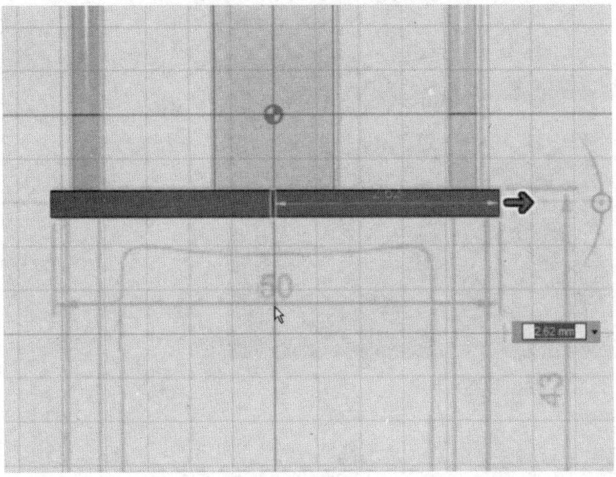

图 4-195 创建坐板 3

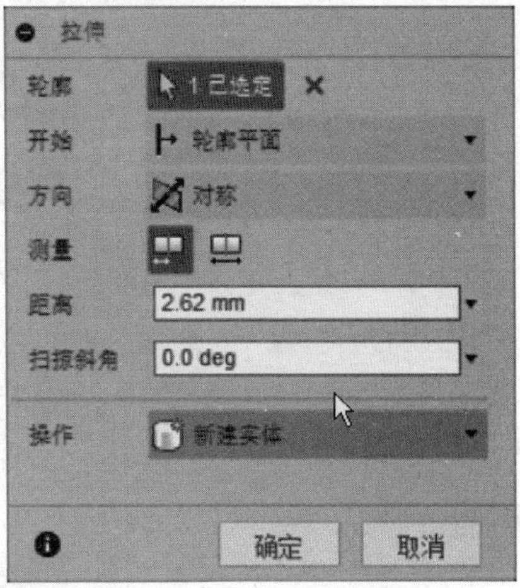

图 4-196 创建坐板 4

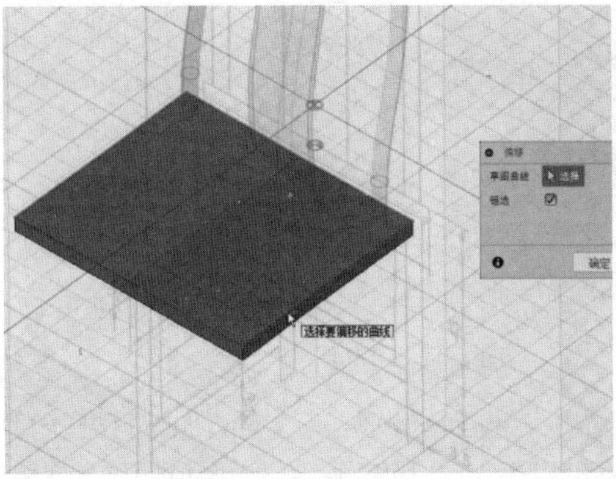

图 4-197 偏移曲线 1

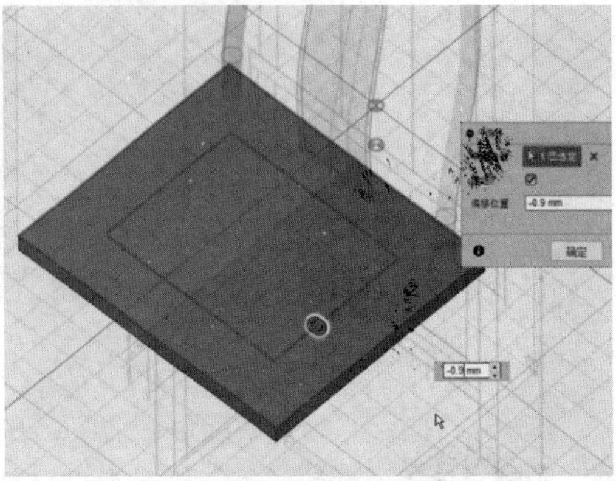

图 4-198 偏移曲线 2

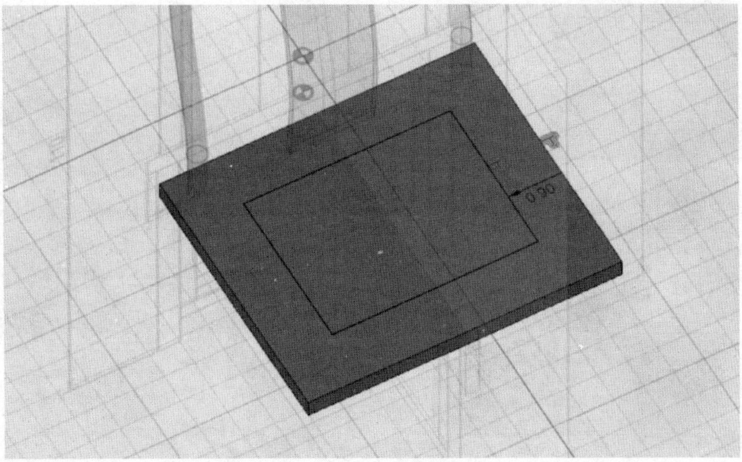

图 4-199 偏移曲线 3

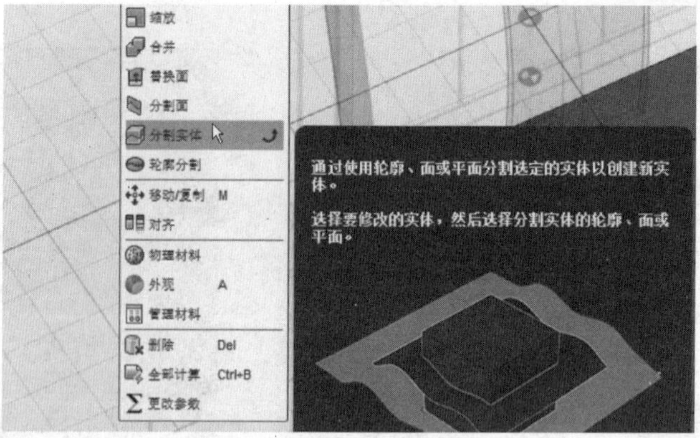

图 4-200 分割实体 1

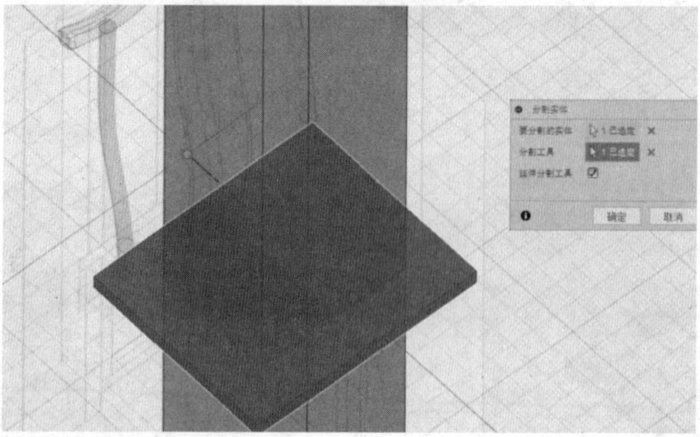

图 4-201 分割实体 2

步骤 3：执行“修改—圆角”命令，在浏览器中，找到坐板所属的零部件，打开子部件，隐藏实体 1，如图 4-202 和图 4-203 所示，可以看到坐板只剩下图 4-204 中的外框架，“边”选中，外框架的顶面的内侧边，“半径”输入“0. 02mm”（数据参照模型大小设定，与实际无关），重复以上步骤，为另一实体执行圆角命令，圆角半径为“0. 01mm”如图 4-205 和图 4-206 所示。

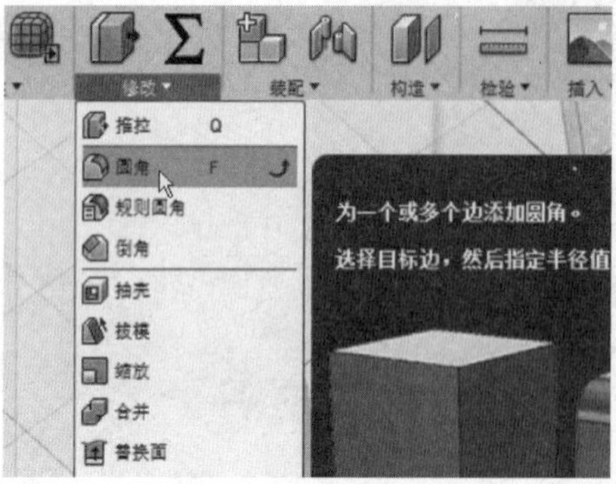

图 4-202 执行圆角 1

图 4-203 执行圆角 2

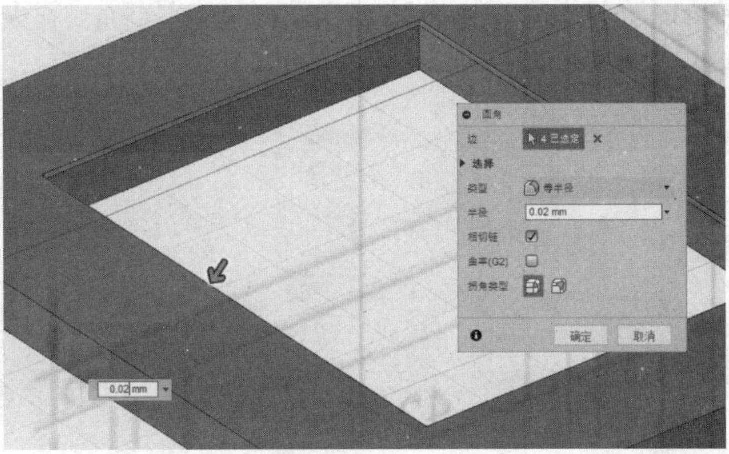

图 4-204 执行圆角 3

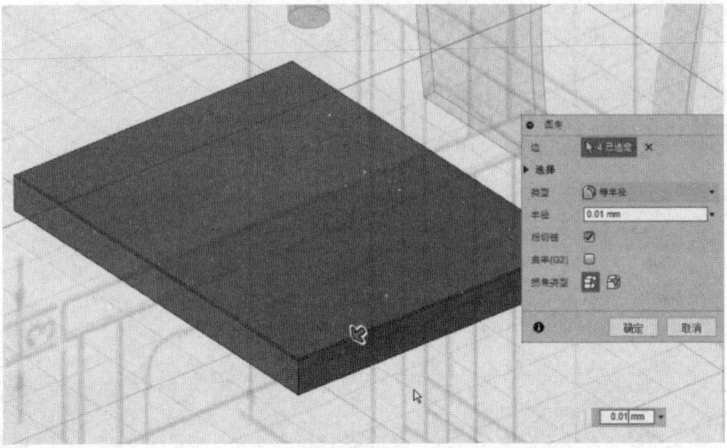

图 4-205 执行圆角 4

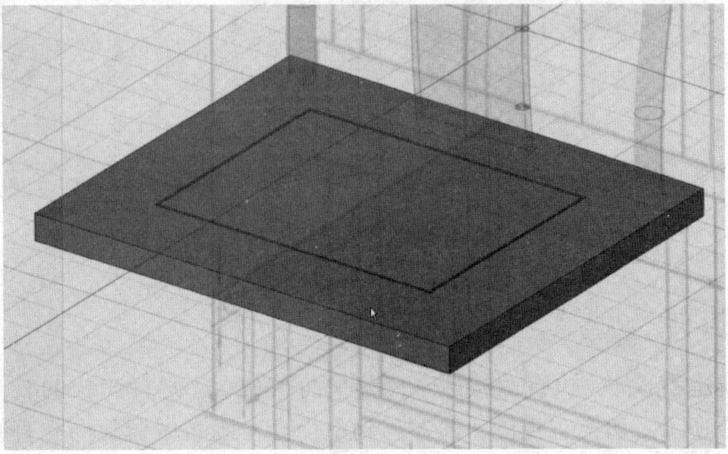

图 4-206 执行圆角 5

步骤 4：如图 4-207，选中坐板 12 条边，执行“修改—圆角”命令，圆角半径为“0. 05mm”，如图 4-208 所示。

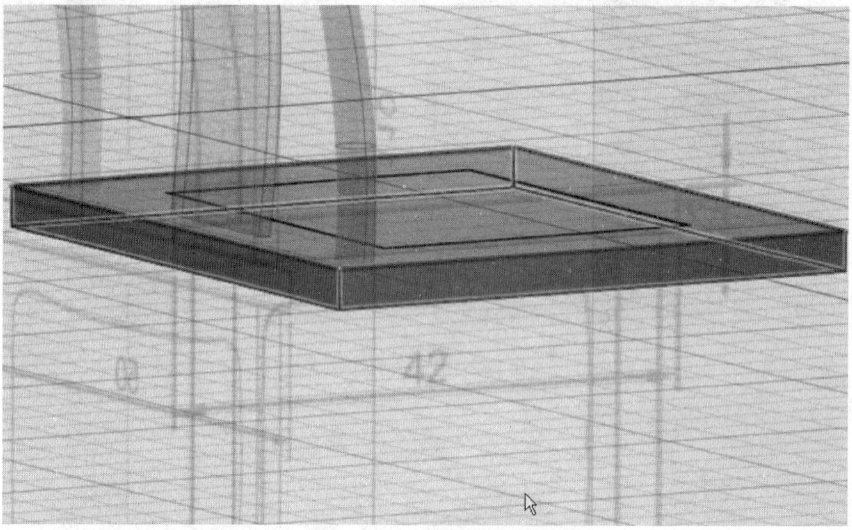

图 4-207　执行圆角 6

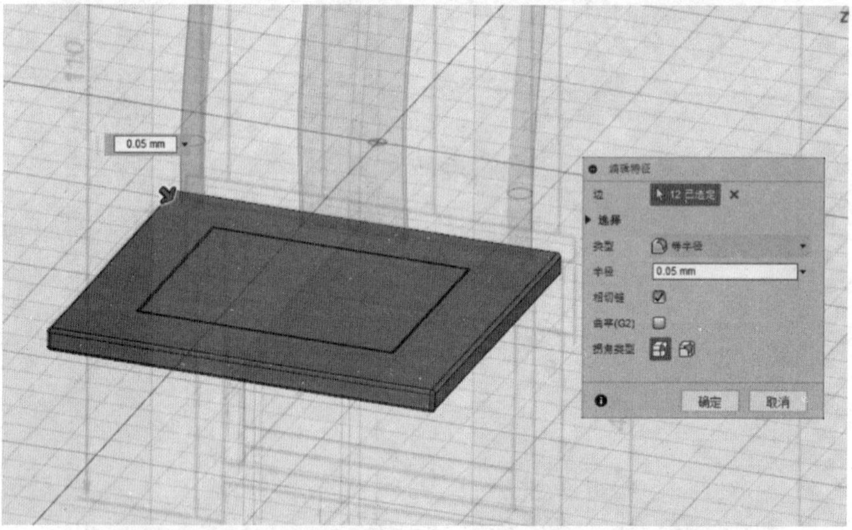

图 4-208　执行圆角 7

4. 2. 5　创建椅腿

步骤 1：新建零部件，执行“构造—偏移平面”命令，选择坐板的右侧面，如图 4-209 和图 4-210 所示。切换正视图，向左移动平面至与画布中椅腿同一直线上，如图 4-211 所示。

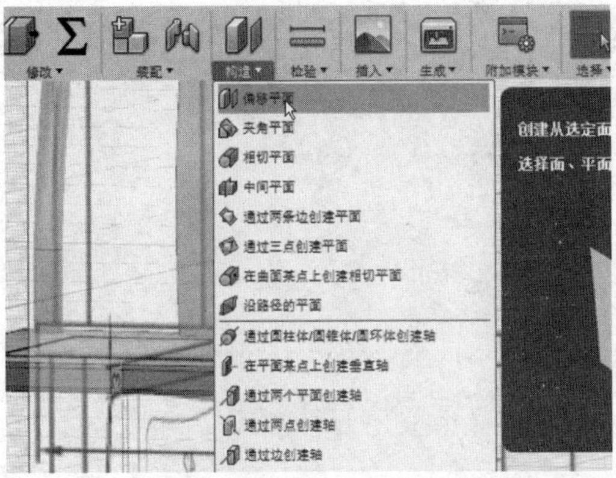

图 4-209 偏移平面 1

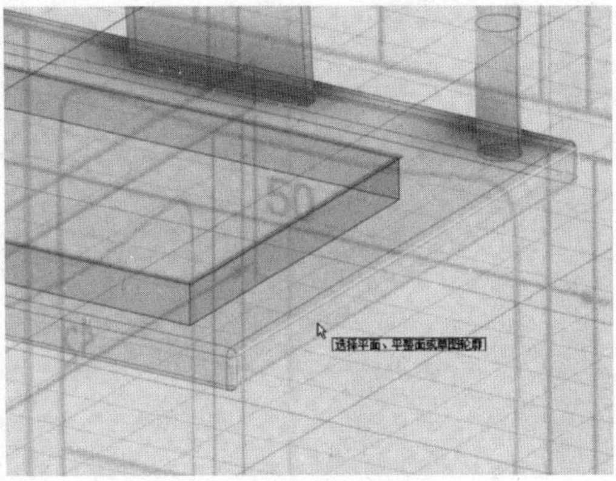

图 4-210 偏移平面 2

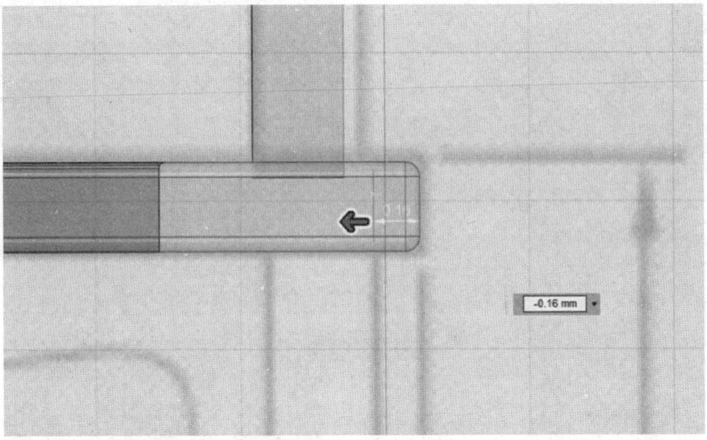

图 4-211 偏移平面 3

步骤 2：执行“创建—长方体”命令，选中偏移后的平面，如图 4-212 和图 4-213 所示。参照画布椅腿的轮廓放置长方形拐角，如图 4-214 和图 4-215 所示。切换正视图，执行“创建—拉伸”命令，拉伸长方体至贴合画布椅腿的宽度，如图 4-216 所示。

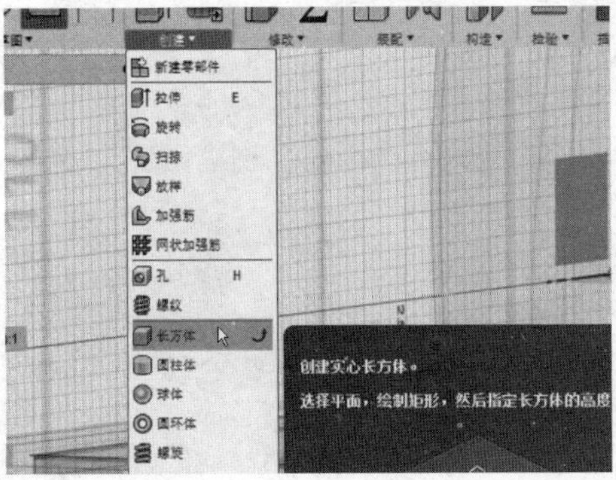

图 4-212 创建长方体 1

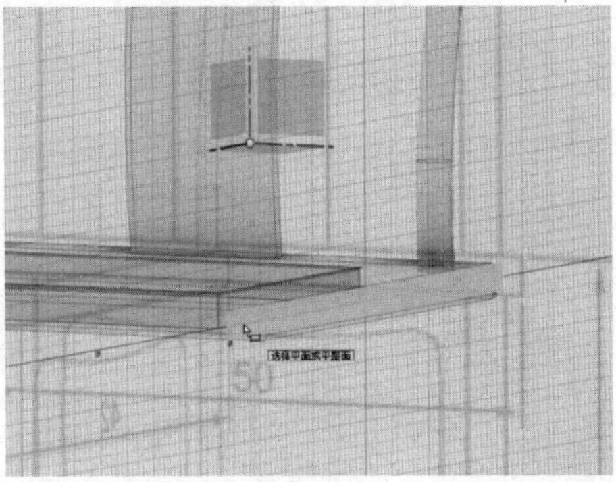

图 4-213 创建长方体 2

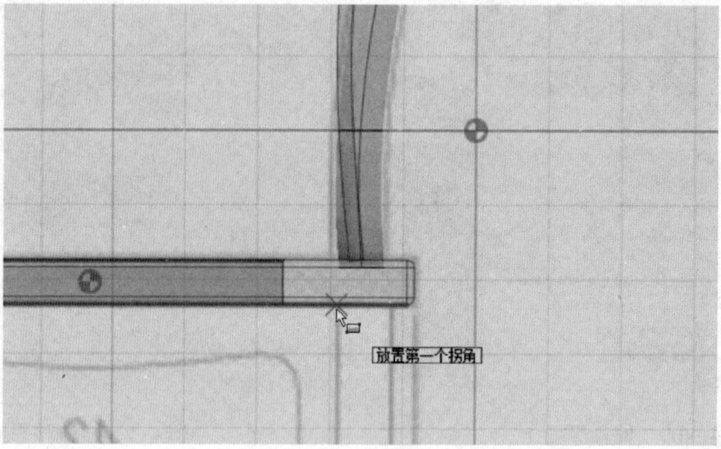

图 4-214　创建长方体 3

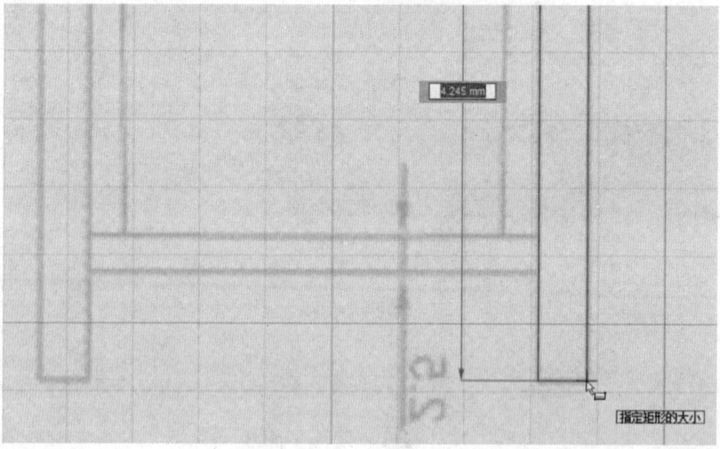

图 4-215　创建长方体 4

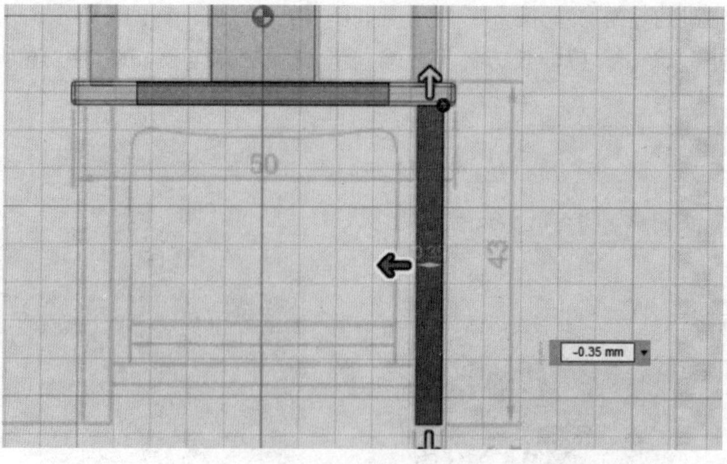

图 4-216　创建长方体 5

步骤3：如图4-217和图4-218所示，选中椅腿的四条边，执行圆角命令，半径为“0.1mm”，如图4-219所示。

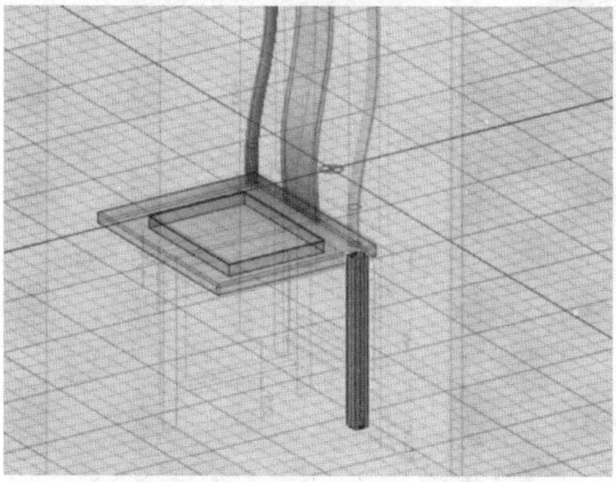

图4-217 执行圆角1

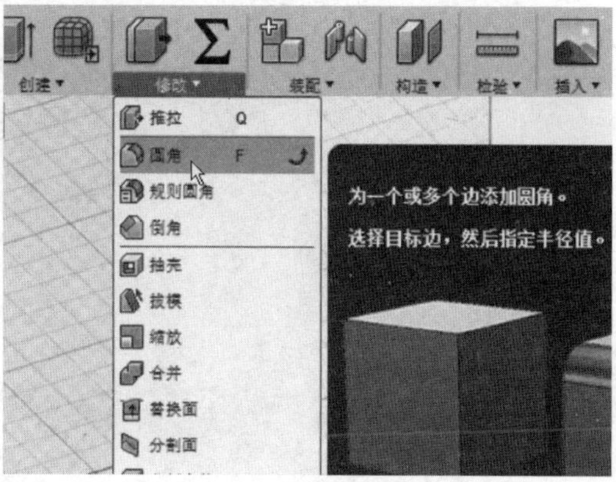

图4-218 执行圆角2

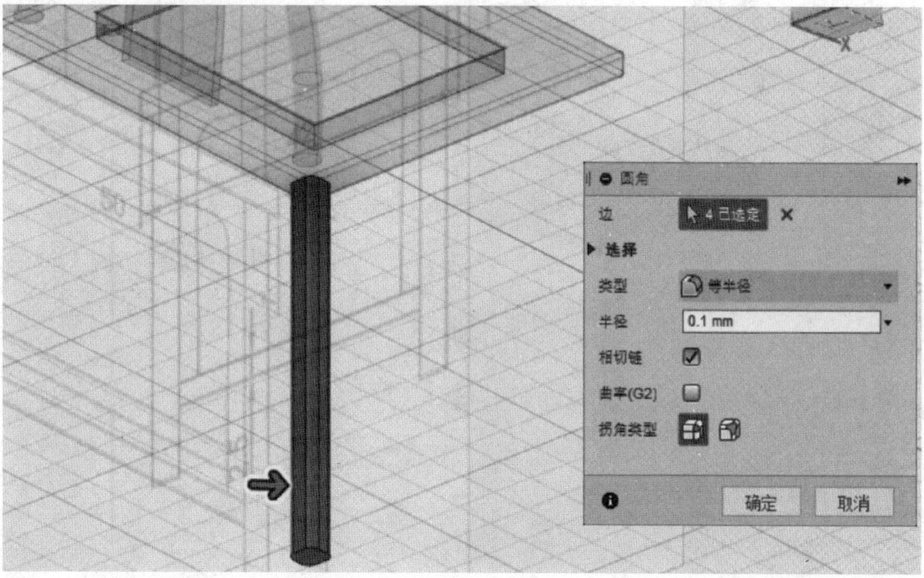

图4-219 执行圆角3

步骤4：执行“构造—中间平面”命令，如图4-220所示，分别选中坐板正面与背面，单击确定。执行“创建—镜像”命令，“对象”选择椅腿，“镜像平面”选择刚构造的中间平面，如图4-221所示。

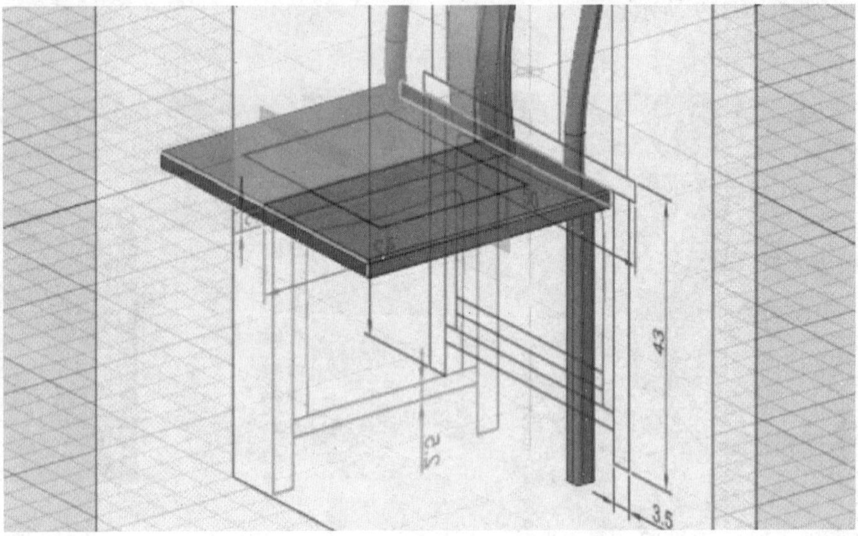

图 4-220　中间平面 1

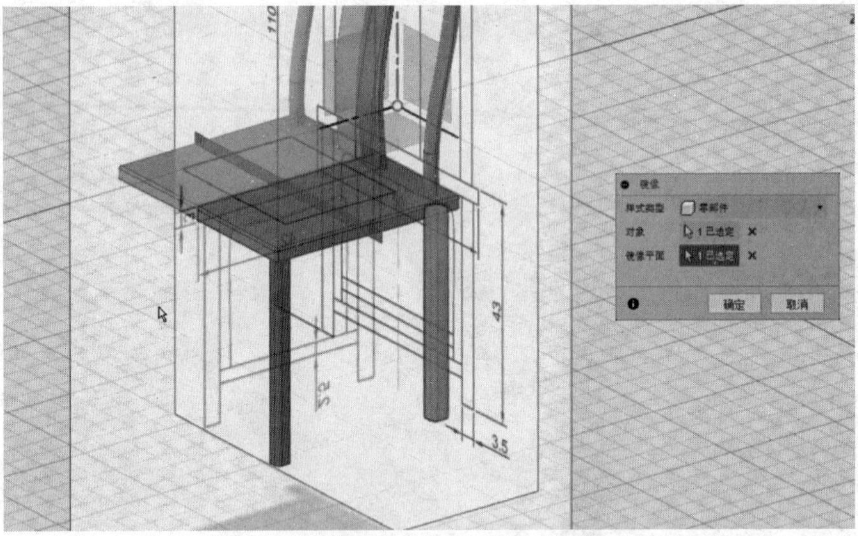

图 4-221　中间平面 2

4.2.6　创建步步高赶枨与券口

步骤 1：新建零部件，执行“创建—长方体”命令，切换右视图，选择椅腿右侧面，如图 4-222 和图 4-223 所示。如图 4-224 和图 4-225 所示，在椅腿圆角的边与画布中赶枨的交点指定拐角，绘制矩形，切换前视图，将鼠标移动至椅腿另一边，单击鼠标左键，使赶枨厚度对齐椅腿，如图 4-226 和图 4-227 所示。

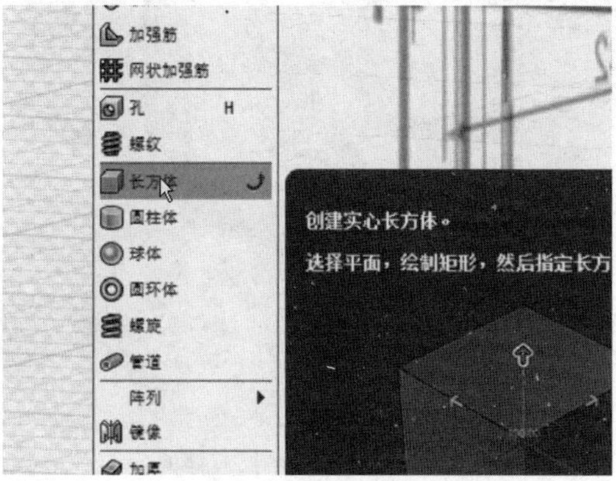

图 4-222　创建长方体 1

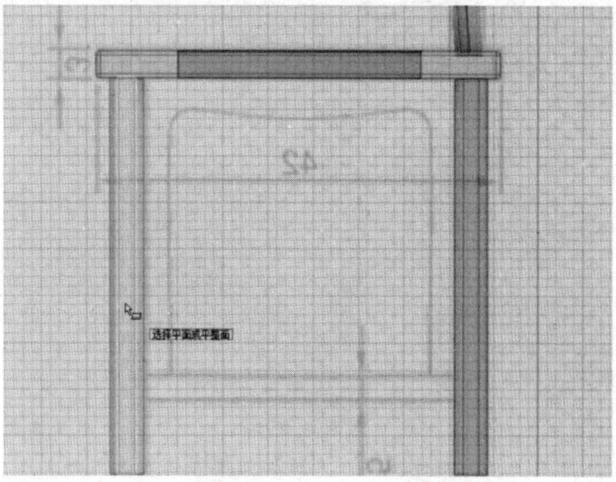

图 4-223　创建长方体 2

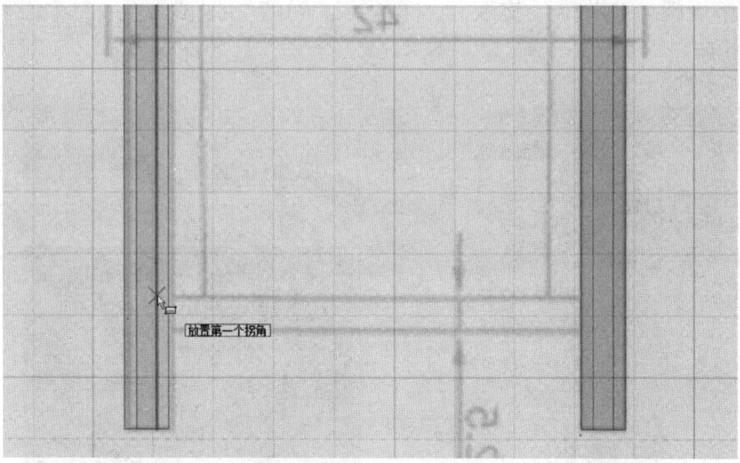

图 4-224　创建长方体 3

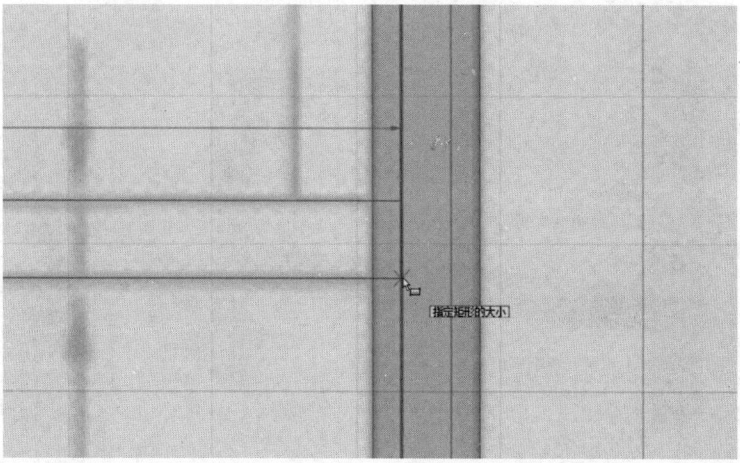

图 4-225　创建长方体 4

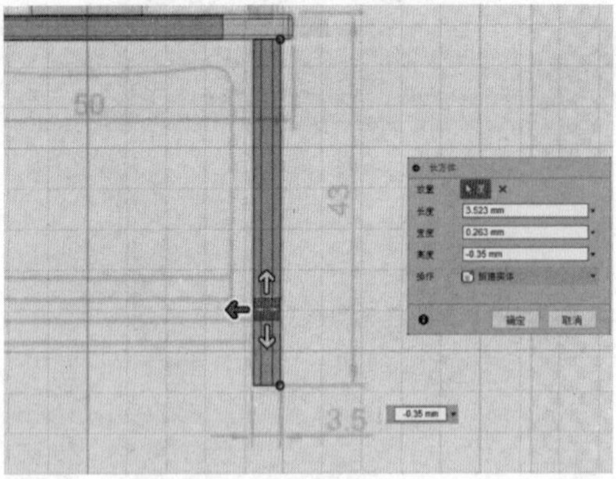

图 4-226　创建长方体 5

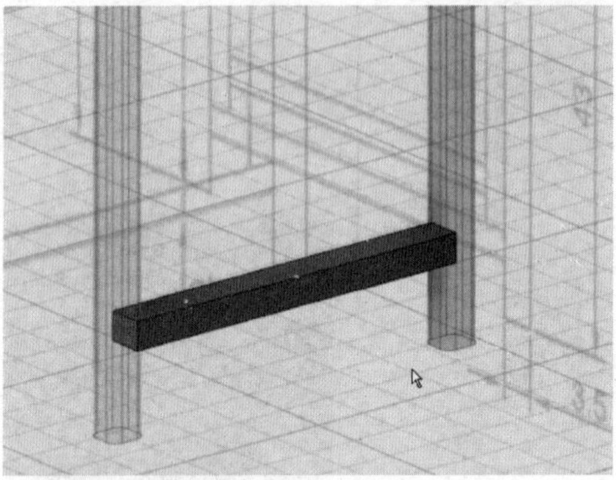

图 4-227　创建长方体 6

步骤 2：执行“修改—合并”命令，如图 4-228 所示。“目标实体”选择赶枨，“刀具实体”选择两条椅腿，“操作”更改为“剪切”，勾选“保留刀具”，单击确定，如图 4-229 和图 4-230 所示。

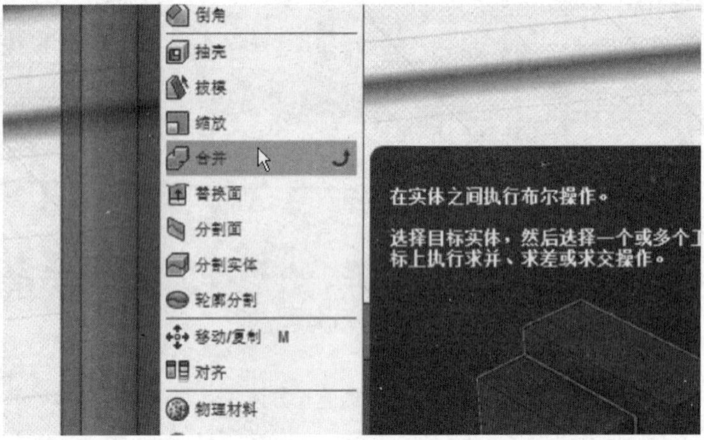

图 4-228　剪切 1

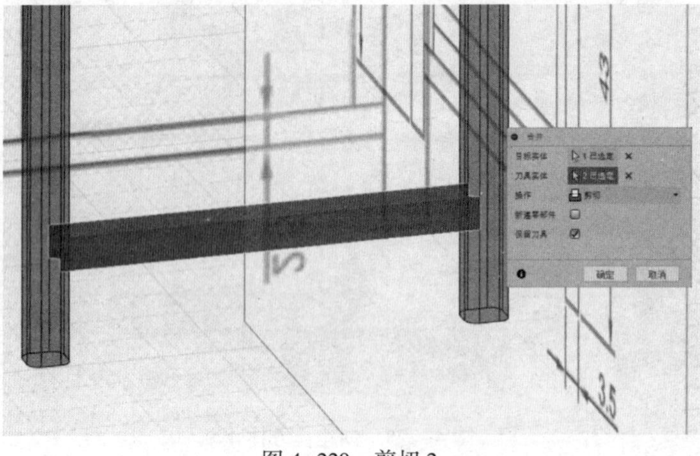

图 4-229　剪切 2

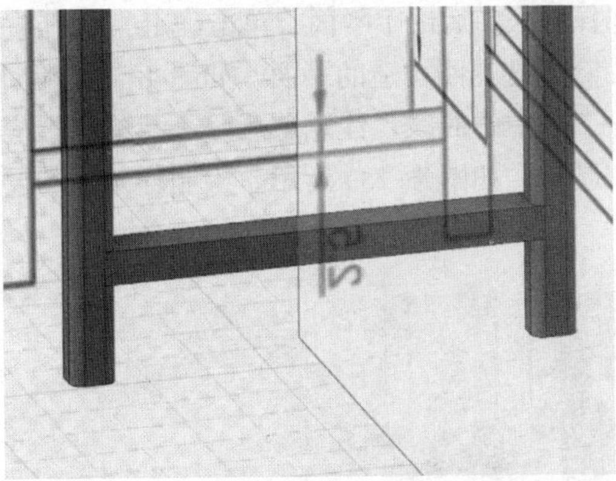

图 4-230 剪切 3

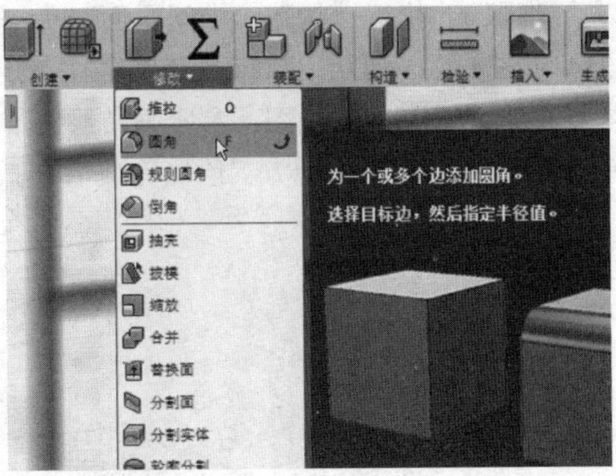

图 4-231 剪切 4

步骤 3：如图 4-231 所示，执行“修改—圆角”命令，为赶枨四条边执行圆角命令，半径为“0. 01mm”，如图 4-232 和图 4-233 所示。

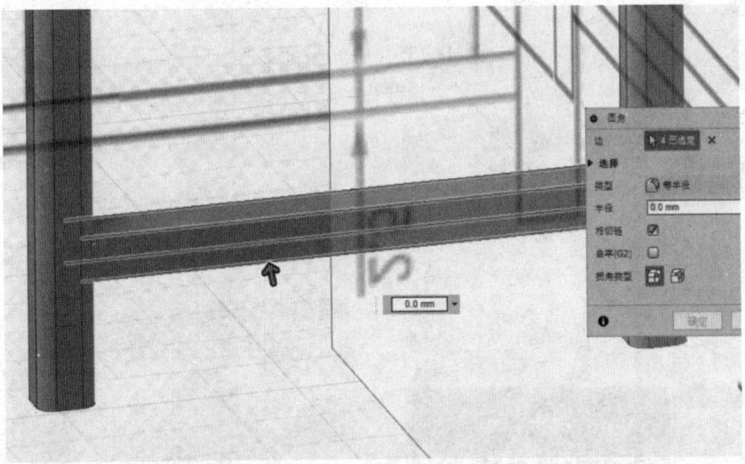

图 4-232 执行圆角 1

图 4-233 执行圆角 2

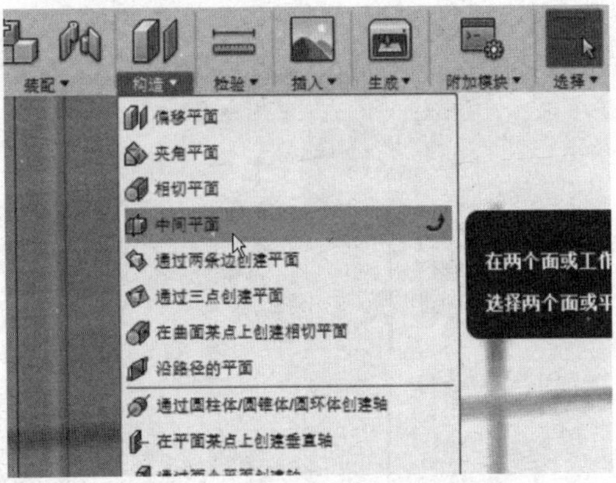

图 4-234 中间平面 1

步骤4：执行“构造—中间平面”命令，选择赶枨前后两个平面，单击确定，如图4-234和图4-235所示。执行“草图—样条线”命令，选择刚构造的平面，如图4-236和图4-237所示。切换右视图，参照画布绘制如图4-238中的曲线，注意最后一个点的位置应该落在比中间偏右的地方，绘制完成后，微调控制点，如图4-239所示。绘制样条线的要点是判断点的关键位置。

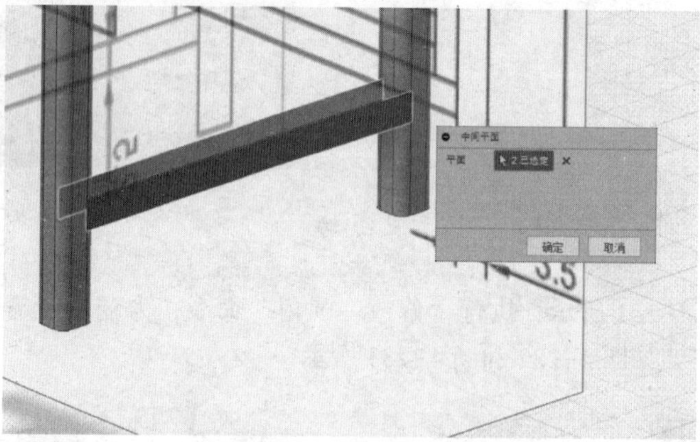

图4-235　中间平面2

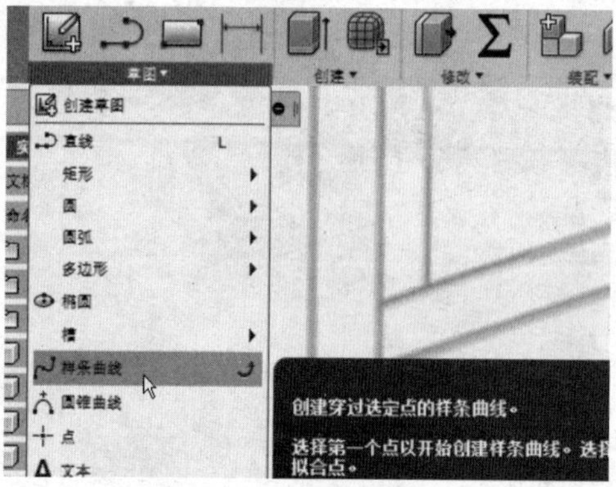

图4-236　绘制样条曲线1

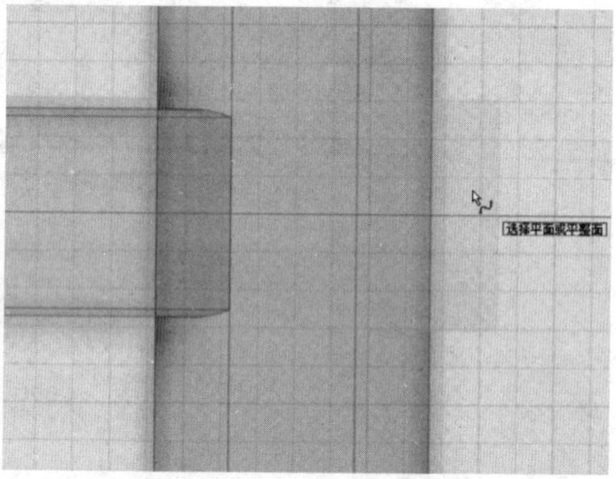

图4-237　绘制样条曲线2

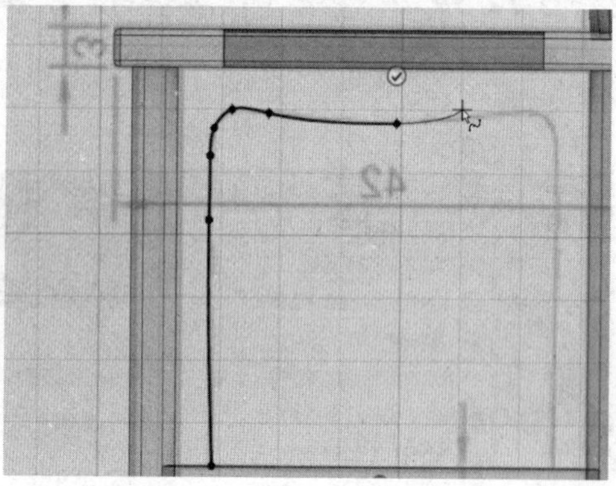

图4-238　绘制样条曲线3

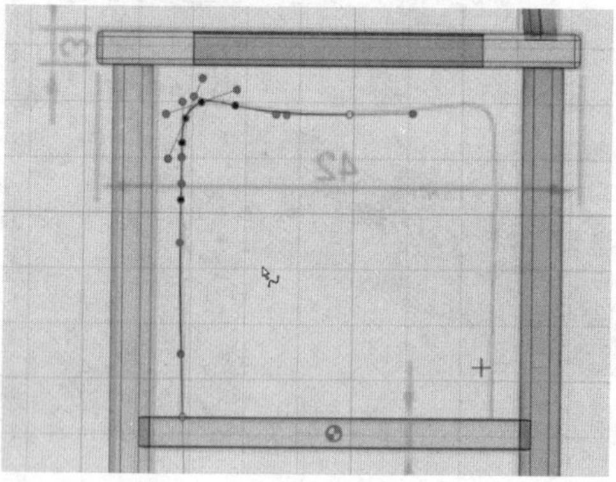

图4-239　绘制样条曲线4

步骤5：执行直线命令，绘制一条直线连接赶枨与坐板的中心点，作为下一步骤的镜像线，如图4-240和图4-241所示。绘制直线，与曲线形成闭合的轮廓，如图4-242和图4-243所示。执行“草图—镜像”命令，如图4-244所示，得到图4-245所示的草图。

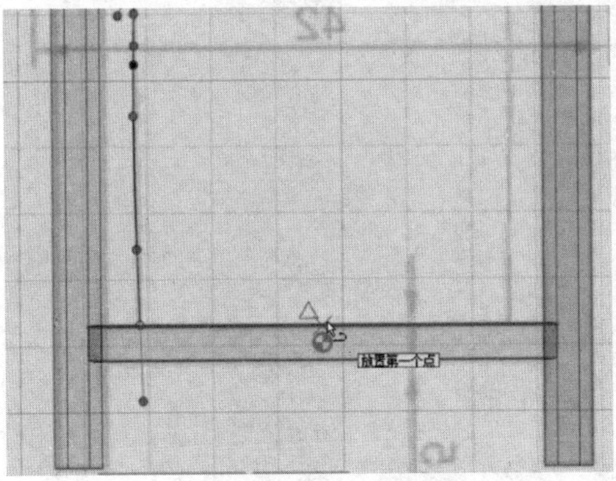

图4-240　绘制直线1

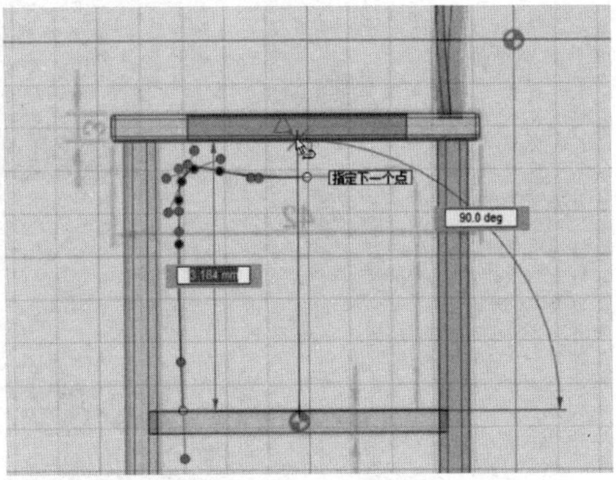

图4-241　绘制直线2

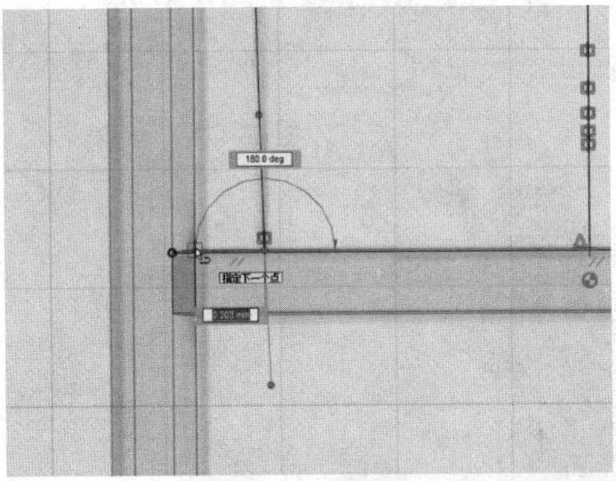

图4-242　绘制直线3

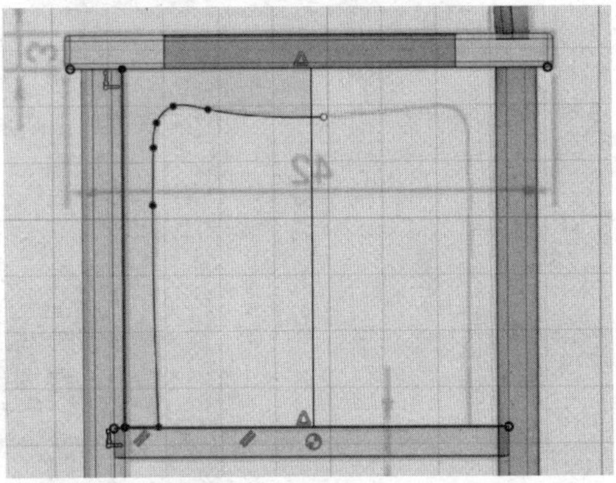

图4-243　绘制直线4

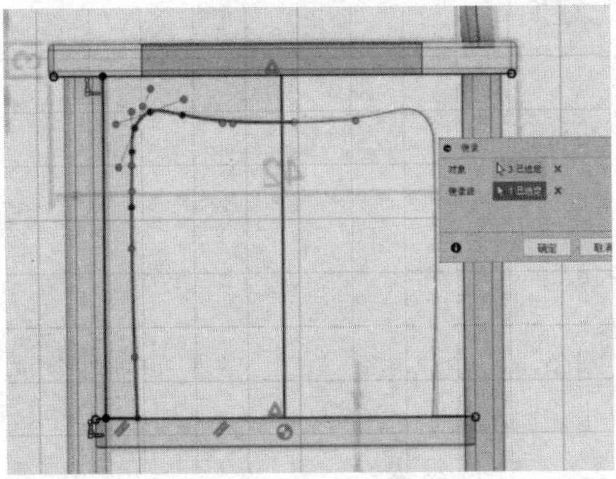

图4-244　镜像1

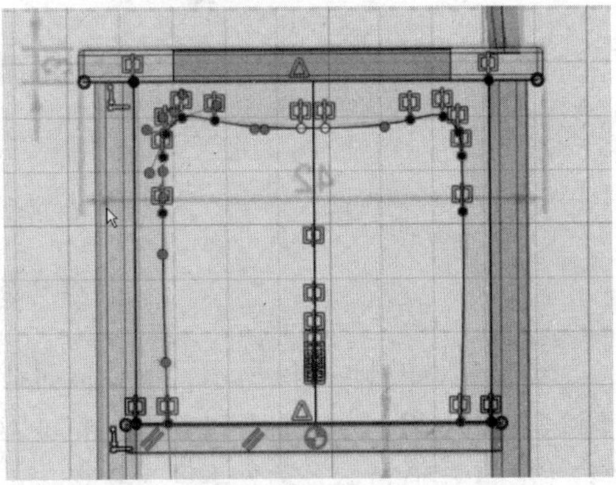

图4-245　镜像2

步骤 6：执行“创建—拉伸”命令，选中刚绘制的草图轮廓，“方向”更改为“对称”，“距离”为“0. 05mm”，如图 4-246 所示。完成后的模型如图 4-247 所示。

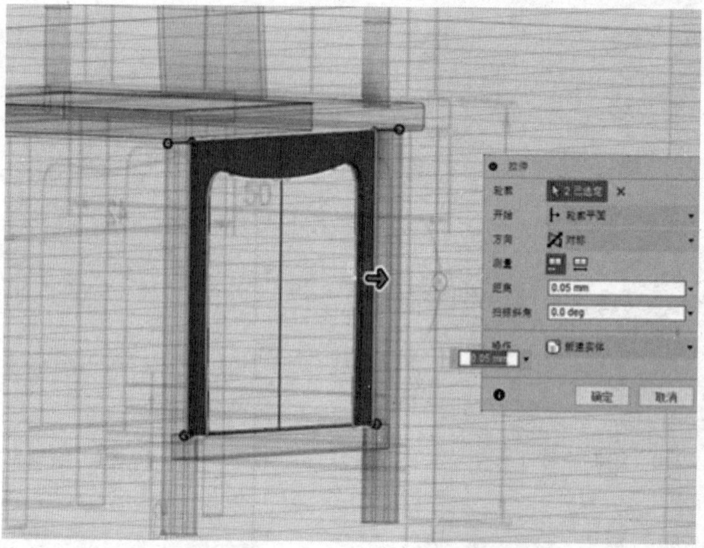

图 4-246　拉伸 1

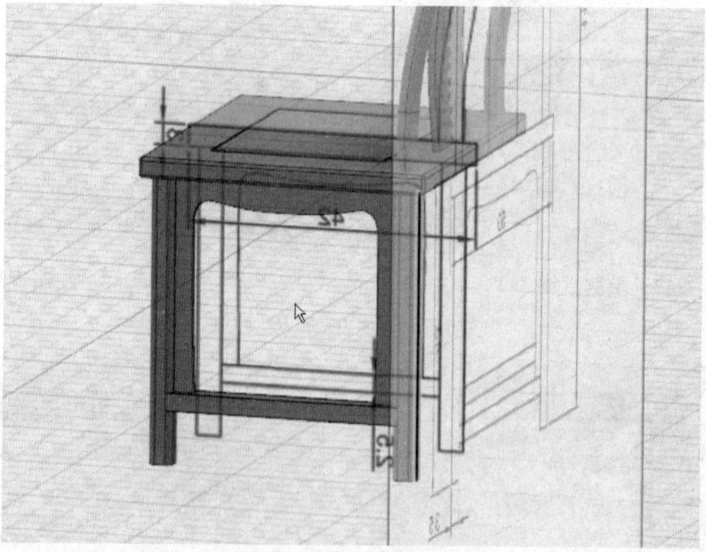

图 4-247　拉伸 2

步骤 7：如图 4-248 所示，鼠标移动到赶枨圆角上，单击鼠标左键，在时间轴找到属于该实体的特征，将鼠标移动至圆角特征上，单击鼠标右键，选择“编辑特征”，如图 4-249 和图 4-250 所示。输入半径为 0. 08mm，如图 4-251 所示。

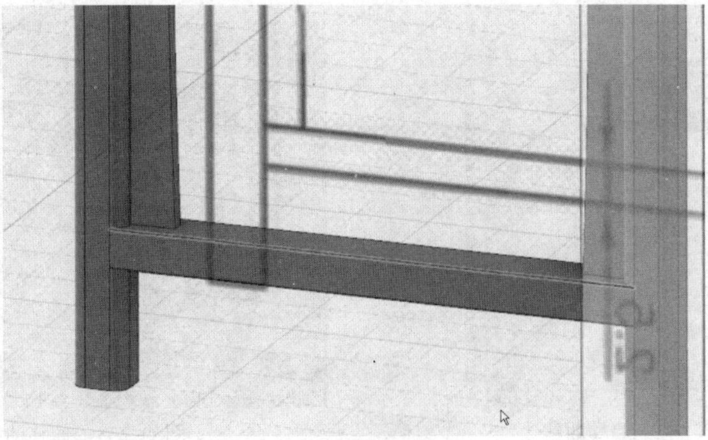

图 4-248 编辑特征 1

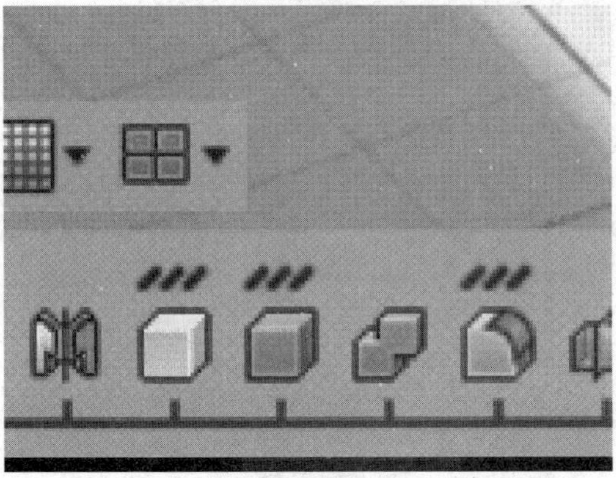

图 4-249 编辑特征 2

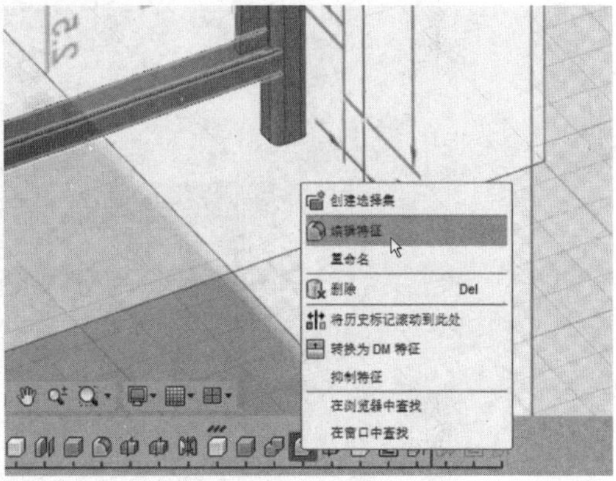

图 4-250 编辑特征 3

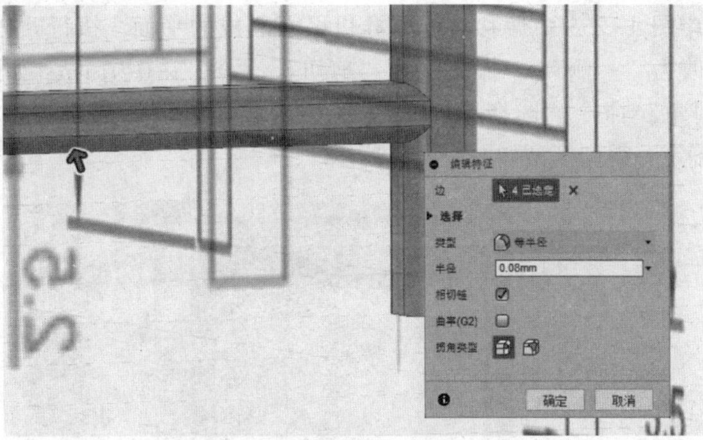

图 4-251 编辑特征 4

步骤 8：执行“草图—偏移”命令，切换右视图，选择券口平面，在选项框中将“链选”取消勾选，如图 4-252 和图 4-253 所示、“草图曲线”选择图 4-254 中的曲线，“偏移位置”为“-0.1mm”。

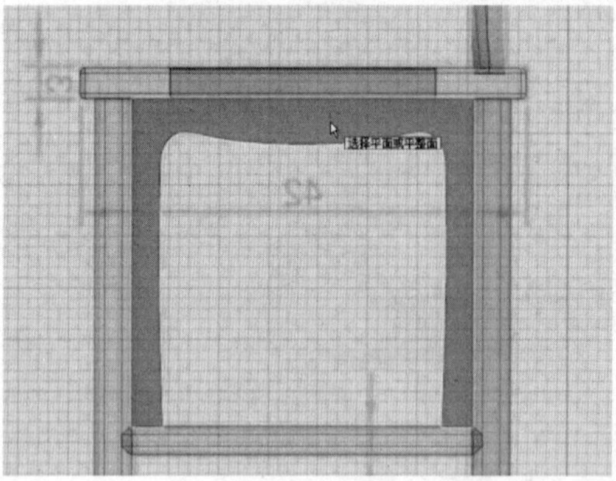

图 4-252　偏移曲线 1

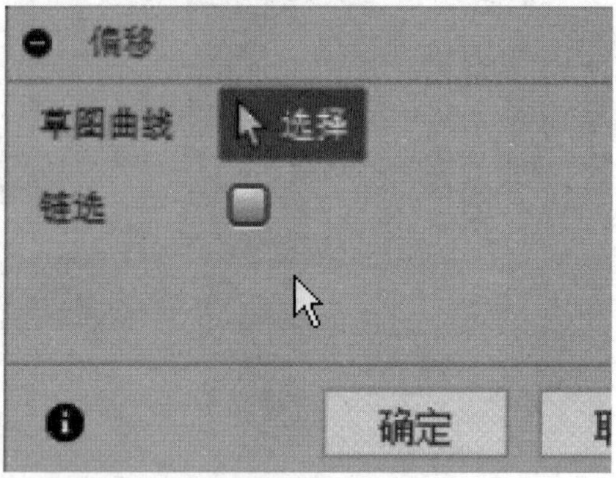

图 4-253　偏移曲线 2

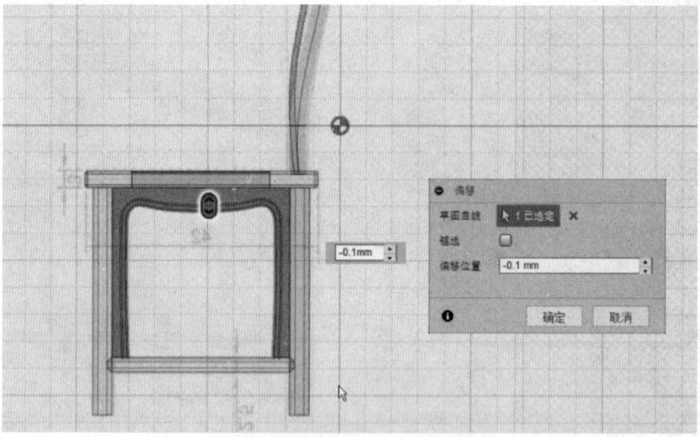

图 4-254　偏移曲线 3

步骤 9：选中图 4-255 中偏移曲线与券口平面形成的平面，执行“创建—拉伸”命令，“方向”更改为“一侧”，“操作”为“剪切”，距离为-0.01mm，如图 4-256 所示。执行“修改—圆角”命令，选择图 4-257 中的两段曲线，如图 4-258 所示，半径为 0.01mm，单击确定。得到模型如图 4-259 所示。

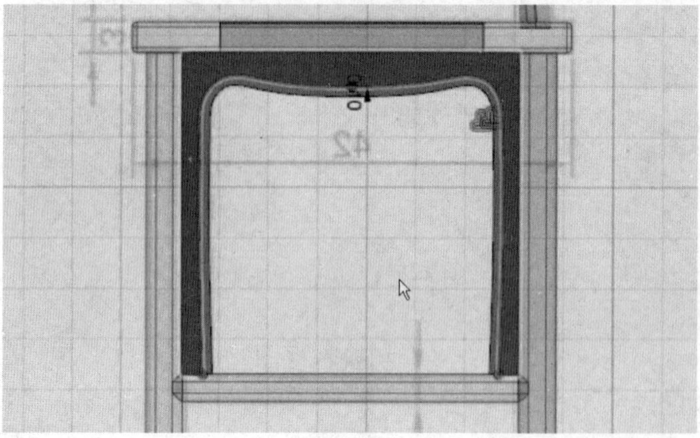

图 4-255　剪切 1

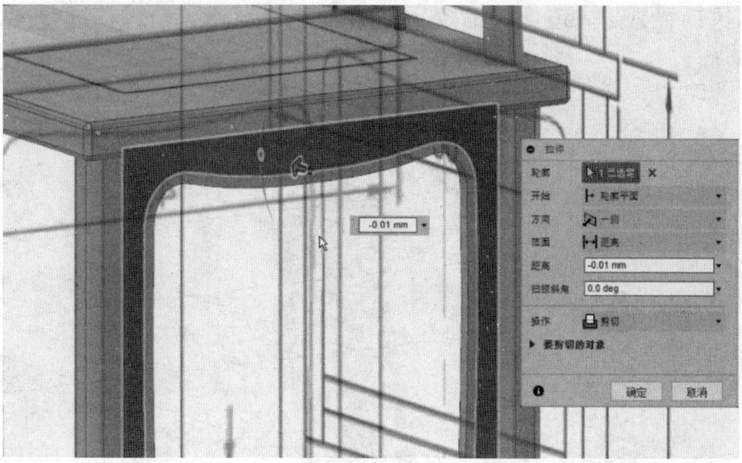

图 4-256 剪切 2

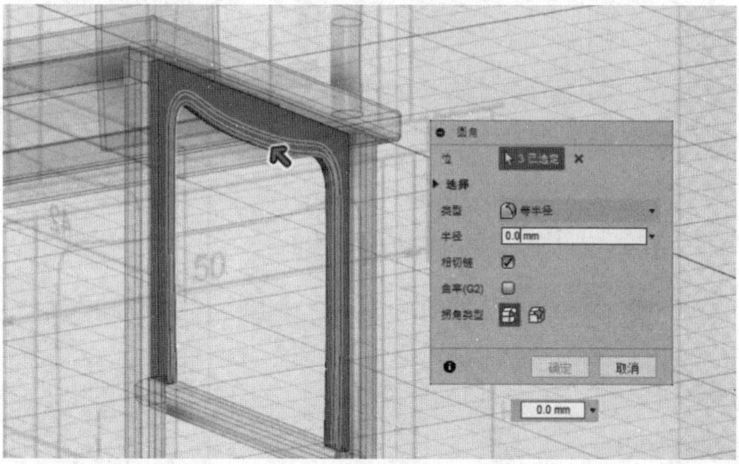

图 4-257 剪切 3

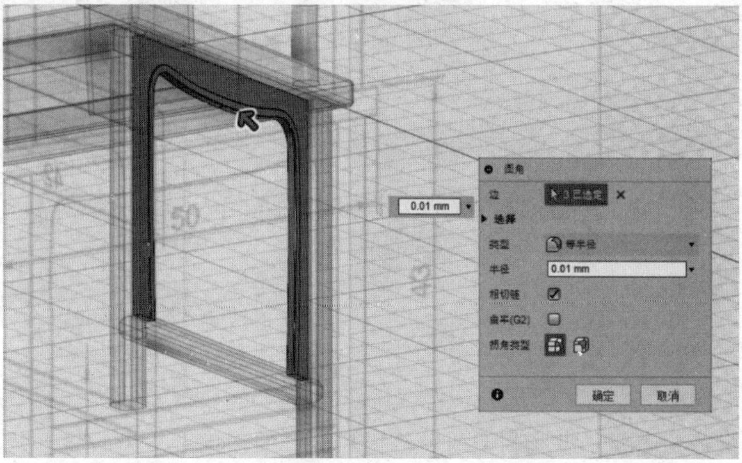

图 4-258 剪切 4

步骤 10：执行“创建—镜像”命令，如图 4-260 所示，镜像椅腿等 4 个零部件，镜像平面是 *YZ* 平面。

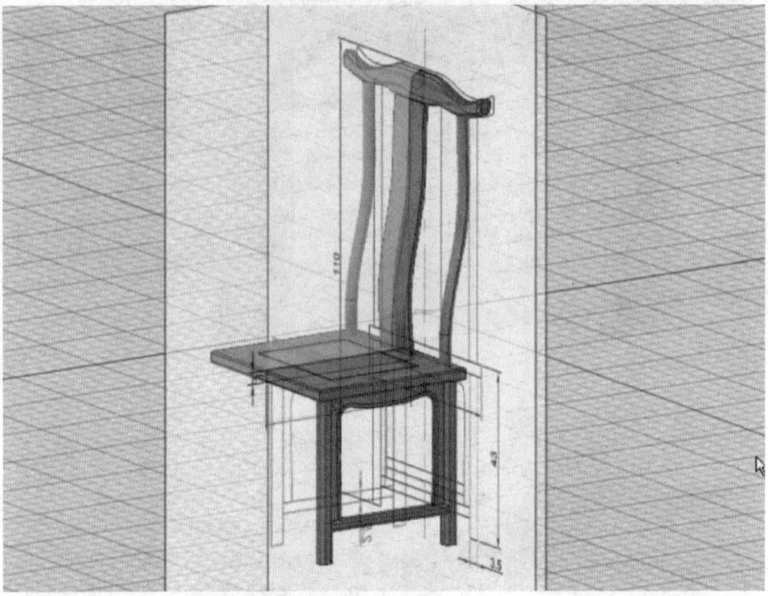

图 4-259　镜像 1

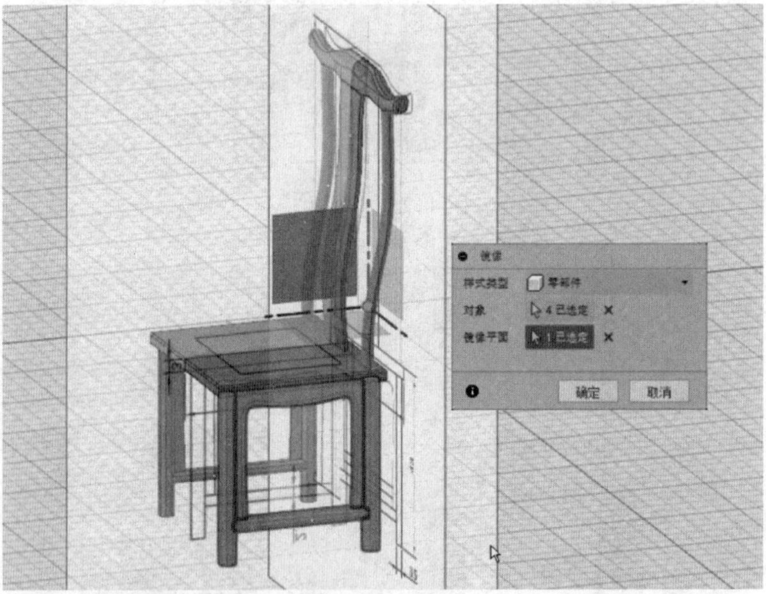

图 4-260　镜像 2

根据上述步骤的命令，完成剩下两个赶枨与券口的创建。并为后腿上截和靠背执行剪切命令，“刀具实体”为搭脑，如图 4-261 所示，最终模型如图 4-262 所示。

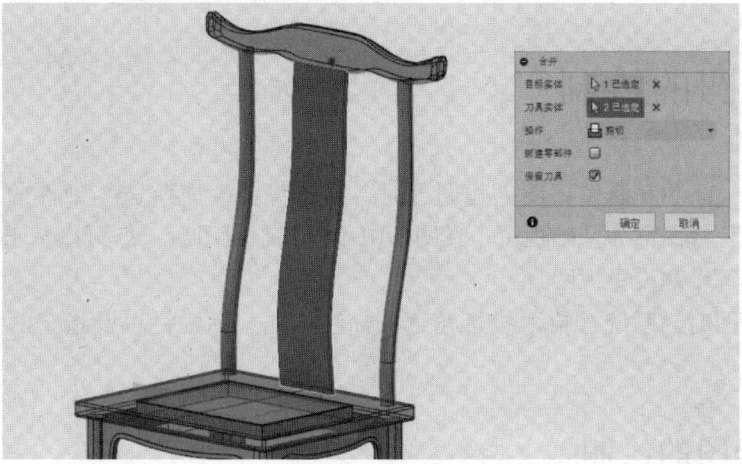

图 4-261 剪切

图 4-262 完成图

5 工程图的绘制

当您从 Fusion 360 模型环境创建图形时，系统将会生成所选零部件的二维投影。因而，生成的工程视图称为基础视图。在图形中放置基础视图后，您可以基于该视图生成正交投影视图和等轴测投影视图。

创建工程图时，系统会拾取投影角度、标注格式、标题栏以及指定的工程图格式等设置。

5.1 工程图的绘制

（1）创建工程图

选择“菜单栏→文件→新建工程图→从设计”命令。注意：执行这项操作的时候需要先打开创建工程图的实体模型，如第 3 章的板式部件。

另一种更为快捷的方式是在项目管理器中，选择你需要新建工程图的模型，单击鼠标右键，选择“从设计新建工程图”选项。

（2）工程图生成设置

当选择了新建工程图后，会出现如图 5-1 所示的对话框，同时实体模型显示被选择的状态。

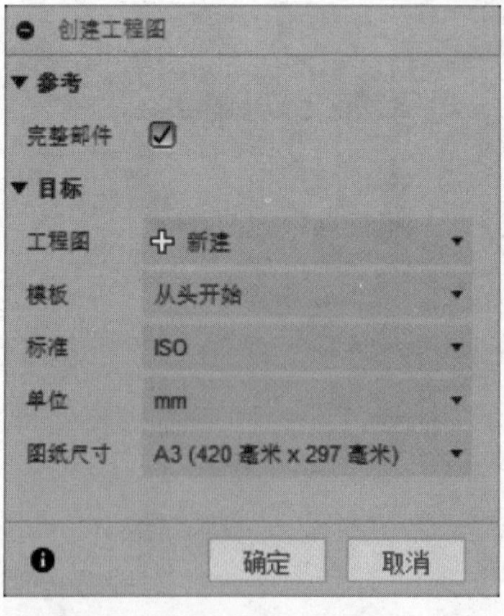

图 5-1　创建工程图

标准：ISO 和 ASME 标准供选择，两者除了标准风格不一样外，视图视角也不同，通常采用 ISO，也就是我们熟悉的第一视图。

单位：mm 和 in，这里可以切换单位。

图纸尺寸：图幅比例，A3、A4 等供选择。

（3）各类工程图基本视图

①基础视图：当我们单击图 5-1 的“确定”按钮后，系统将会生成所选零部件的二维投影。这时，生成的工程视图（图 5-2）称为基础视图。在创建视图时，系统将计算作为基础视图最合适的比例。如果需要，可以在以后更改此比例。默认情况下，投影视图将会继承基础视图的比例。单击“确认”按钮后，会得到基础视图。

图 5-2 工程视图

②投影视图：选择“工具条—视图—投影视图”命令，鼠标左键单击基础视图，然后往需要的方向移动，这个时候系统会自动识别，并显示这个方向的投影状态，单击鼠标左键，放置视图到合适位置，就完成了一个视图的投影，此项操作可以继续在其他方向进行，这样可以得到其他方向的视图，如图 5-3 所示。

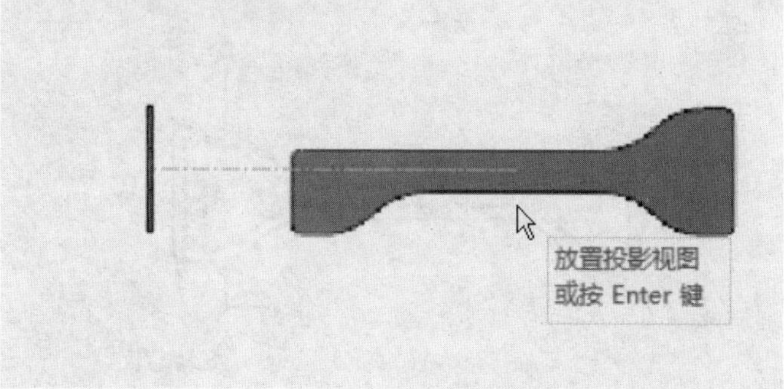

图 5-3 生成投影视图

③3D 模型图：基础投影视图采用 45°方向的时候，这时会生成三维的模型图，单击“确认”按钮，便得到如图 5-4 所示的工程图。

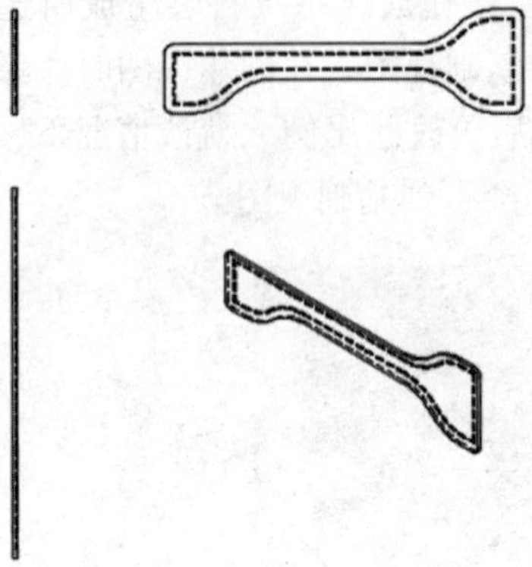

图 5-4　生成三维模型图

④隐藏不可见边：图 5-4 有许多隐藏的边也显现出来了，如果不需要的话，可以通过选择需要隐藏不可见边的视图，鼠标右键—编辑视图，在弹出的属性对话框中：选择“外观—样式—可见边”命令，这个时候就显示可见的边线；同时还可以修改视图的比例，得到合适的视图大小。

⑤移动视图：可以通过鼠标拾取视图的中心点，把三维视图任意移动，如图 5-5 所示。注意：对于带有三视图关系的视图是无法实现任意移动的，只能在视图方向上移动。

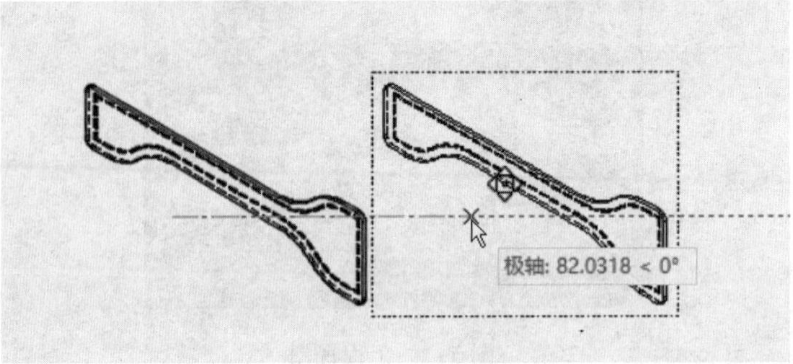

图 5-5　编辑视图

⑥剖视图：选择工具条—视图—剖视图命令，选中需要剖视的视图，根据鼠标的提示，绘制一条直线，如图 5-6 所示，也可以绘制斜着的两条或几条线，最后通过确认位置完成剖视图的绘制，同样可以修改属性对话框里的参数来调整我们的需求，如图 5-7 和图 5-8 所示。

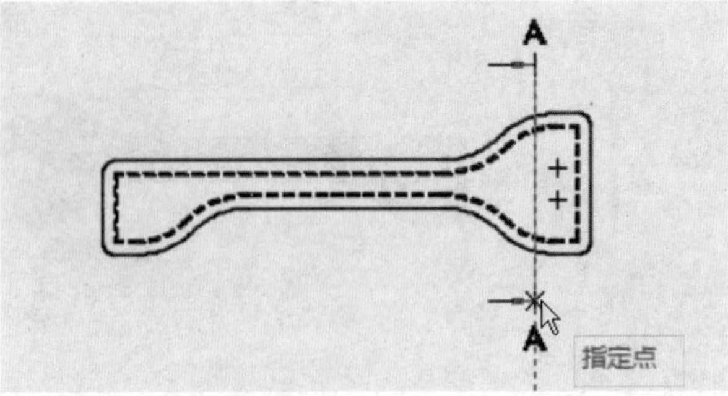

图 5-6　生成剖视图 1

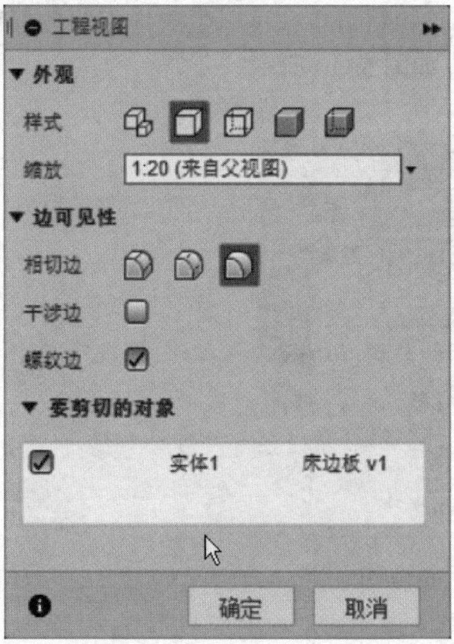

图 5-7 生成剖视图 2

图 5-8 生成剖视图 3

⑦局部视图：选择“工具条—视图—局部视图”命令，如果要对局部细微的地方放大视图，可以通过修改属性对话框内的参数达到满意的效果。

（4）标注

水平尺寸标注：选择“工具条—标注—线性标注”命令，选择要标注的两个端点，就可以完成对我们图纸的线性标注，如图 5-9 所示。注意：仅采用尺寸标注的时候很可能出来的是一条斜着的标注线，还可以选择“工具条—标注—直线标注/中心标记”命令，来掌握各种标注方式。

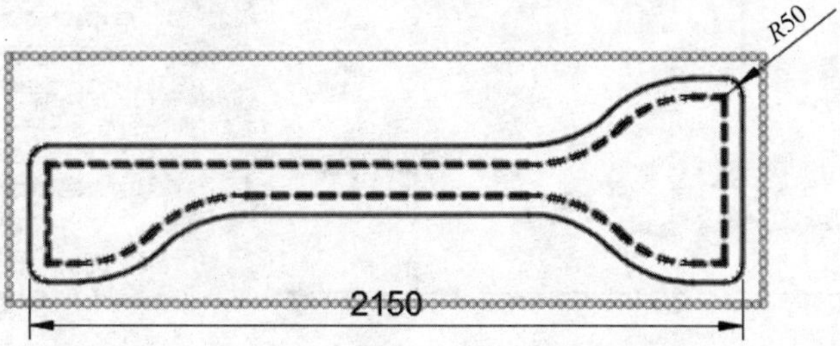

图 5-9 标注

（5）其他标注

选择“工具条—符号”命令，完成粗糙度、形位公差、基准符号等的标注。注意：我们可以通过属性对话框来调整我们的需求。

（6）BOM 及引线

该标注主要针对装配图，BOM 报表也就是物料清单，可以生成详细的数据信息；同时也可以通过引线符号来标识具体的零部件，如图 5-10 所示。

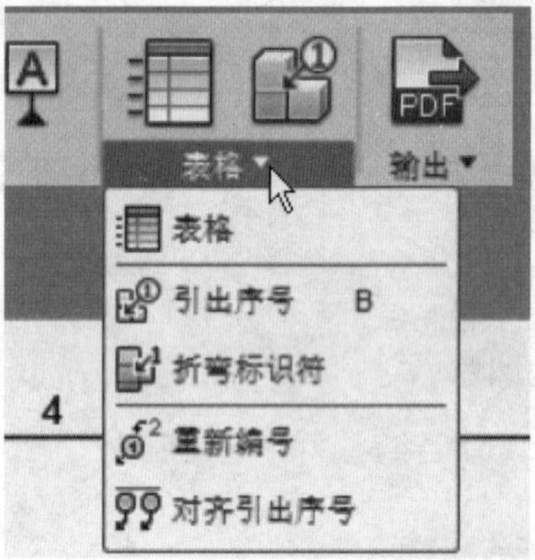

图 5-10　BOM 表

（7）标题栏

双击标题栏，将会弹出模块信息对话框，输入我们的具体信息即可自动生成标题栏，如图 5-11 所示。

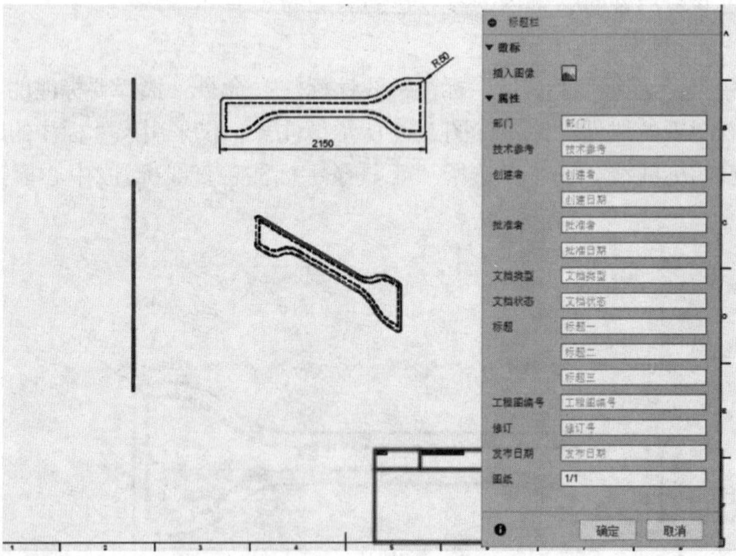

图 5-11　标题栏

5.2　新建工程图模板

从主工具栏中单击“文件”，然后选择“新建工程图模板”，如图 5-12 所示。

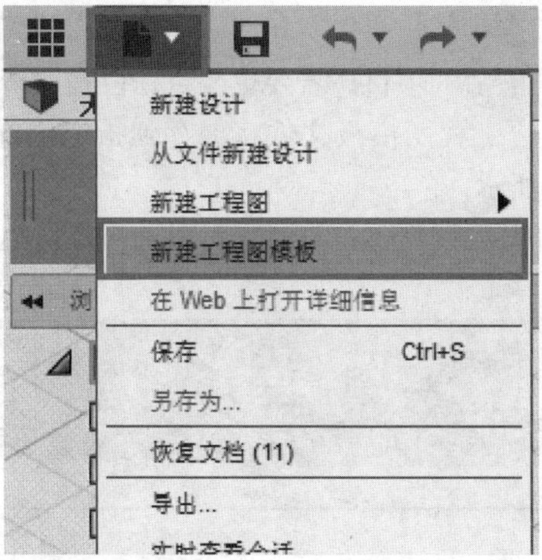

图 5-12 新建工程图模板

在“创建工程图模板”对话框中，选择所需的选项。单击“确定”。添加所需数量的图纸。放置所需数量的视图和表格占位符，如图 5-13 和图 5-14 所示。

图 5-13 创建工程图模板

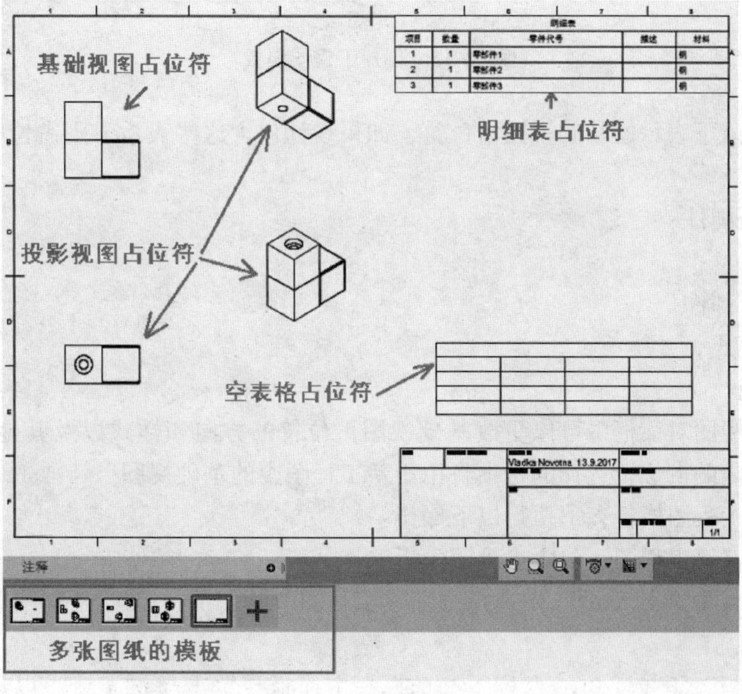

图 5-14 创建工程图模板

添加完占位符后，单击 保存模板。在“名称”字段中输入名称。指定目标位置。默认情况下，模板将保存到激活的项目。若要更改目标位置，请单击“箭头”按钮，然后指定新位置。单击“保存”。工程图模板文件将保存到指定位置。您可以在“数据面板”中访问该文件，如图 5-15 所示。

基础视图占位符：添加基础视图占位符时，可以选择特定类型的基础视图。

图 5-15 创建工程图模板

可以创建以下表示的基础视图占位符，如果设计包含这些表示，则占位符将更新以显示参考设计。

- 完整装配件
- 零部件
- 折叠零部件
- 展开模式
- 故事板

在占位符视图对话框中可以更改基础视图占位符的方向和样式以及其他选项。之后，为工程图模板内的占位符选择的选项将用于新工程图中的基础视图。

若要使用工程图模板，请执行以下操作：

可以在创建新工程图时包含工程图模板。

①从“设计”或“动画”中选择“新建工程图”以打开“创建工程图”对话框，如图 5-16 所示。

②在“模板”下拉菜单的目标下，选择一个模板或单击“浏览...”以从项目中选择现有的工程图模板，如图 5-17 所示。

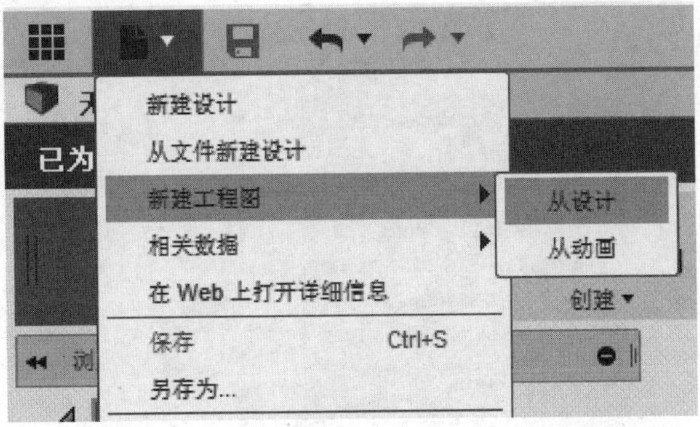

图 5-16　新建工程图

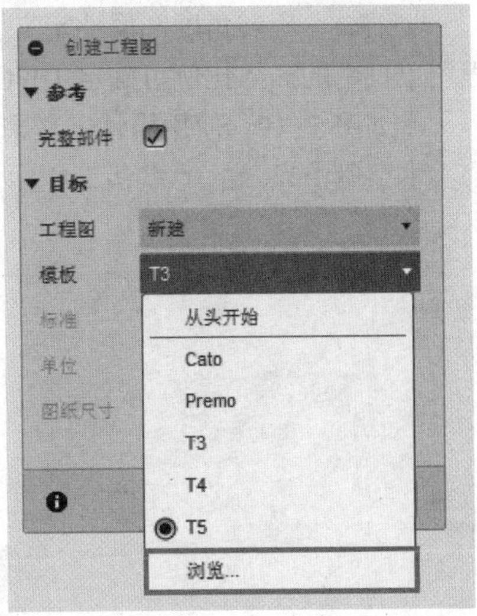

图 5-17　选择工程图模板

工程图模板中的设置和文本将应用于新工程图，并且视图和表格占位符将更新以显示参考设计。

若要修改现有工程图模板，请执行以下操作：

①从“数据面板”打开一个工程图模板。

②修改工程图模板，然后单击“保存”。

注：所做的更改将影响使用此模板创建的任何将来的工程图。但是，已经创建的任何工程图都不受影响。

5.3　自定义标题栏

标题栏通常包含 2D 几何图元、文本属性和图像。您可以在 AutoCAD 或 AutoCAD LT 模型空间中创建或修改这些 DWG 文件，如图 5-18 所示。

图 5-18　标题栏

标题栏特性：

①缩放、旋转角度和属性定义会直接从 AutoCAD 转换到 Fusion 工程图工作空间。工程图单位中的插入比例可确定 DWG 文件的缩放单位。

②如图 5-19，使用属性定义来定义在“标题栏”对话框中显示的“提示”，以及在每个文本字段中显示的“默认”文本。

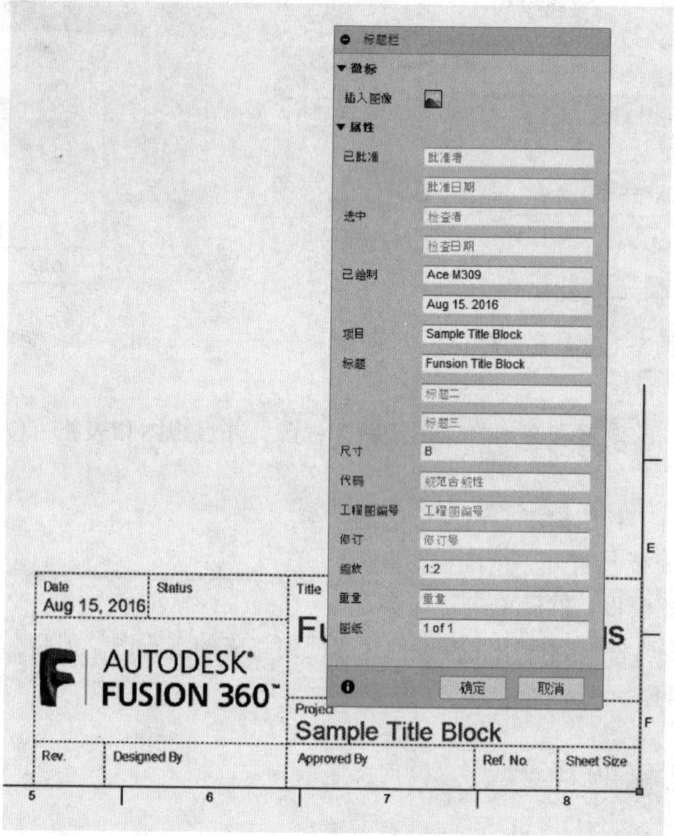

图 5-19 标题栏对话框

注：Fusion“工程图”工作空间获取 AutoCAD 中的 WCS 原点（0，0）并使该点位于图纸的右下角。

不支持的对象类型：

- 插入标题栏时，以下对象类型不受支持：
- 块（包括嵌套的块）
- 块定义
- 外部参照
- 字段
- 3D 几何体
- 自定义对象，如 AEC 对象

- 点云
- 地理位置对象

如果 DWG 文件包含任何块、嵌套块、块定义或外部参照，则它将无法成功插入到 Fusion“工程图”工作空间。当插入 DWG 时，任何字段、三维几何图元、自定义对象和地理位置对象均会被自动删除。

将图像包含在标题栏中：

要让标题栏包含图像时，请使用 AutoCAD 的 IMAGEATTACH 命令。

注：将图像作为自定义标题栏的一部分插入时，该图像将包含 Fusion 360“工程图”工作空间中的边框。

创建 DWG 文件以用作标题栏：

您可以插入任何 DWG 文件作为标题栏，只要其不包含任何不受支持的对象即可。使用 AutoCAD、AutoCAD LT 或其他 AutoCAD 系列产品创建直线、文本、图像、属性定义以及其他 2D 几何图元来生成标题栏。

插入 DWG 文件作为标题栏：

①在“图纸设置”下，选择“标题栏”>“插入标题栏”，如图 5-20 所示。

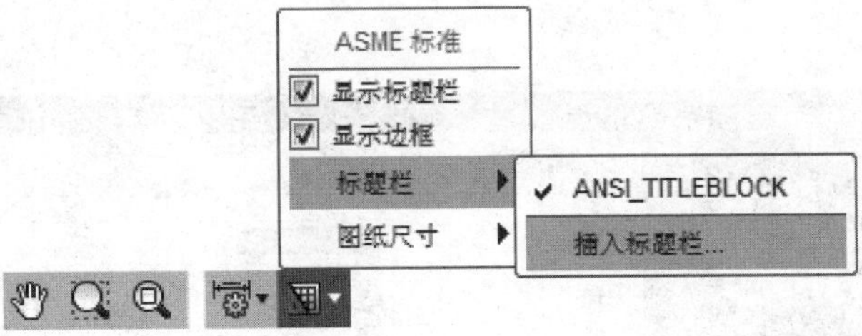

图 5-20　插入标题栏

②选择要插入为标题栏的 DWG 文件。

DWG 会插入到工程图纸中。要正确进行放置，请确保 AutoCAD DWG 文件中的 WCS 原点（0，0）是标题栏的右下角。

在 AutoCAD 中定义属性：

在 DWG 文件中使用 AutoCAD 创建属性定义时，这些属性会由 Fusion 工程图工作空间“拾取”，这意味着如果双击标题栏，可以在文本字段中填充您自己的标题栏提示。

①在 AutoCAD 的命令行中，输入 ATTDEF 命令。此时将显示“属性定义”对话框，如图 5-21 所示。

②添加标记。标记可在工程图中标识文本的位置，并且其仅在 AutoCAD 中显示。

③添加提示。提示是在 Fusion 360 工程图的“标题栏”对话框中显示的文本。

④添加默认文本（可选）。这是默认情况下在文本字段中显示的文本。

⑤在 DWG 中放置标记。

注：“锁定位置”可在位锁定属性定义，使其无法在 Fusion 360“工程图”工作空间中移动。如果取消选中“锁定位置”，则可以使用夹点在 Fusion 360“工程图”工作空间中移动属性定义，如图 5-22 所示。

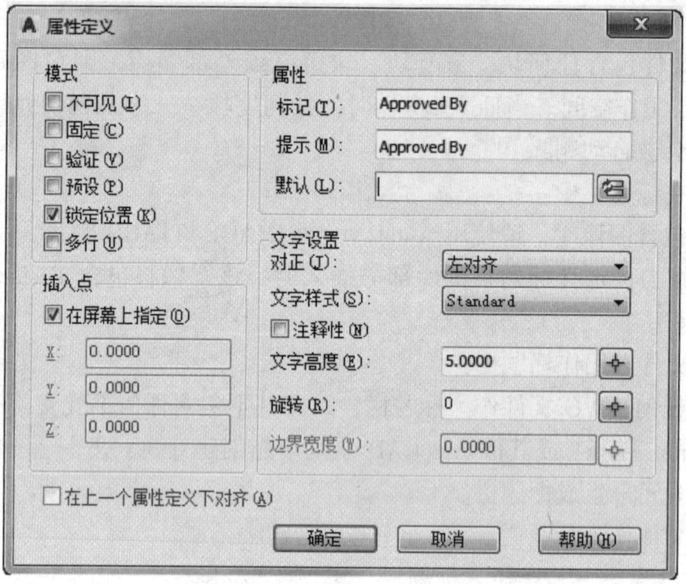

图 5-21　属性定义对话框

图 5-22　编辑属性定义

5.4 空表格

在工具栏上的“表格”选项卡中，选择“表格”。默认情况下，这将会创建一个明细表，但是，如果将对话框中的“参考”更改为“空表格”，则可以在画布中插入一个空表格。

创建表格后，可以修改其行和列的大小、更改其外观以及创建表格打断。您可以单击该表格上的任意网格线以选中该表格，然后使用夹点来修改该表格，如图 5-23 所示。

更改表格的高度或宽度时，只有与所选夹点相邻的行或列将会更改。表格的高度或宽度保持不变，如图 5-24 所示。若要根据正在编辑的行或列的大小按比例更改表格的大小，请在使用列夹点时按 Ctrl 键，如图 5-25 所示。

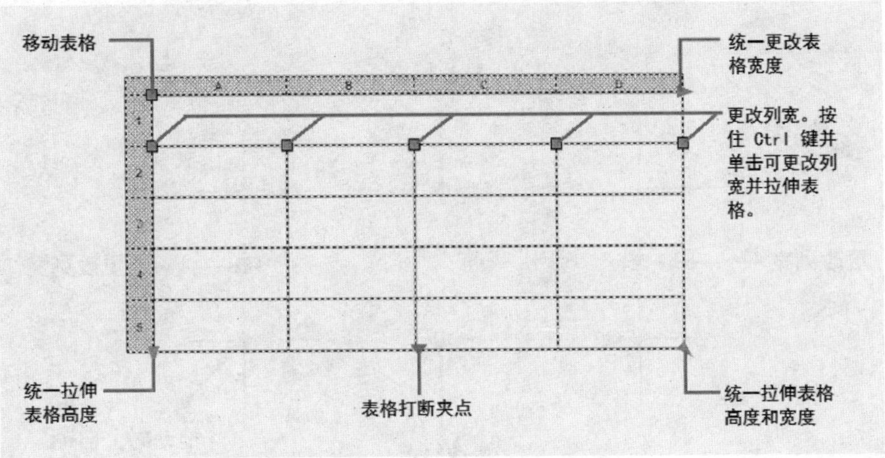

图 5-23 编辑表格 1

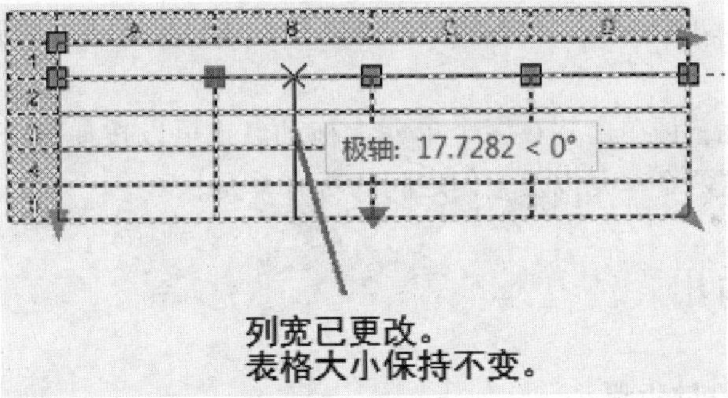

图 5-24 编辑表格 2

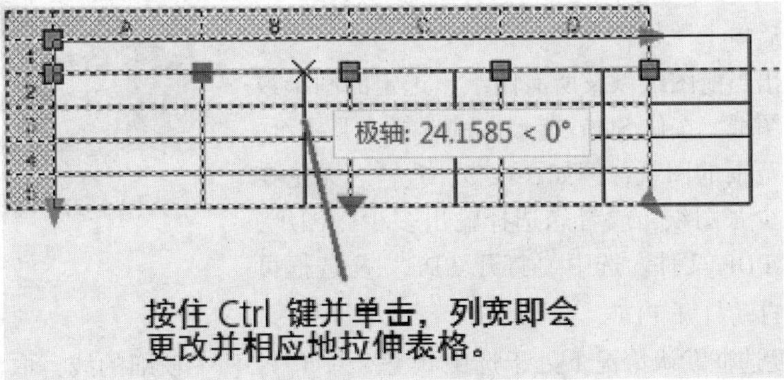

图 5-25 编辑表格 3

修改表格单元

在单元内单击以选中它。单元边框的中央将显示夹点。拖动单元上的夹点可以使单元及其列或行更宽或更小，如图 5-26 所示。

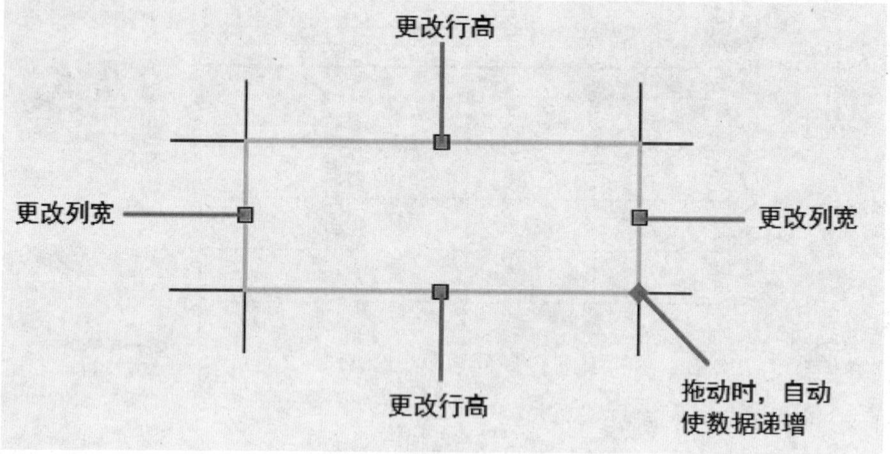

图 5-26 修改表格单元

注：选择一个单元后，双击以编辑该单元文字。也可以在单元亮显时开始输入文字来替换其当前内容。

要选择多个单元，请单击并在多个单元上拖动。也可以按住 Shift 键并在另一个单元内单击，同时选中这两个单元以及它们之间的所有单元。

5.5 工程图输出

输出为 PDF 文件的步骤：

①在“输出”工具组中，单击“输出 PDF”，如图 5-27 所示。

②在“输出 PDF”对话框中，选择所需的选项，输入文件名，然后单击“保存”。

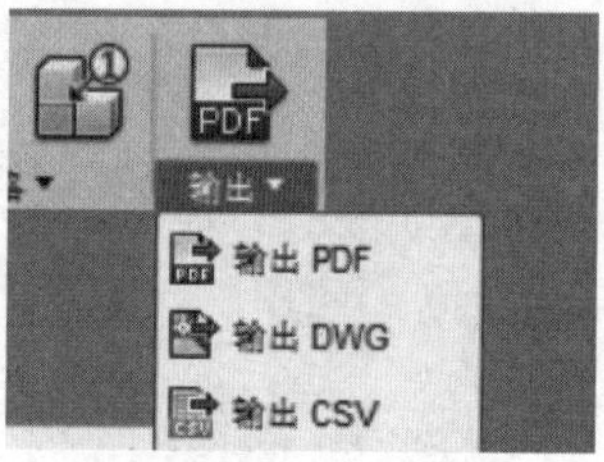

图 5-27 输出 PDF

可以仅输出当前图纸以及所有图纸、选定的图纸或者一定范围的图纸。按住 Shift 或 Ctrl 键选择多张图纸，或者选择所需范围的图纸，例如，1~3、5、7。无论在工程图中有多少张图纸，或者您选择输出多少张图纸，都会生成一个 PDF 文件。选中“打开 PDF”复选框可在输出完成后自动打开 PDF。

“线宽”复选框默认情况下处于选中状态。对于 PDF 中较细的线，取消选中该复选框，如图 5-28 所示。

注：如果要尝试输出包含过期内容的工程图，则将会显示错误消息。通过单击在工具栏上显示的“获取最新版本”按钮可以更新工程图。这是更新工程图的唯一方式。

如果要尝试输出包含解除关联的标注的工程图，将会显示错误消息，并且在图纸的缩

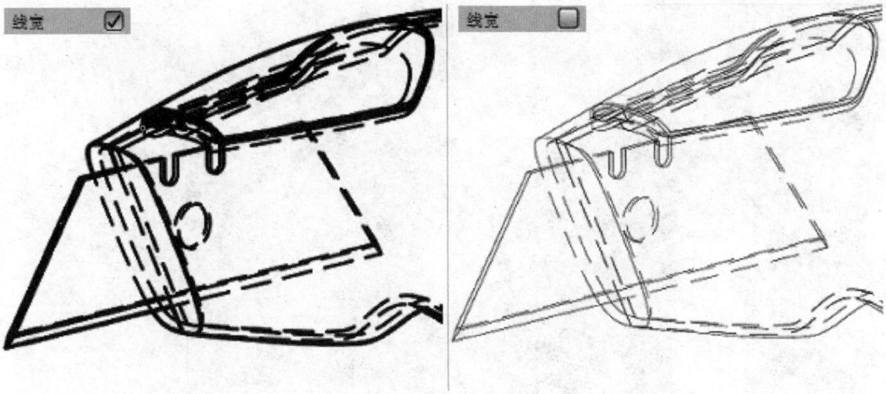

图 5-28 线宽

略图中会显示警告标志。警告标志将显示在包含 1 个或多个解除关联的标注的所有图纸上，如图 5-29 所示。

图 5-29 更新工程图

由于警告标志仅是信息，因此单击它没有任何影响。但是，单击图纸中的“注释监视器”标志将会提供删除解除关联的标注或重新关联标注的选项，如图 5-30 所示。

图 5-30 警告标志

输出为 DWG 文件的步骤：

①在“输出”工具组中，单击“输出 DWG”。

②在“输出 DWG”对话框中，选择所需的选项，输入文件名，然后单击“保存”。

输出为 CSV 文件的步骤：

①在“输出”工具组中，单击“输出 CSV”。

②在“输出 CSV”对话框中，选择所需的选项，输入文件名，然后单击“保存”。

5.6 工程图案例

步骤 1：打开第 4 章实例 1 床头柜的文件，如图 5-31 所示。如图 5-32 和图 5-33 所示，从设计新建工程图，在“创建工程图”对话框中，可根据自己的需求更改选项，单击“确定”。

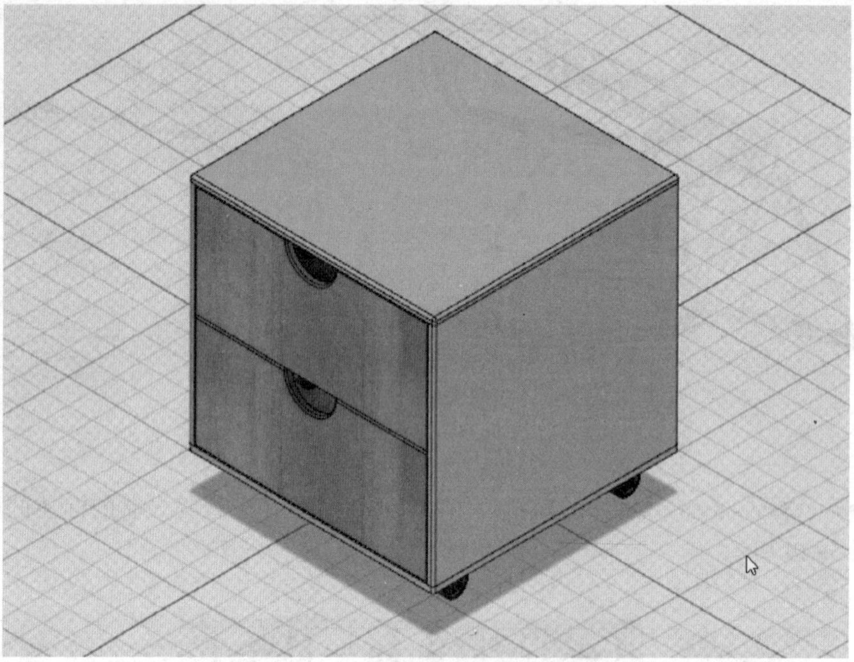

图 5-31　床头柜模型

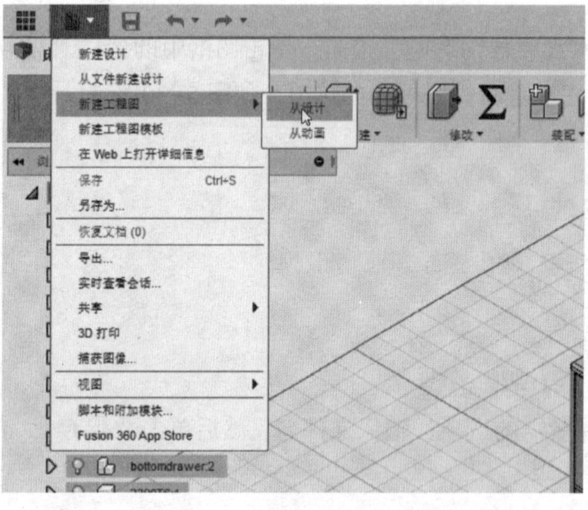

图 5-32　新建工程图示意

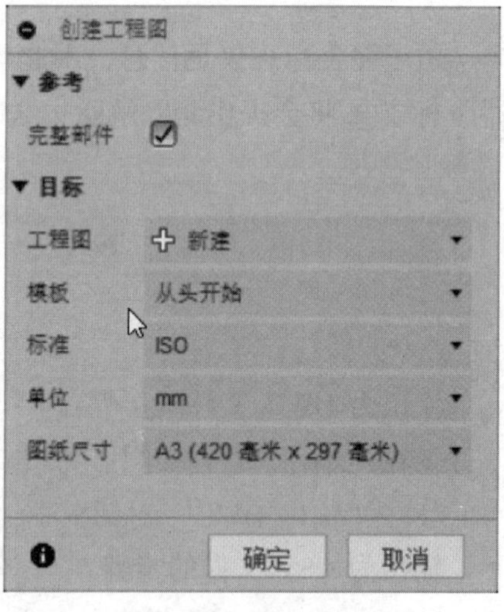

图 5-33　创建工程图选项

步骤 2：如图 5-34 所示，生成工程图，系统将会生成所选零部件的二维投影，单击鼠标左键，以选择放置视图的位置。如图 5-35 和图 5-36 所示，执行“工程视图—投影视图”命令，根据提示，选择父视图，往需要的方向移动，系统会自动识别，并显示这个方向的投影状态，单击鼠标左键，放置视图到合适位置，就完成了一个视图的投影，重复此项动作，完成至如图 5-37 所示。

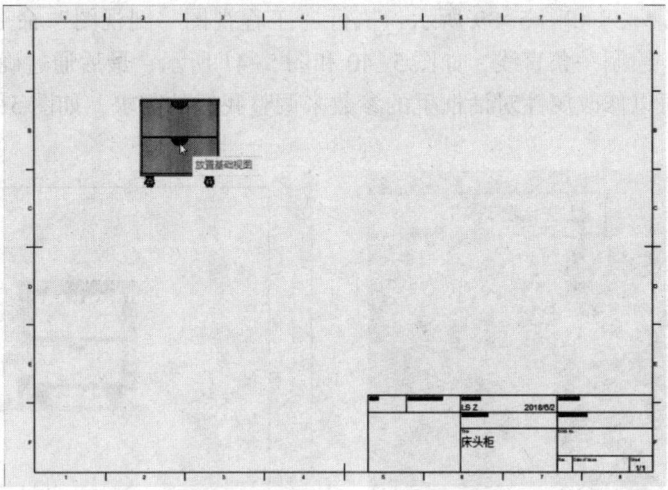

图 5-34 生成工程图

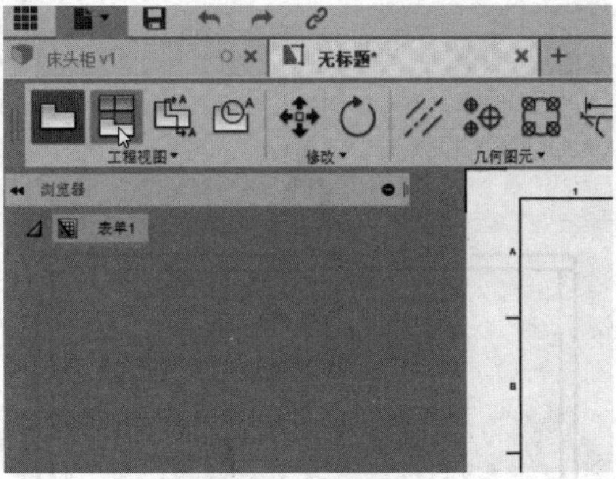

图 5-35 投影视图命令

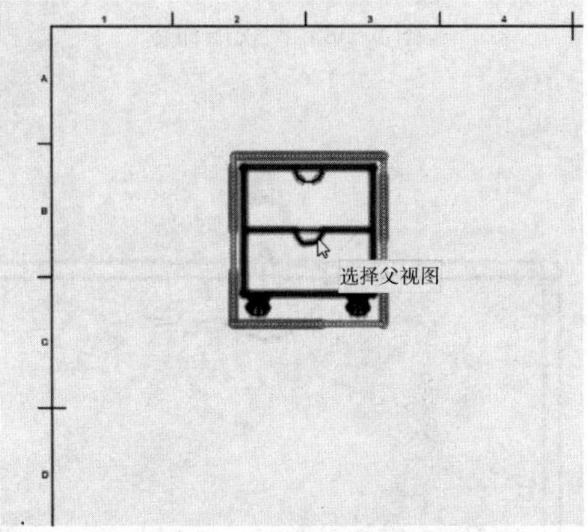

图 5-36 选择父视图

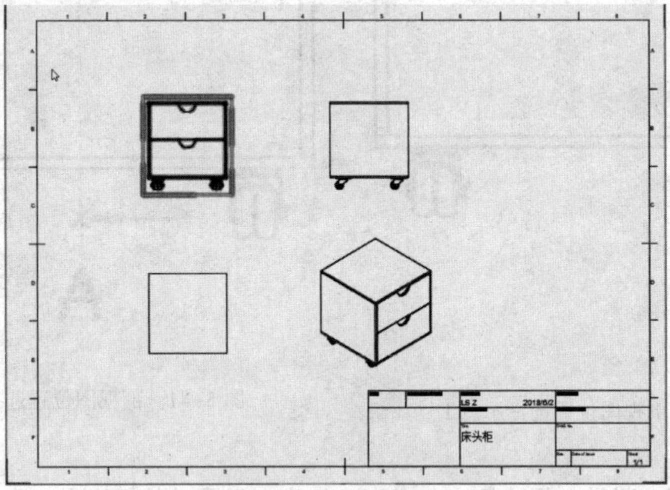

图 5-37 完成视图投影

步骤3：如图5-38和图5-39所示，执行“工程视图—剖视图”命令，选择父视图。根据鼠标的提示，绘制一条直线，如图5-40和图5-41所示，最后通过确认位置完成剖视图的绘制，同样可以修改属性对话框里的参数来调整我们的需求，如图5-42所示。

图5-38　剖视图命令

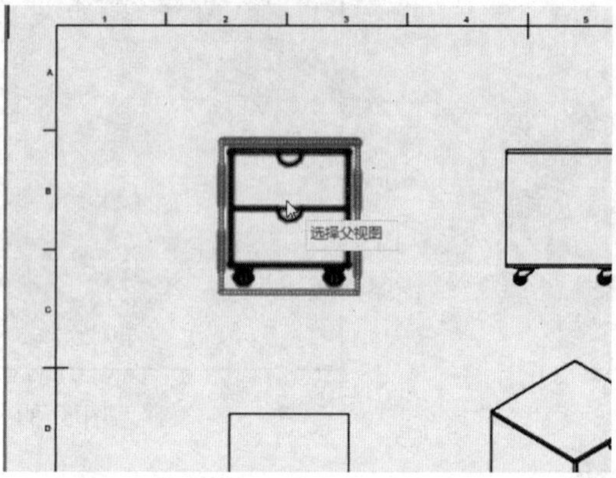

图5-39　选择父视图

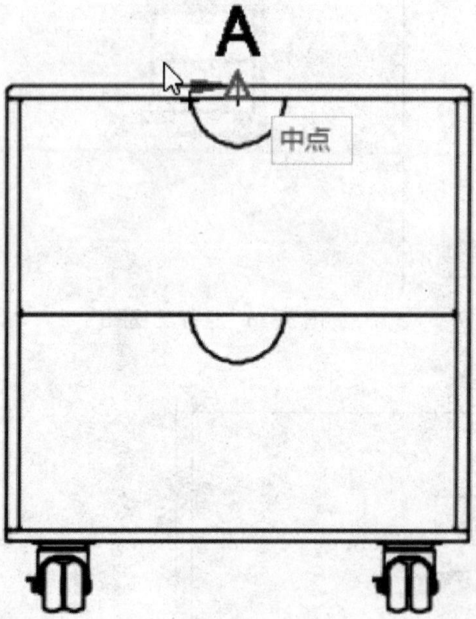

图5-40　剖视图位置选择示意1

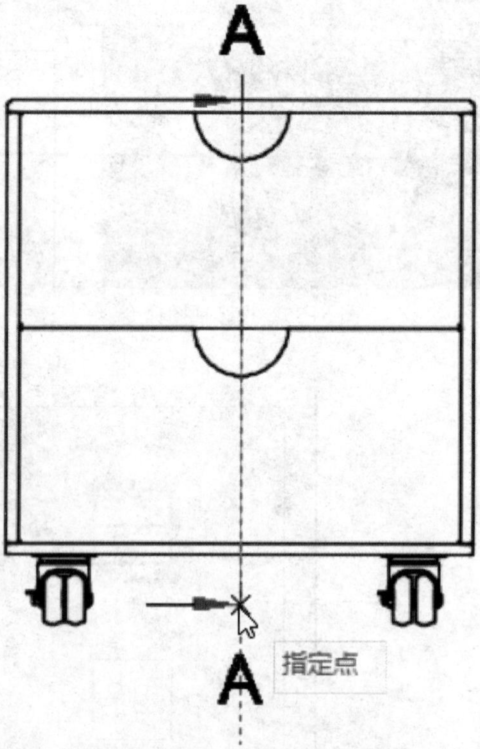

图5-41　剖视图位置选择示意2

步骤4：执行“尺寸—尺寸标注”命令，先为主视图进行标注，如图5-43和图5-44所示。重复此操作，为其他视图进行标注，如图5-45所示。

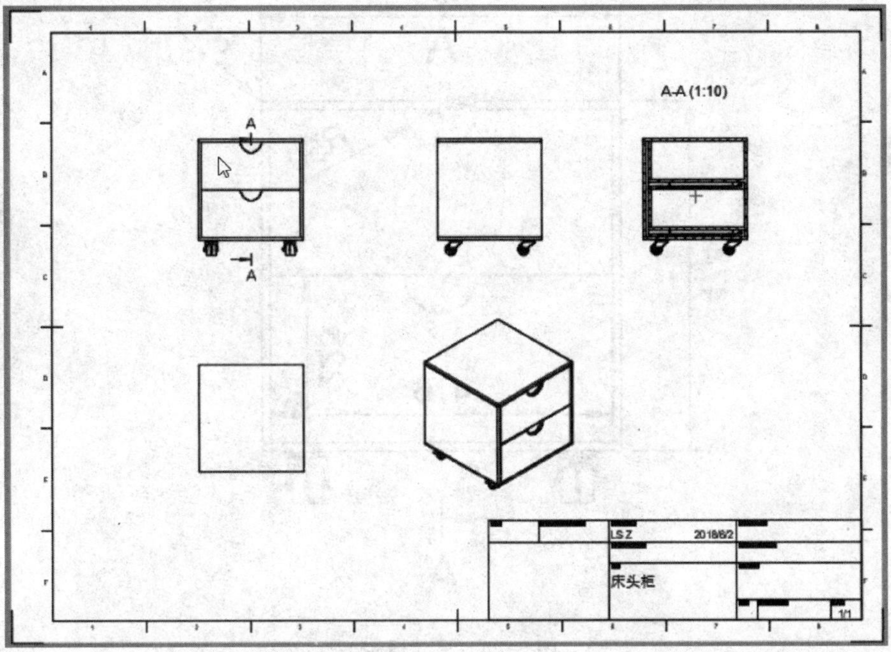

图 5-42 完成剖视图

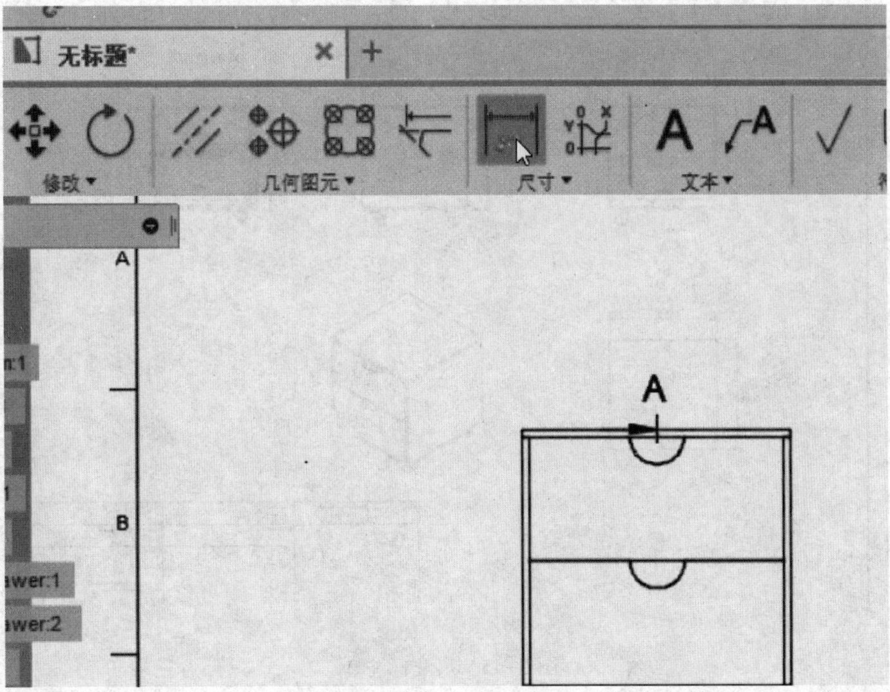

图 5-43 尺寸标注命令

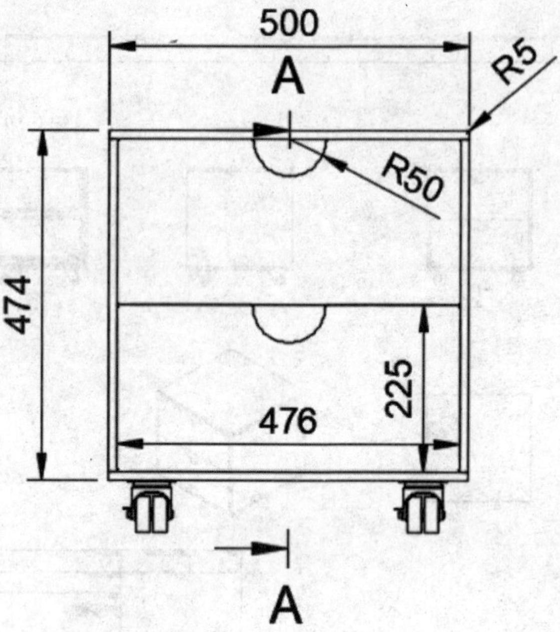

图 5-44　尺寸标注 1

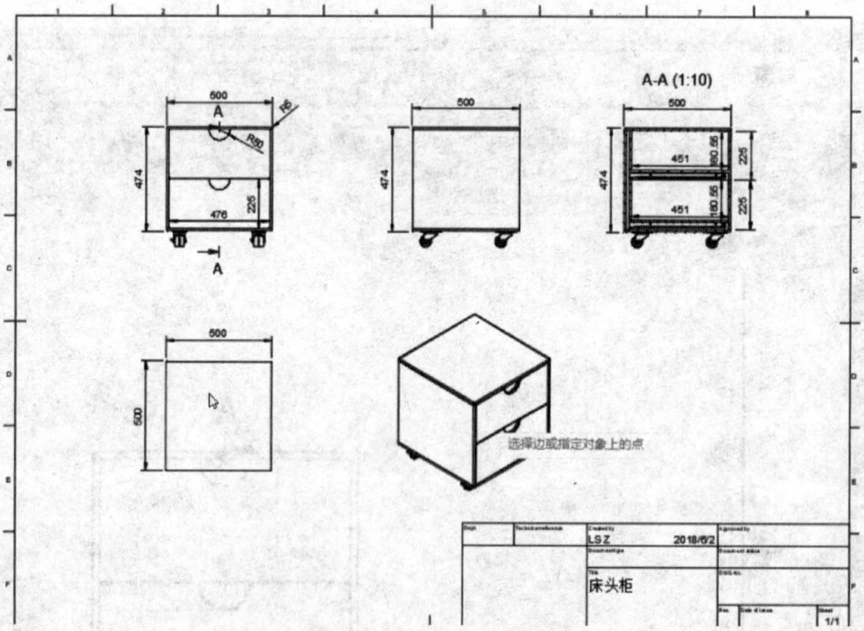

图 5-45　尺寸标注 2

步骤 5：执行“表格—表格”命令，如图 5-46 所示，将表格放置在适宜的位置，如图 5-47 所示。

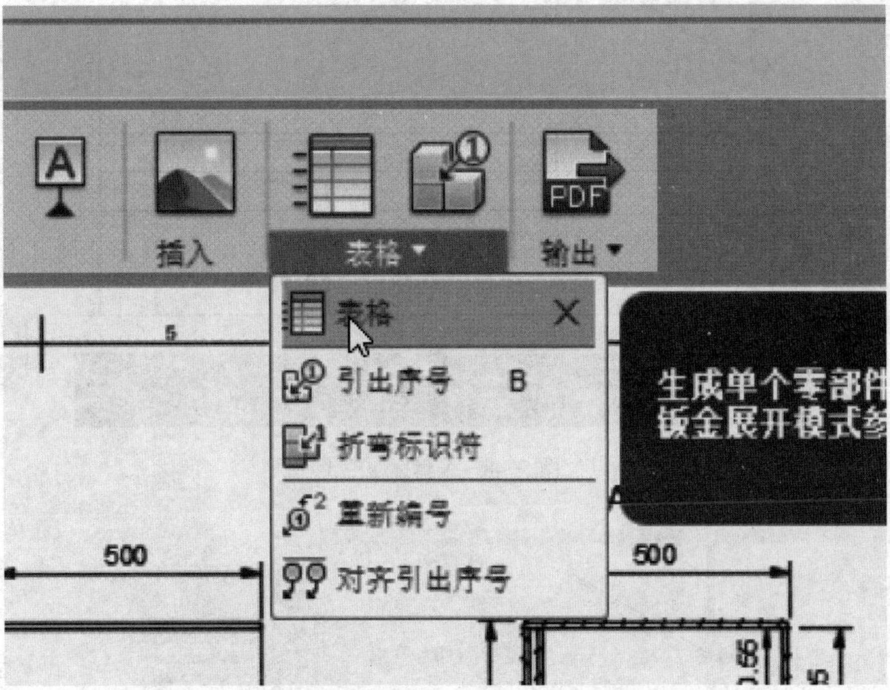

图 5-46 表格命令

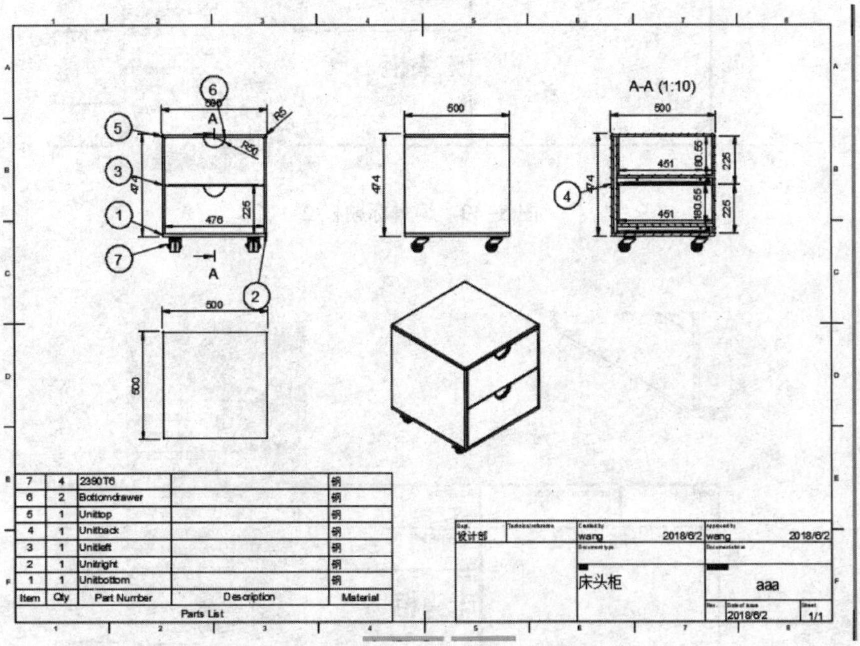

图 5-47 插入标题栏

步骤 6：双击右下角的标题栏，弹出“标题栏”对话框，如图 5-48 和图 5-49 所示。如图 5-50 所示，在属性的每个空格中填入相应信息。单击确定，如图 5-51 和图 5-52 所示。

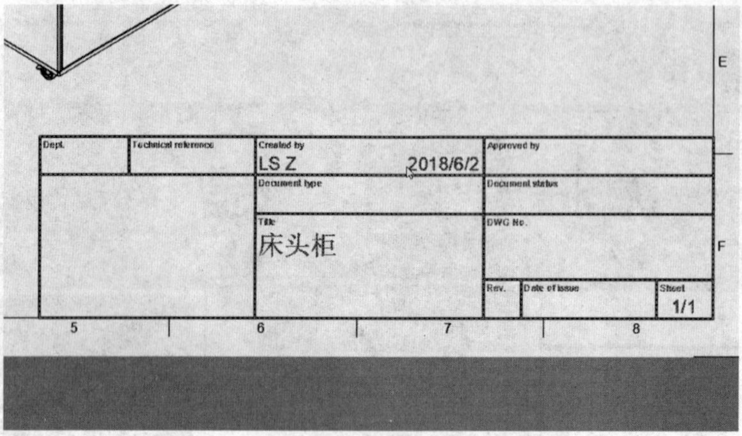

图 5-48 编辑标题栏 1

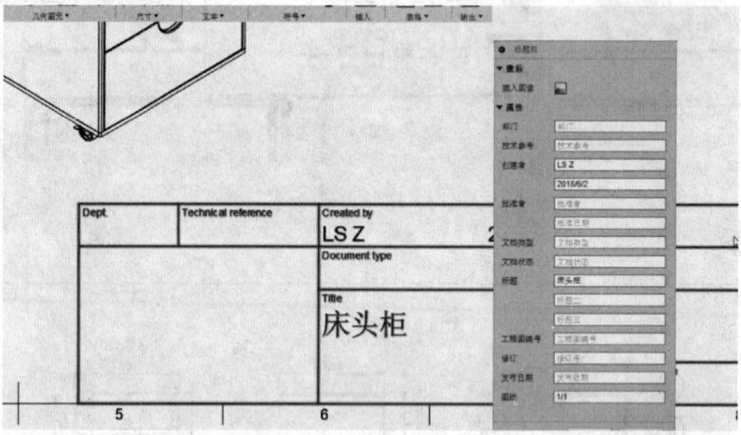

图 5-49 编辑标题栏 2

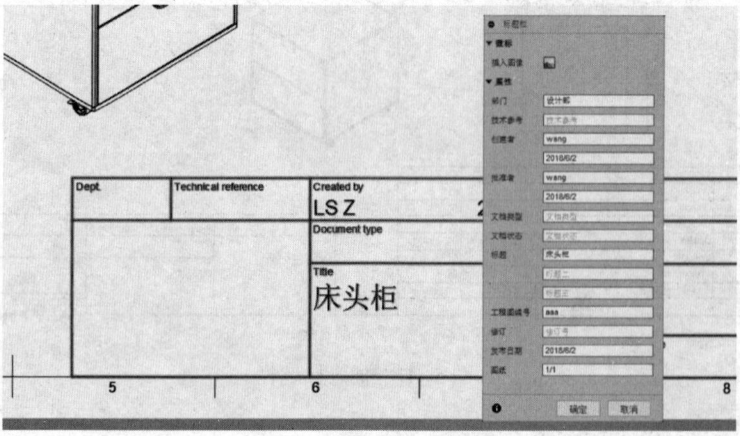

图 5-50 编辑标题栏 3

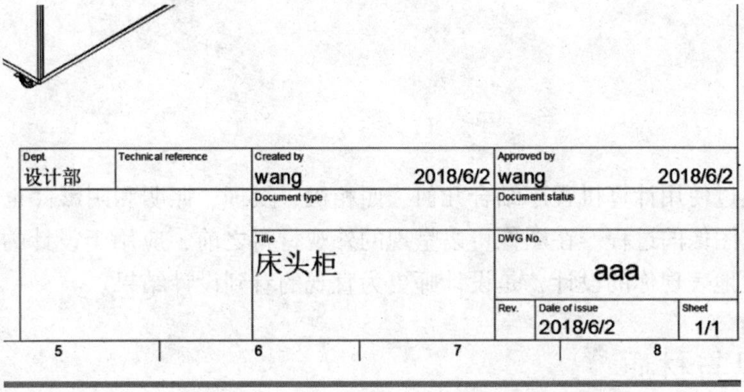

图 5-51 完成标题栏

步骤 7：输出工程图，可根据需求，输出为如图 5-52 所示的三种格式。

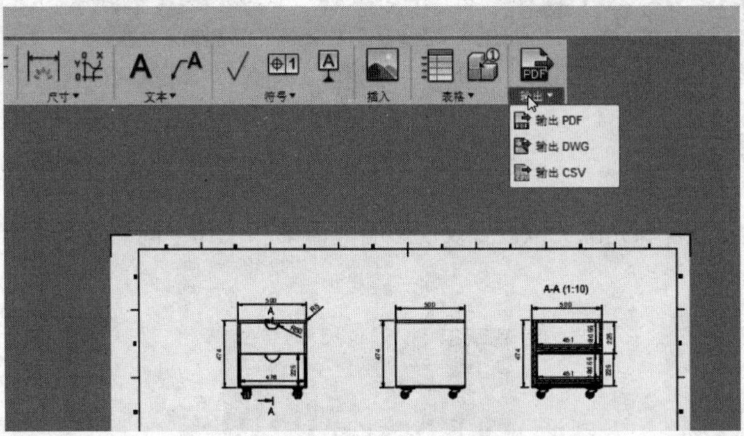

图 5-52 输出工程图

6 渲染

渲染是通过使用计算机程序结合几何、照相机、纹理、照明和阴影（也称为材料）信息从模型生成图像的过程。在图像可以呈现的外观材料之前，应用于设计的各个部分，形象化、视觉化地表现你的设计，是设计师更为直观的看到设计结果。

6.1 外观与材质

渲染工具栏如图 6-1 所示。

图 6-1 渲染工具栏

6.1.1 场景设置

为场景设置环境和光源，该设置仅仅影响“渲染”工作空间。场景设置命令面板如图 6-2 所示。

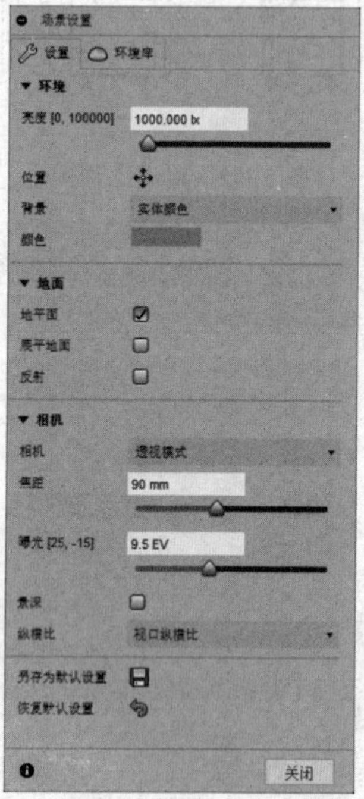

图 6-2 场景设置

我们用一个模型案例来详细了解一下案例工作。打开第 4 章中创建的床头柜模型，进入渲染工作环境。这时候软件默认的材质是不锈钢，我们暂且不去理会材料的设置，先来观察一下场景和模型。场景中有默认的灯光和阴影，而且质量还不错，如图 6-3 所示。

图 6-3　渲染工作空间

单击“场景设置”命令，弹出命令面板。可以看到有两个子面板：设置和环境库。

6.1.1.1　设置

包括三大模块——环境、地面和相机。

(1) 环境

环境下的参数主要是设置灯光和阴影。

①亮度：主要设置光源。首先，调高亮度值，让场景载亮一些。向右拖动亮度滑块，亮度数值随之增大至如图 6-4 所示的时候，我们发现场景中的模型变亮了。

图 6-4　调节亮度

②位置：主要是调整阴影。单击位置旁边的“移动”图标，会弹出一个旋转滑条，如图 6-5 所示。

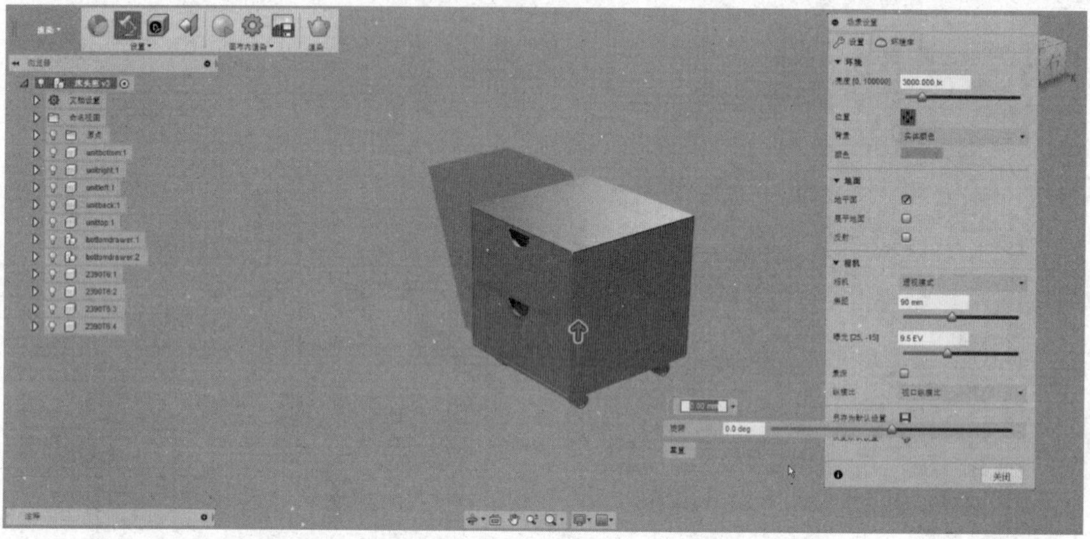

图 6-5 调节阴影

拖动滑条上的滑块，角度数值随之变化，阴影角度也随之变化。单击“重置”按钮可恢复阴影的设置，如图 6-6 所示。

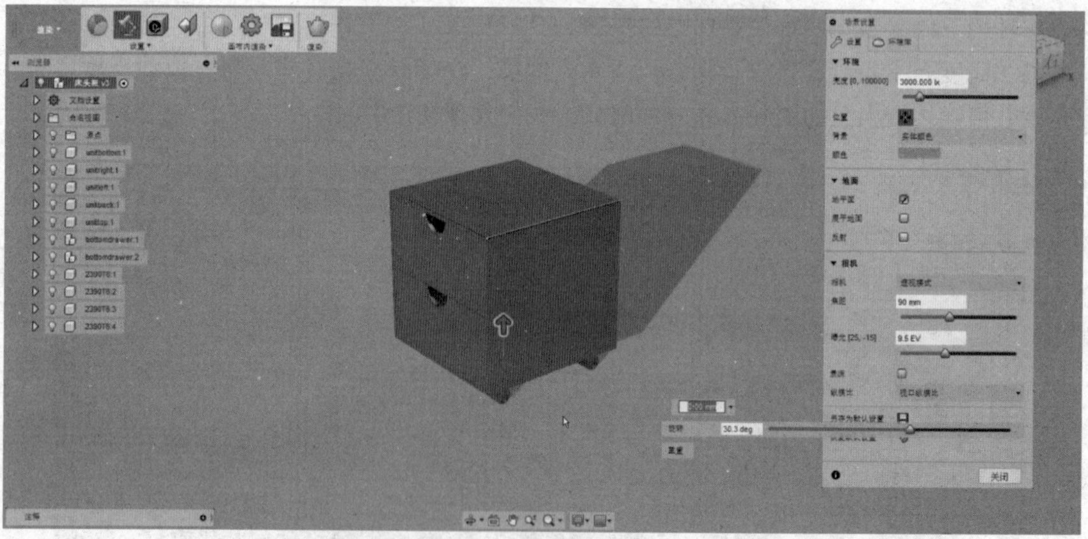

图 6-6 调节角度 1

我们还可以把鼠标放在操纵器由上向下拖动，使阴影和模型分离，如图 6-7 所示。

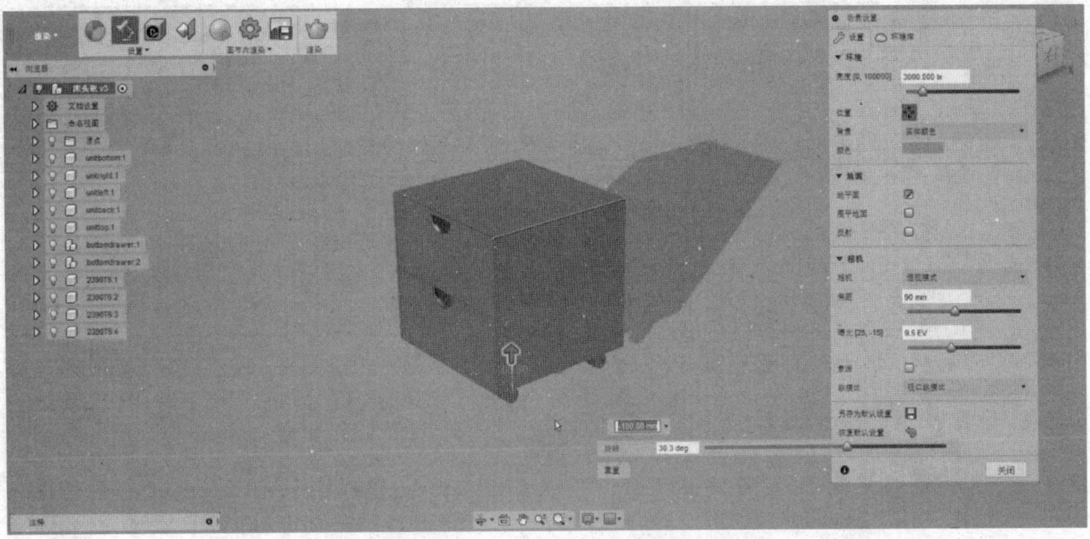

图 6-7 调节角度 2

③背景：包括环境和实体颜色，我们选择实体颜色并调整下面颜色按钮的颜色，略微向红色调整一些，如图 6-8 所示。

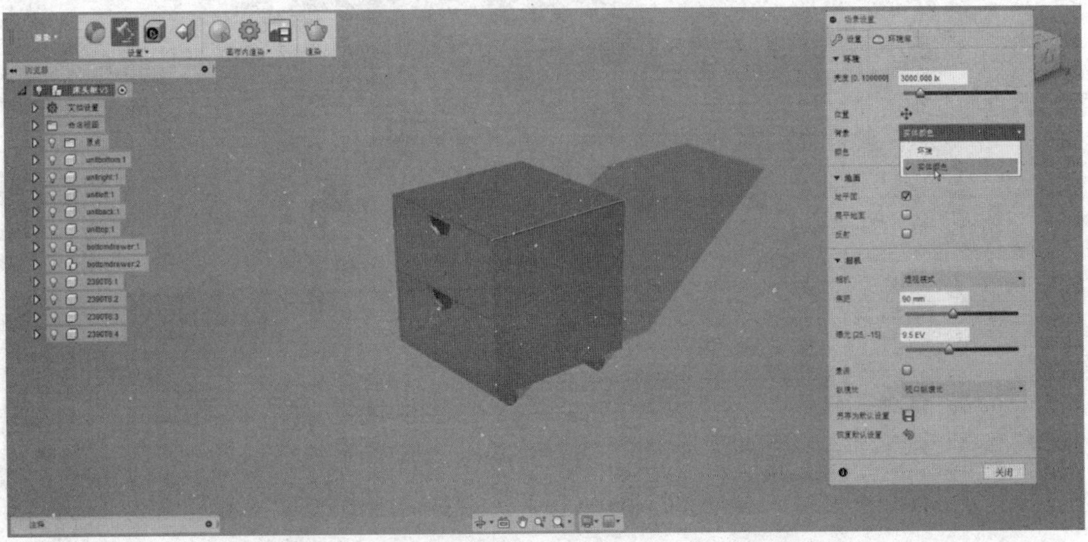

图 6-8 调整背景

④颜色：主要调整场景颜色。这样我们把场景调整得夸张一些，以帮助读者理解，如图 6-9 所示。

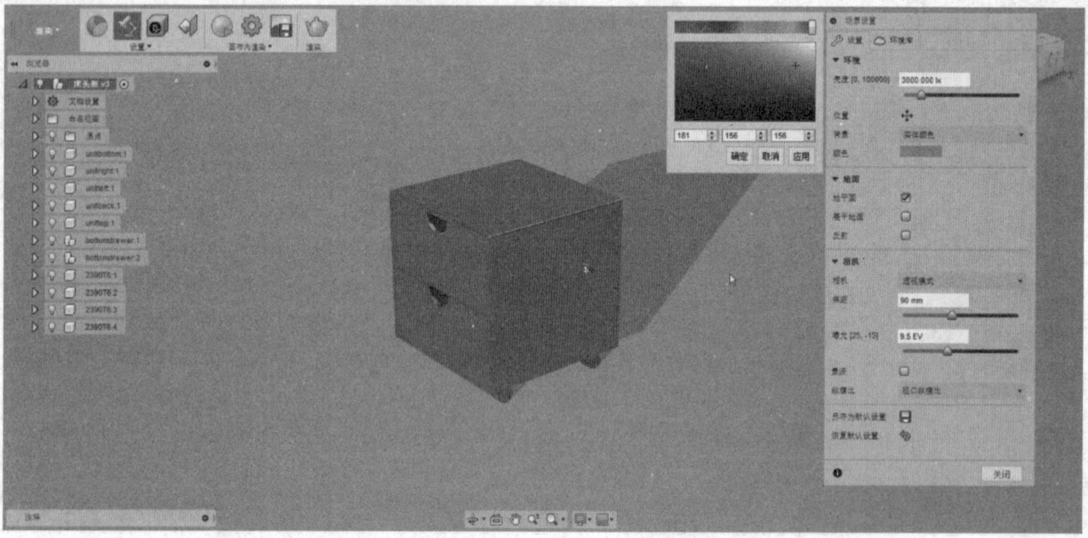

图 6-9　调整颜色 1

把拾色标放在拾色器的左上角，大红色的位置上，单击“应用”按钮。现在整个场景都变成夸张的大红色，如图 6-10 所示。然后我们把参数设置到刚才的灰色场景。

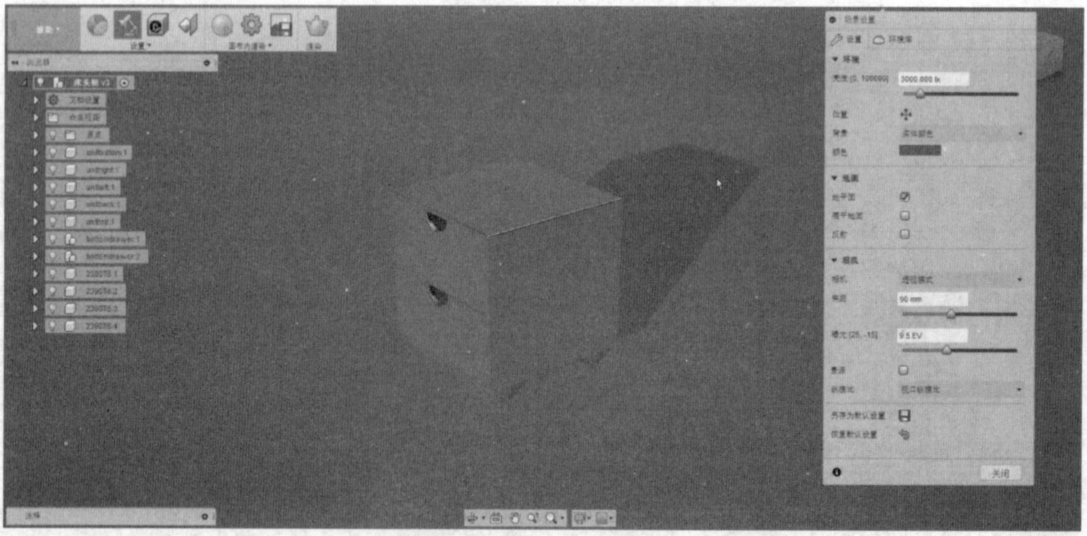

图 6-10　调整颜色 2

（2）地面

有地平面、展地平面和反射三个选项。主要是设置地面上的物体，包括阴影。首先勾选“反射”选项，这时候视图中地面出现了反射的倒影，如图 6-11 所示。

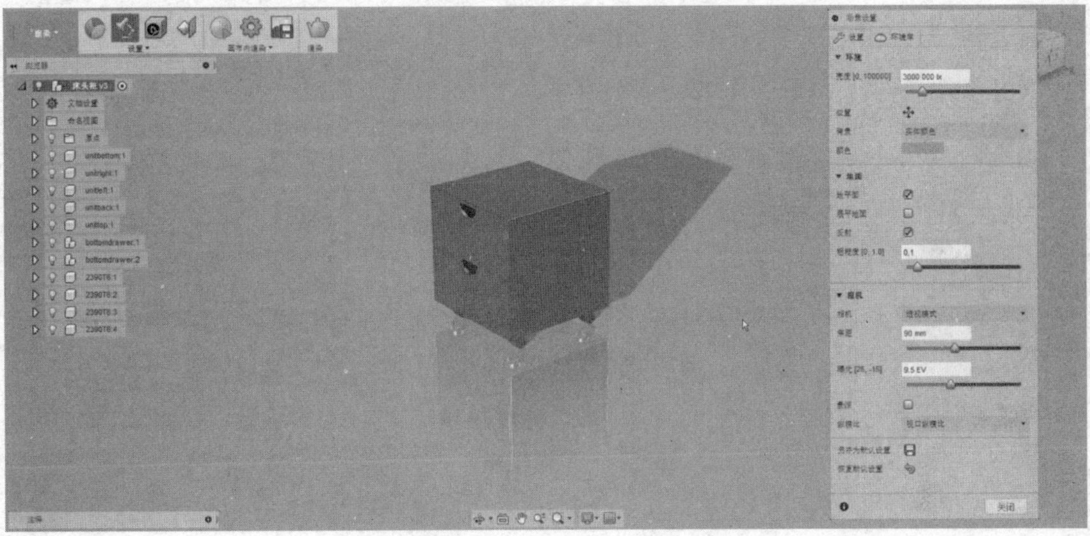

图 6-11　设置地面 1

勾选“反射”选项后，在“反射”选项下方出现了“粗糙度”的数值和滑块，向右拖动滑块到尽头，看到视图中的反射倒影模糊了，如图 6-12 所示。

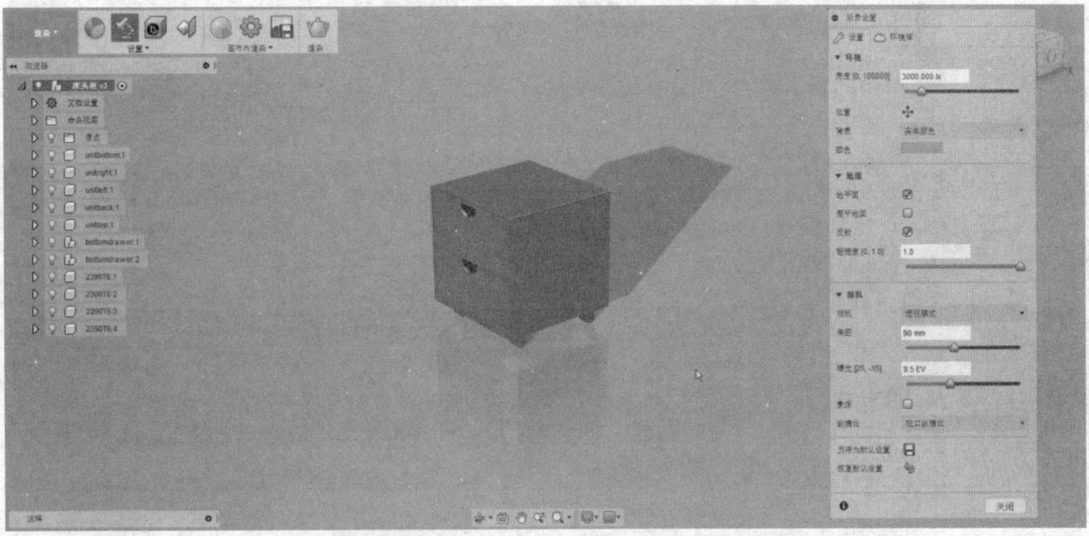

图 6-12　设置地面 2

(3) 相机

可设置相机的透视模式、焦距、景深和视图纵横比等选项。

①有正交、透视模式和具有正交面的透视图三种相机模式，如图 6-13 所示。

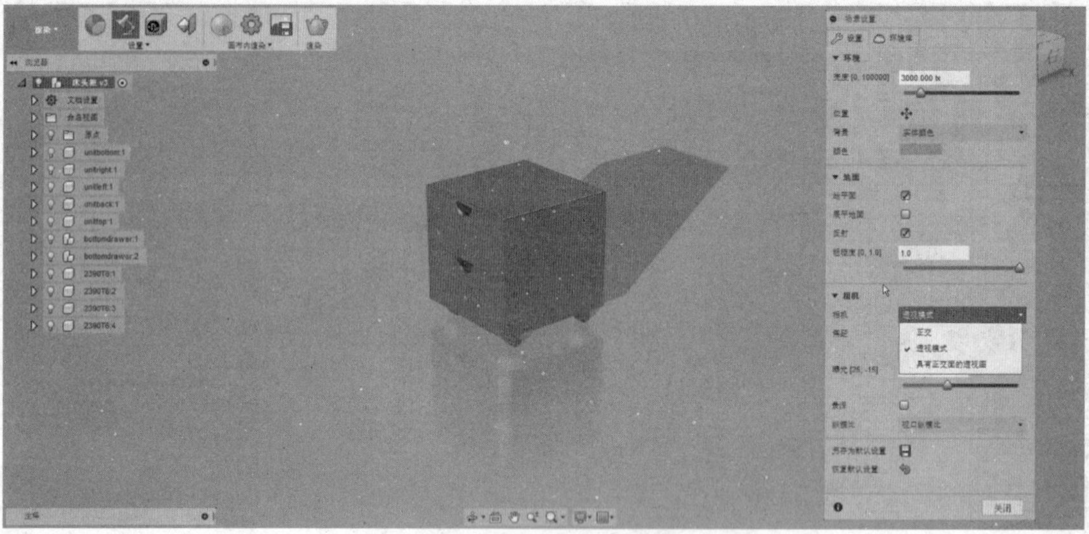

图 6-13 相机模式

②焦距：把焦距滑块向左拖动，观察视图。焦距默认值为 90mm，如图 6-14 所示。

图 6-14 焦距

③暴光：如果感觉模型光线不足，尤其是暗部过暗，导致细节展现不清晰，可以通过拖动暴光选项滑块增加场景暴光度。向左拖动滑块，场景模型变暗，向右拖动滑块，场景模型变亮，如图 6-15 和图 6-16 所示。

图 6-15 暴光 1

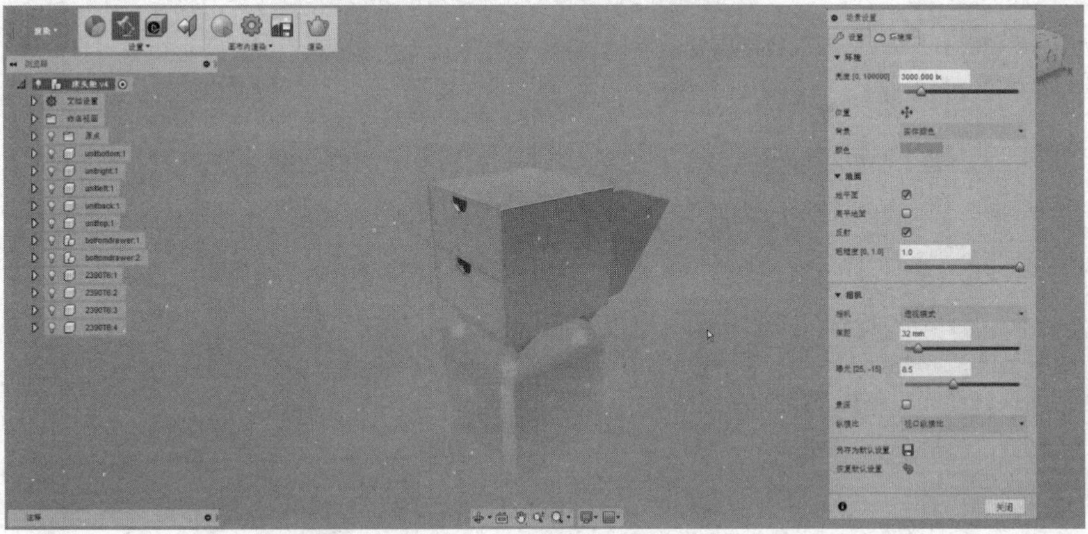

图 6-16 暴光 2

④景深：只有使用了光线跟踪，才能使用景深选项和参数。

⑤纵横比：选择视图纵横比关系。例如 1∶1、4∶3、16∶9，等，如图 6-17 所示。

6.1.1.2 环境库

提供了很多环境类型，需要在云服务下才能下载和使用，如图 6-18 所示。

下载一个“十字路口”类型，并在模型上双击应用。效果如图 6-19 所示，模型上反映出了环境上的图片。

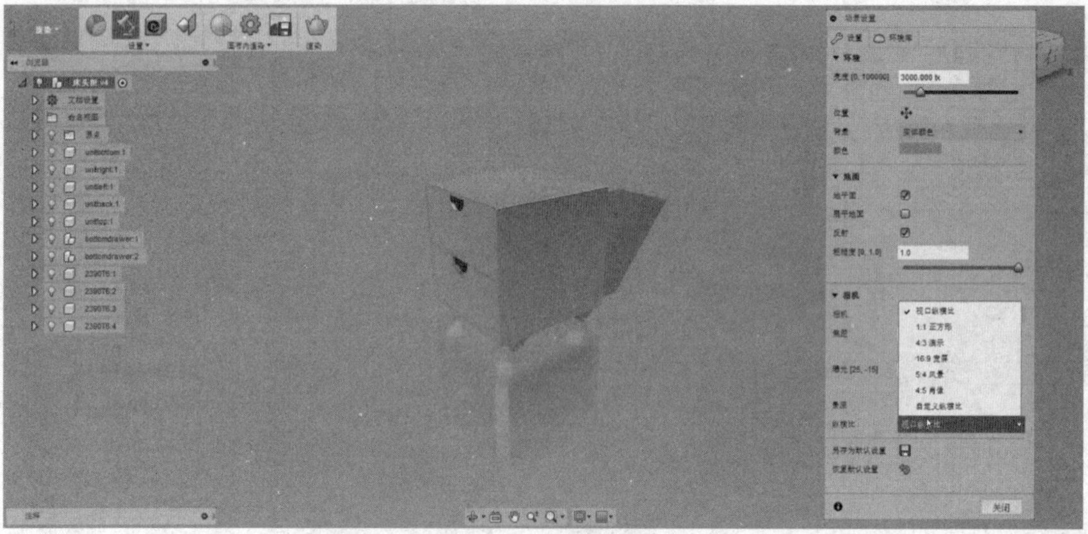

图 6-17　视图纵横比

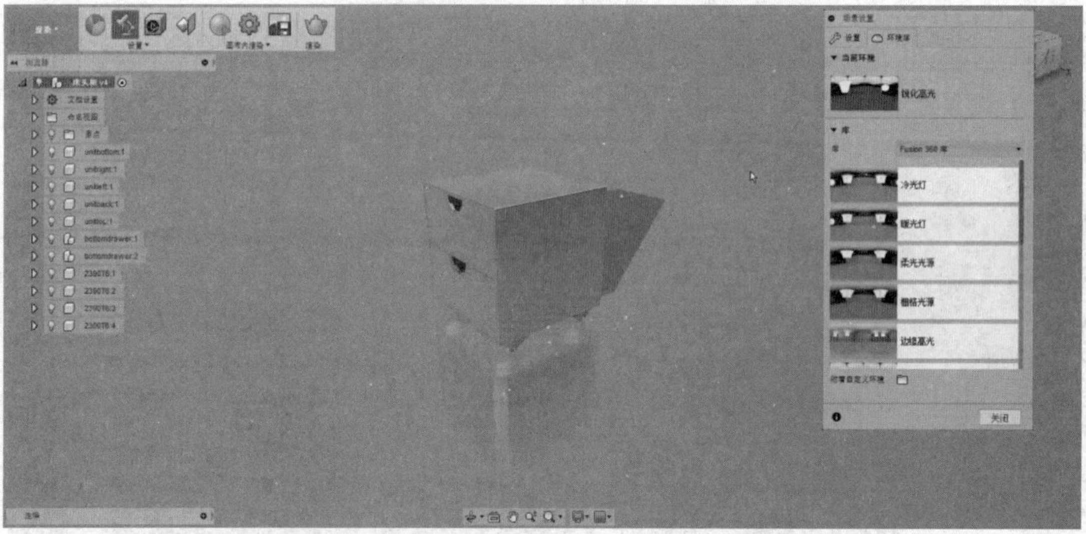

图 6-18　环境库 1

视图最下方为渲染作品库，其作用是保存渲染作品，如图 6-19 所示。

6.1.2　外观

在 Fusion 360 中，外观命令包含了外观库，这里为设计师提供了丰富的材料选择，而且很有针对性。

外观：会影响实体、零部件和面的颜色。外观可替代从物理材料指定的颜色。外观不会影响工程属性。将外观从对话框拖动到实体、零部件或面。

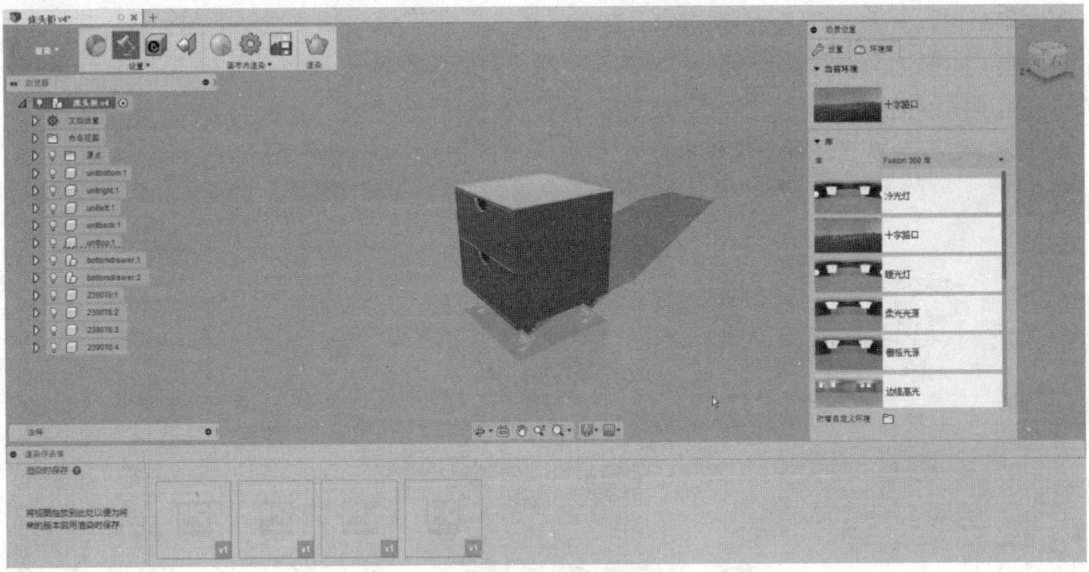

图 6-19 环境库 2

我们有三种办法进入外观命令。第一种是模型完成后，单击渲染模块，在工具栏中有外观命令；第二种是在模型上单击右键选择外观命令；第三种是在浏览器中选择实体，然后右键选择外观命令。在外观命令面板中 Fusion 360 提供了包括玻璃、皮革和布料、金属、其他、涂料、塑料、木材等大类别的选项，如图 6-20 所示。

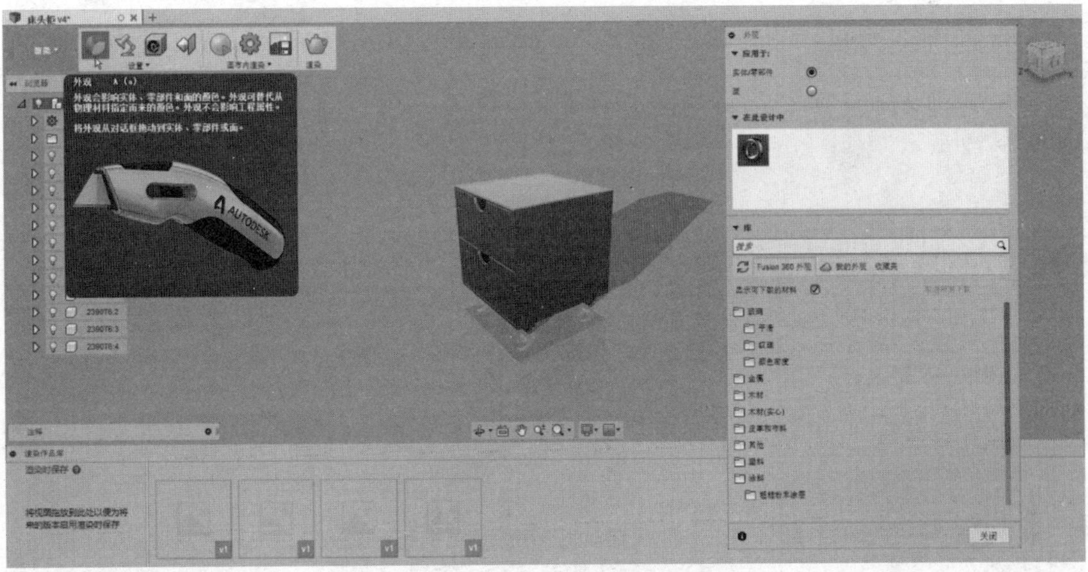

图 6-20 外观

而这些外观库的材料大类下面，又被细分为很多小类可供选择的材料质感。

例如：玻璃类下面又分为颜色密度、平滑、纹理三项；皮革和布料类下面又分为织物和皮革两类；金属类下面又分为铝、黄铜、青铜、铁、铬、钢、黄金、铅、锡、钯、白金、银、不锈钢、钛等。

其他类下面有碳纤维、发射、环境、泡沫、宝石、地平面、图纸、香蕉、水、蜡等。

涂料类分为有光泽和金属两种；塑料类分为不透明、半透明和透明三种，如图 6-21 所示。

图 6-21　赋予材质 1

这些小类材质下面才是具体的材质分类及可视化。下面以木材类为例，选择未加工，如图 6-22 所示。

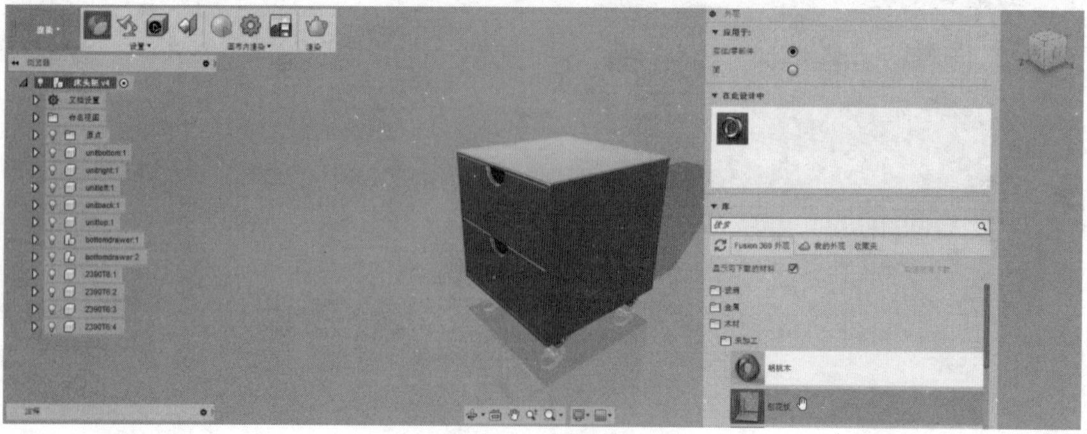

图 6-22　赋予材质 2

在使用这些材质时，要将外观库中的材质拖曳到“在此设计下”的材质栏中，我们把木材—未加工—刨花板拖曳到“在此设计下”的材质栏中，如图 6-23 所示。

图 6-23 赋予材质 3

现在就可以吧“在此设计下”的材质栏中的材质拖曳到场景模型中，把材质赋予实体模型。现在柜体变成了如图 6-24 所示的样子。

图 6-24 赋予材质 4

接下来，我们把木材—已加工—胡桃木—有光泽拖动到“在此设计下”的材质栏，把“应用于”下的选项选择为“面”。再把木材—已加工—胡桃木—有光泽拖动到柜子各个面上，如图 6-25 所示。

注意：“应用于”下的选项有两个：“实体/零部件”和“面”。“实体/零部件”针对整个实体的材料设置；而“面”则是针对某些局部面的材料设置。

而双击“在此设计下”材质栏的材料，就会弹出调整面板，可以对材料外观进行调整。除了调整材料表面的颜色外，还可以根据不同的材料特征，通过参数或者滑块设置一些材质的粗糙度、吸收距离、折射率等，如图 6-26 所示。

图 6-25　赋予材质 5

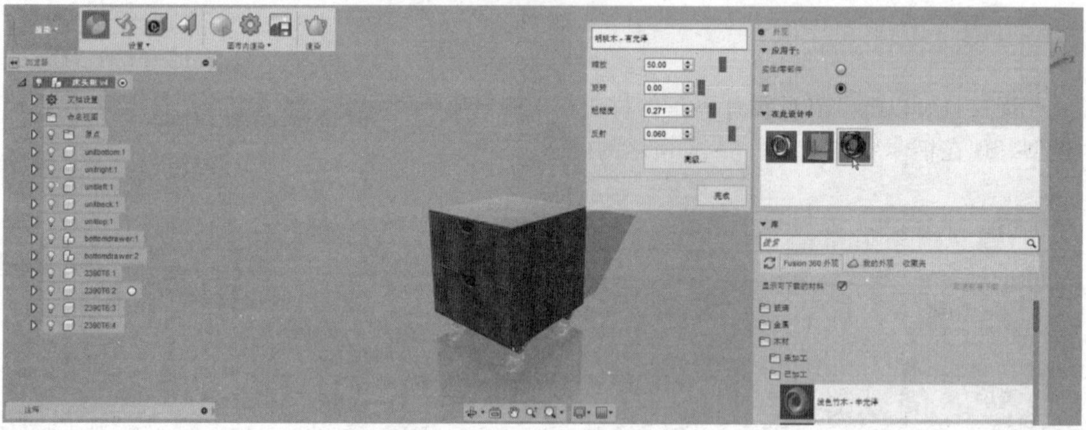

图 6-26　编辑材质 1

单击“高级”按钮，弹出材质编辑器，如图 6-27 所示。

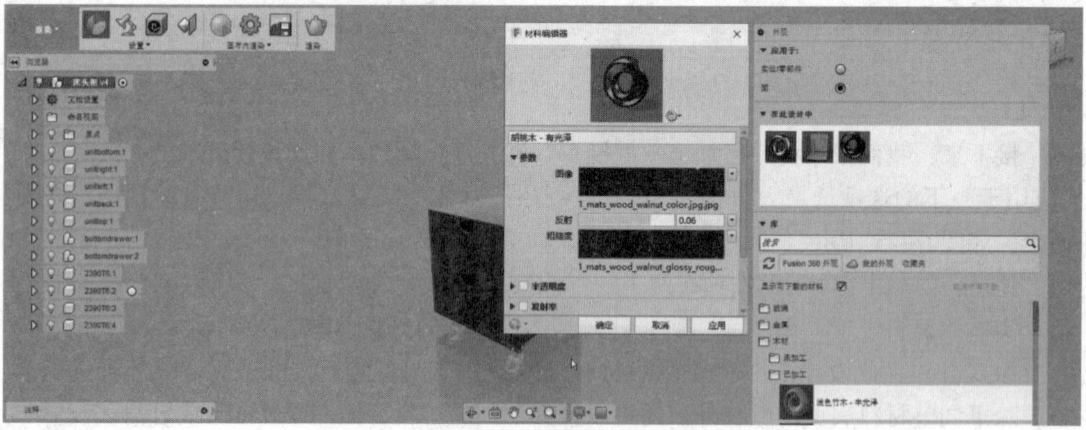

图 6-27　编辑材质 2

6.1.3 材质编辑器

材质编辑器通常是进行材料属性的高级别的参数设置，一般来说包括四个部分：参数、浮雕图案、裁切和高级高光控件，如图 6-28 所示。

在“参数”一栏中，进行通用参数的设置，参数中的“反射”选项调节模型暗部的反光强度，“粗糙度”选项调节物体表面的粗糙和磨砂效果，决定了高光的清晰程度，如图 6-29 所示。

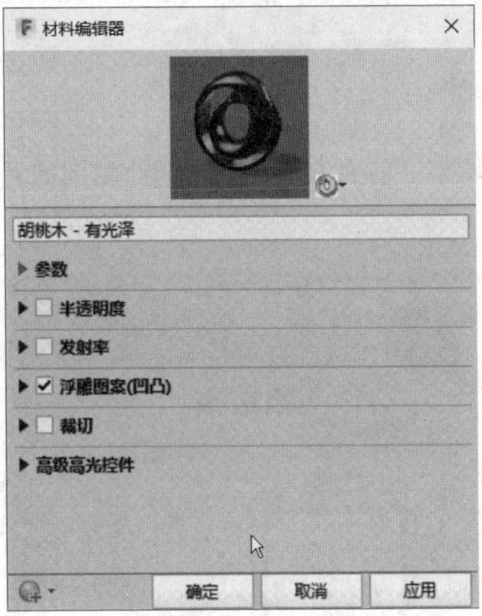

图 6-28　材质编辑器

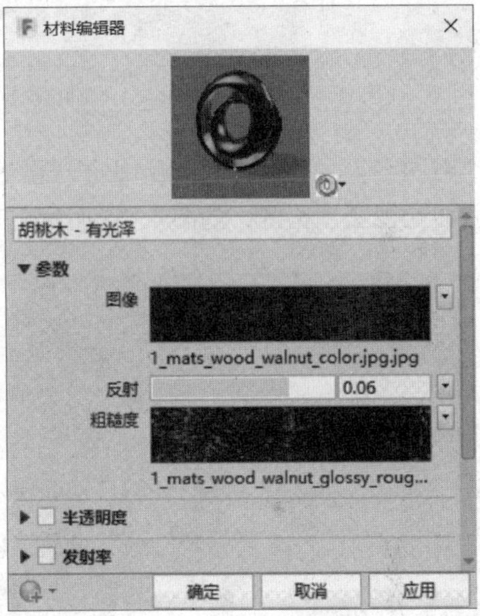

图 6-29　参数设置

在这里可以单击“编辑颜色”或“编辑图像”按钮，对颜色或图像进行调整和编辑，如图 6-30 和图 6-31 所示。

图 6-30　编辑图像

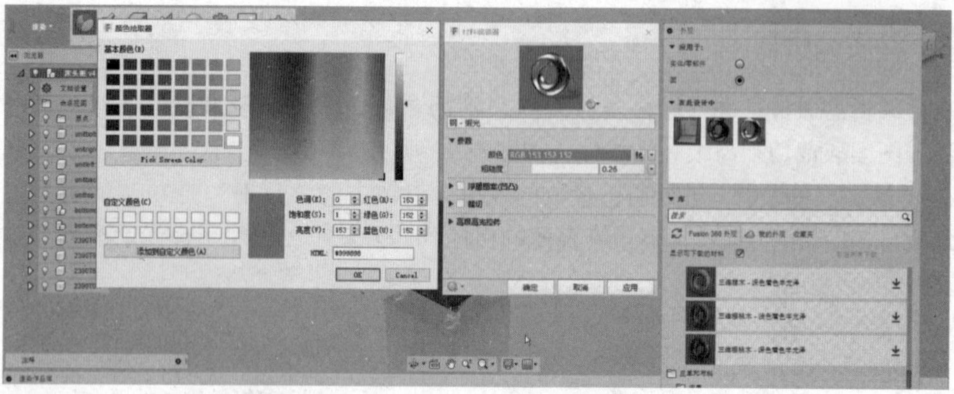

图 6-31 编辑颜色

浮雕图案：主要是对凹凸贴图进行设置与调整。前面方形选框是凹凸贴图的开关按钮，后面是视图预览区，如图 6-32 所示。

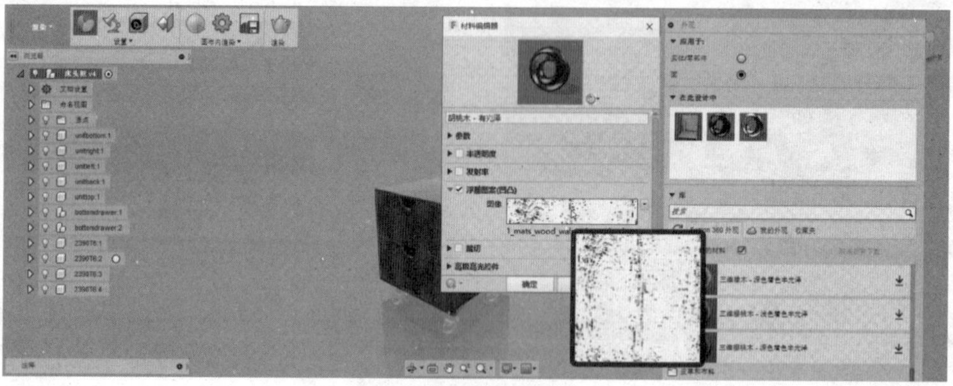

图 6-32 浮雕图案

单击图像，可以打开纹理编辑器，如图 6-33 所示。

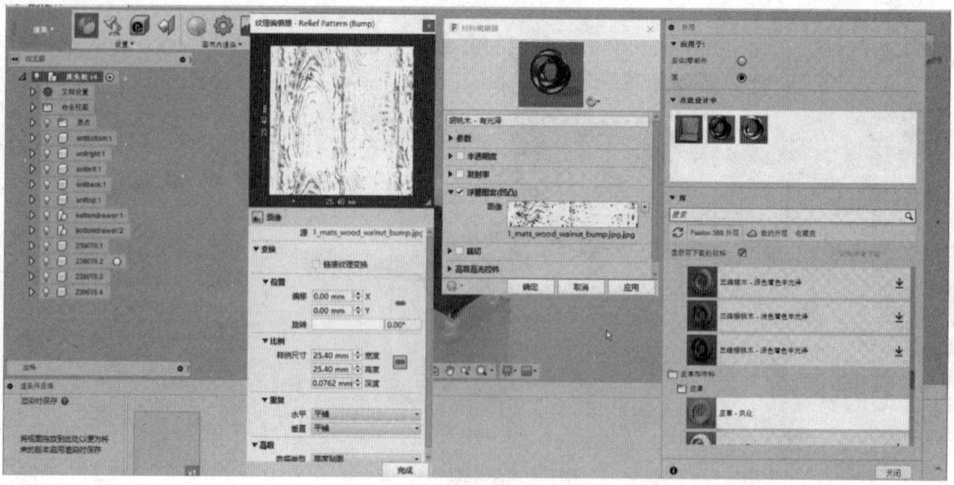

图 6-33 纹理编辑器

纹理编辑器：主要通过选项、滑块和数值设置图片的位置、缩放比例、重复类型（平铺）和数据类型（高度贴图或法线贴图）。

6.1.4 贴图

在选定面上放置图像。选择一个面，然后选择要导入的图像。

单击“贴图”命令，选择柜子右侧面，以放置贴图，如图 6-34 所示。

图 6-34 放置贴图 1

单击选择图像，选择一张图片，如图 6-35 所示。

图 6-35 放置贴图 2

用操纵器调整贴图位置，如图 6-36 所示。

把缩放 *XY* 平面的数值设置为 0.8mm，如图 6-37 所示。

纹理贴图控件：设置应用于实体或零部件纹理的方向。选择要修改的对象，然后选择

图 6-36　放置贴图 3

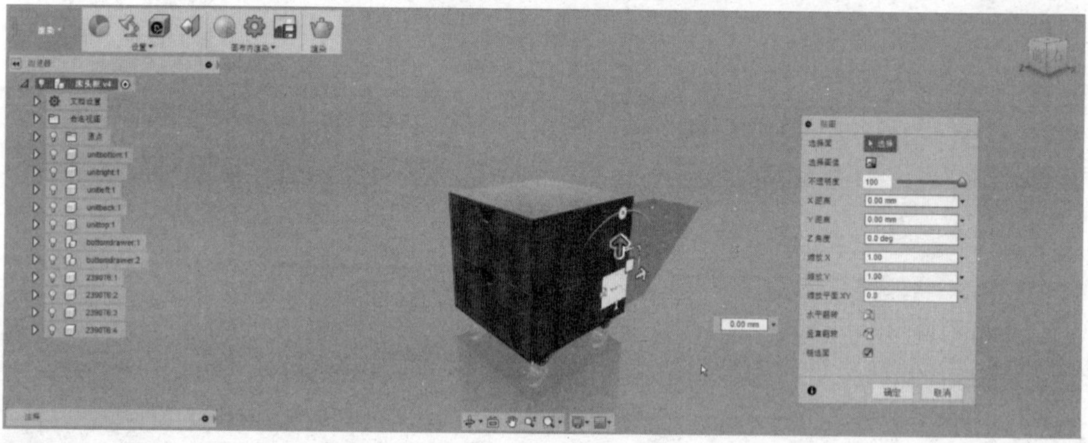

图 6-37　放置贴图 4

投影类型和轴。使用操纵器或对话框中的文字修改贴图变换。

投影类型包括：自动、平面、长方体、圆柱、球形五类，如图 6-38 所示。

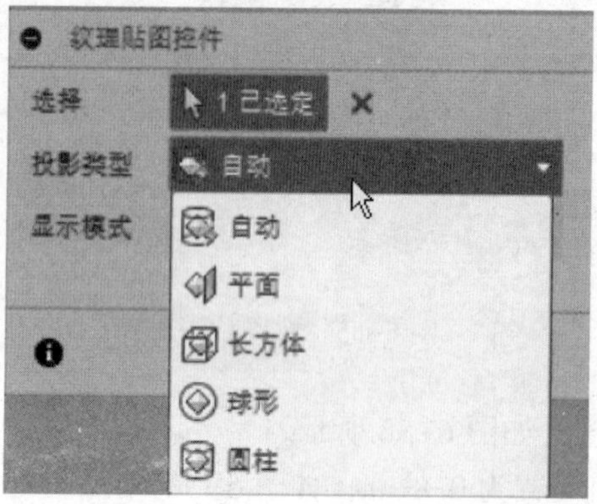

图 6-38　贴图控件

6.2 渲染器

6.2.1 本地的光线跟踪渲染器与云端的 ShowCase 渲染器

每一款三维建模软件都会自带渲染工具，或简单、或复杂、或逼真、或倾向于 3D 建模 2D 渲染，各需所求，各有所长。Fusion 360 也有自己的渲染工具，它现在有两种渲染途径，一个是本地的 Ray Tracing 渲染，另一个是云端的 ShowCase 360 渲染。

相信大家最关注的还是云端的 ShowCase 360 渲染。实际上 Fusion 360 网络渲染的实施就是一个项目任务、网络存储的整体规划问题，而不仅仅是某个软件的技术功能，是对项目渲染流程的优化，所需要的是网络环境相对较高，所以网络带宽往往是网络渲染的最大瓶颈。

Fusion 360 有两种渲染模式：画布内渲染和渲染。下面我们分别来体验一下这两种渲染模式带来的视觉效果。

6.2.2 画布内渲染

(1) 画布内渲染简介

画布内渲染是指对场景的实时渲染，Fusion 360 会将场景模型由粗略到细腻，不断地进行渲染计算和迭代。启动画布内渲染和停止画布内渲染是同一个按钮，如图 6-39 所示。

图 6-39 画布内渲染

视图右下角是渲染用时、迭代次数和渲染品质的操作条，如图 6-40 所示。图 6-41 是渲染结果。

每旋转一次视图角度，软件就会重新计算渲染一次。这些渲染设置有些是软件默认的，有些我们可以通过命令来手动选择设置，如图 6-42 所示。

图 6-40　操作条

图 6-41　渲染结果

图 6-42　渲染设置示意 1

这是渲染到“极好”渲染质量级别时候的效果，用时为 78 秒，迭代次数为 35 次，如图 6-43 所示。

图 6-43　渲染设置示意 2

我们把渲染质量滑块放置在“最终”上继续渲染，以观察 Fusion 360 的渲染，如图6-44 所示。

图 6-44　渲染设置示意 3

这是渲染到“最终”渲染质量级别时候的效果，目前用时为 197 秒，迭代次数为 80 次。从图 6-45 中可以观察到，Fusion 360 的画布内渲染能达到很逼真的照片级别的效果，摄像机有很不错的景深和焦散。

图 6-45　渲染设置示意 4

（2）画布内渲染设置

在画布内渲染设置命令面板中，主要是性能选项。性能选项中有两个按钮“快速”或“高级”。选择“快速”按钮，材料和照明将被简化。选择“高级”按钮，将渲染分辨率限制在20%～100%之间。可以通过输入数值进行设置，也可通过拖动滑块进行设置，如图6-46所示。

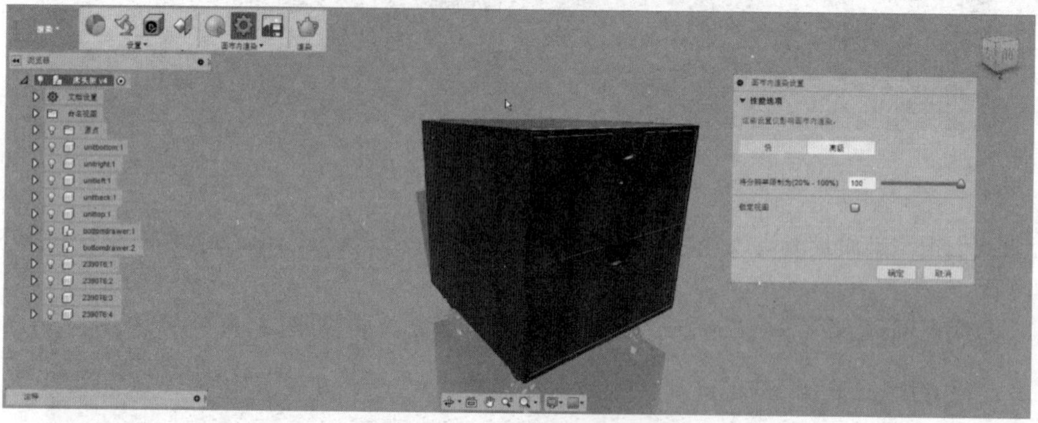

图6-46 画布内渲染设置

（3）捕获图像

捕获图像命令面板可设置当前窗口的大小和图像分辨率。设置的三个参数为宽度、高度和分辨率，如图6-47所示。

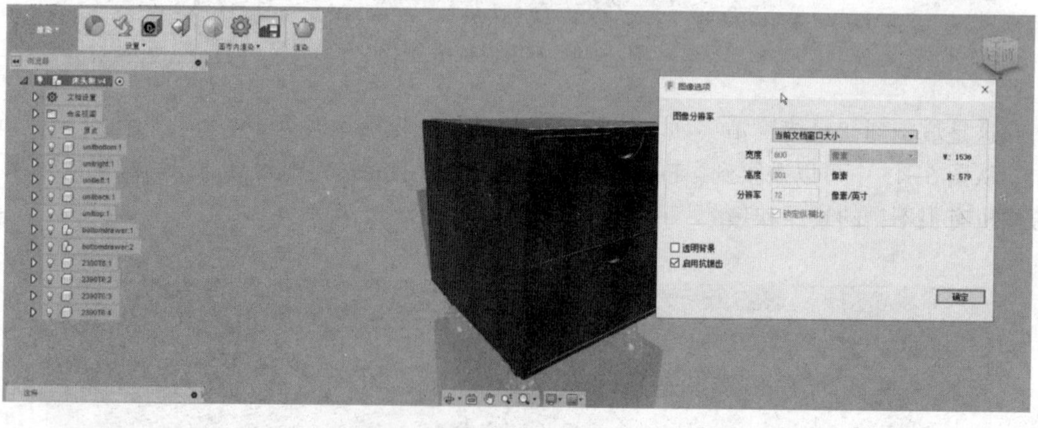

图6-47 捕获对象

当前文档窗口大小：会根据系统设置的屏幕分辨率来确定画布内渲染的宽度、高度和分辨率。

自定义：可以手动设置宽度和高度的数值。

剩下的是软件提供的一些常用默认设置，如800×600、1024×1280等，如图6-48所示。

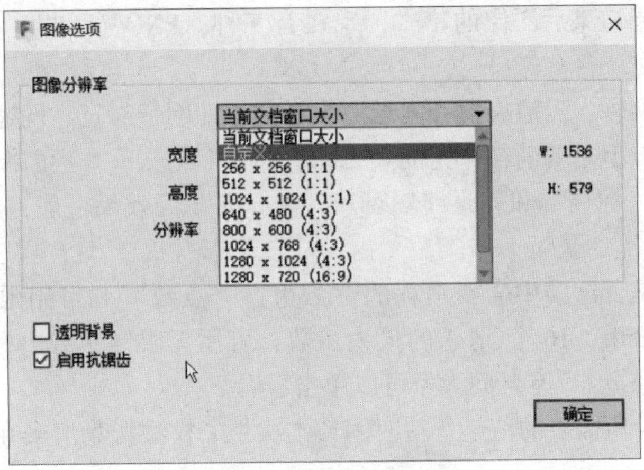

图 6-48 图像选项设置

左下还有两个选项：透明背景和启用抗锯齿。建议选择“启用抗锯齿”选项，“透明背景”选项可根据需求来勾选。

6.2.3 渲染

渲染命令使用云或本地后台渲染技术创建场景的高质量渲染图像。选择所需的图像大小、设置、云或本地渲染，然后单击“渲染”按钮以启动渲染过程。完成的渲染将显示在“渲染作品库”中。

渲染设置下面有五个子命令：Web、手机、打印、视频和自定义。软件的默认命令是“自定义”，“自定义”命令也包含了“Web、手机 & 平板电脑、打印和视频”的参数设置。因此我们以“自定义”命令作为介绍，如图 6-49 所示。

图像尺寸：可以设置宽度和高度，包括 Web、手机 & 平板电脑、打印和视频的参数，如图 6-49 所示。

纵横比：可以选择或者自定义宽度和高度的比例，如图 6-50 所示。

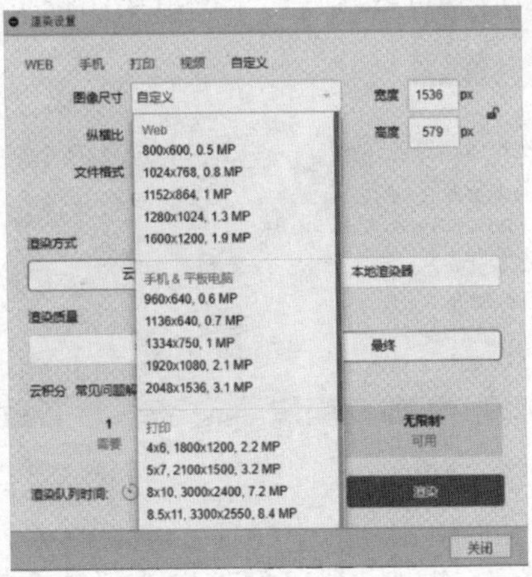

图 6-49 渲染设置

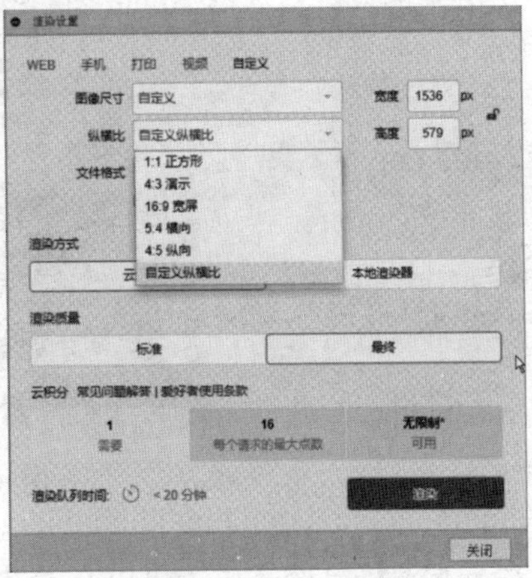

图 6-50 纵横比

文件格式：是指渲染后图像的格式，现在有三种：PNG（无损）/JPEG（高质量）/TIFF（未压缩）。

渲染方式：有两种：云渲染器和本地渲染器。假如网带够宽、网速够快的情况下建议使用云渲染器渲染，但是要消耗一定的“云币”。脱机状态下，还可以使用本地渲染器。

渲染质量：有“标准”和“最终”两种。“标准”的效果一般，用时较短，“最终”的效果好但用时较长。

云积分：指的是云渲染中需要消耗的“云币”“点数”和可用限制。以本次渲染为例，需要消耗1个云币，16个 请求的最大点数，可用无限制。旁边有“常见问题解答”和“教育社区使用条款”，有疑问大家可以单击看看。

渲染队列时间：所需要的渲染等待时间。本次柜子模型场景渲染在20min以内就可以完成。

接下来单击“渲染”按钮，提交云端开始渲染，如图6-51所示。

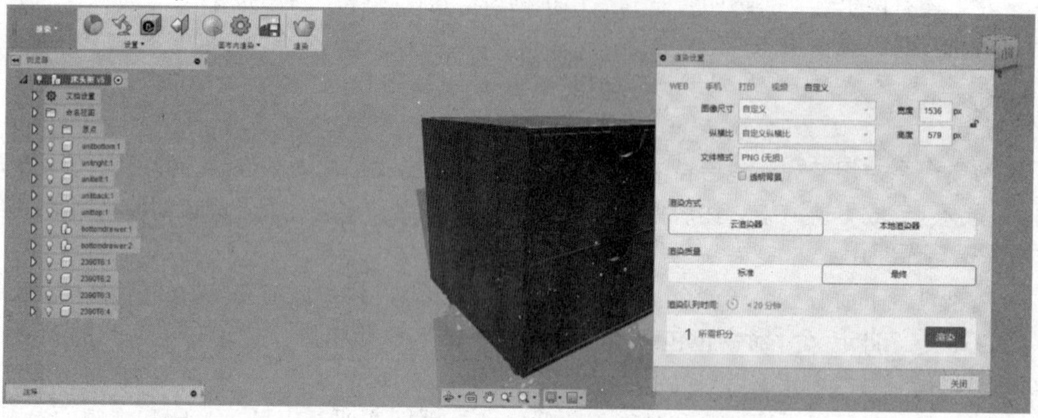

图6-51 云端渲染

现在观察下面的渲染库，第一项就是正在进行云端渲染的模型。把鼠标放在上面可以观察本次渲染的设置。大约20min内，我们就可以收到自云端传回来的渲染图像了，如图6-52所示。

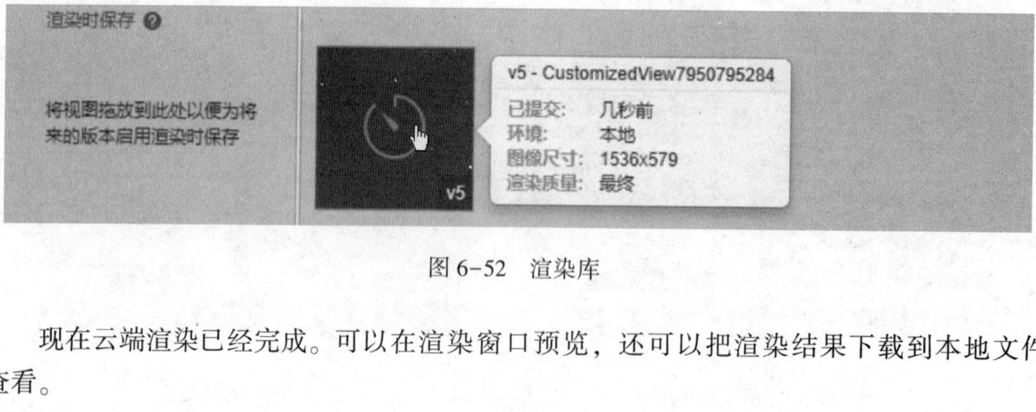

图6-52 渲染库

现在云端渲染已经完成。可以在渲染窗口预览，还可以把渲染结果下载到本地文件查看。

柜子模型最终的静帧渲染效果，如图 6-53 所示。

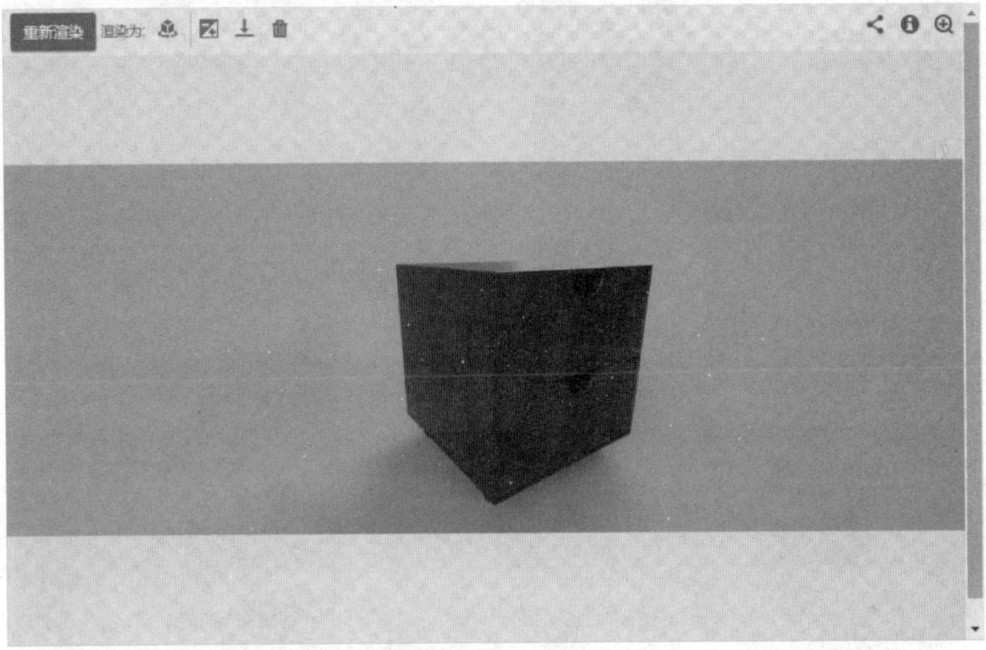

图 6-53 渲染效果

还可以把渲染图分享到 Fusion 360 库和 A360 中，如图 6-54 所示。

图 6-54 分享和保存

6.3 与 3ds Max 联合使用

在工具栏上单击“文件”，单击左键“导出”，将会打开“导出”对话框，在类型中可指定导出类型，如 . igs，选择保存文件的地址，单击左键确定。即可在 3ds Max 中打开渲染。如图 6-55 和图 6-56 所示。

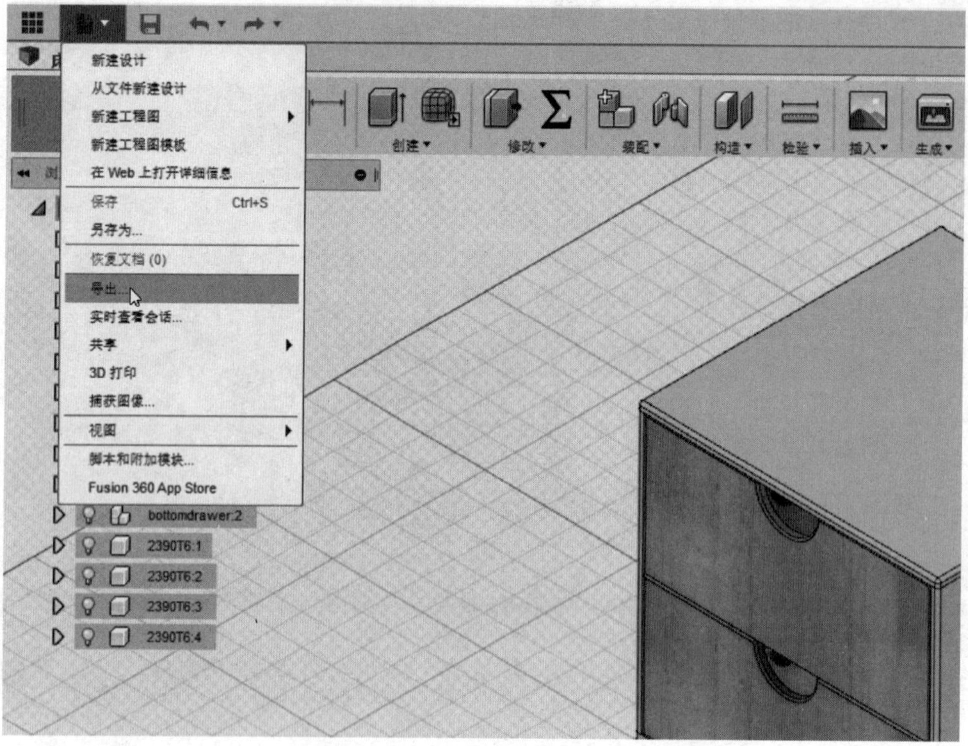

图 6-55 导出文件 1

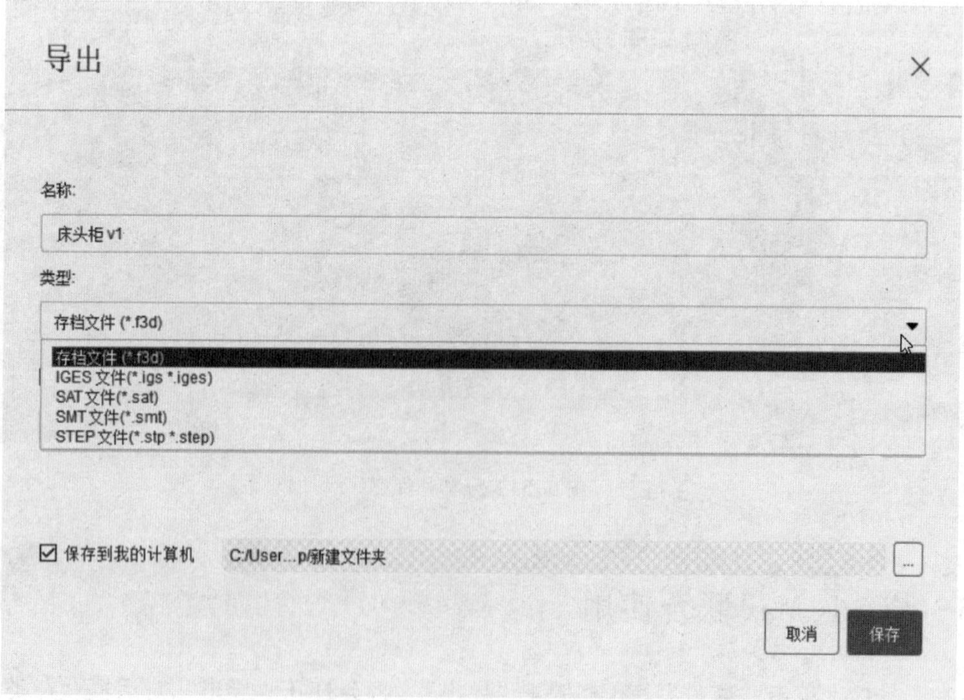

图 6-56 导出文件 2